上海出版资金项目
Shanghai Publishing Funds
国家"十二五"重点图书出版规划项目

中国园林美学思想史

——明代卷

丛书主编　夏咸淳　曹林娣

夏咸淳　著

同济大学 出版社
TONGJI UNIVERSITY PRESS

U0336819

内容提要

本卷论述明代近三百年间美学思想从初期萧条到中期振兴而臻后期繁荣鼎盛的全过程。探讨数十家园林美学观及其理论建树和思想闪光点，解析有关园林妙诗妙文和园林专著，搜寻脉络源流，探究演变动因。展放历史文化大视野，广采细考原始文献材料，包括一些明刻清抄稀见善本。此书兼具原创性、学术性、可读性，乃书林之霜叶，亦读者之良友。

图书在版编目(CIP)数据

中国园林美学思想史.明代卷/夏咸淳,曹林娣主编;
夏咸淳著. -- 上海：同济大学出版社,2015.12
ISBN 978-7-5608-6102-9

Ⅰ.①中…　Ⅱ.①夏…②曹…　Ⅲ.①古典园林—
园林艺术—艺术美学—美学思想—思想史—中国—明代
Ⅳ.①TU986.62

中国版本图书馆 CIP 数据核字(2015)第 297219 号

本丛书由上海市新闻出版专项扶持资金资助出版
本丛书由上海文化发展基金会图书出版专项基金资助出版

中国园林美学思想史——明代卷

丛书主编　夏咸淳　曹林娣
夏咸淳　著
策划编辑　曹　建　季　慧
责任编辑　季　慧　陆克丽霞　**责任校对**　徐春莲　　　**封面设计**　陈益平

出版发行　同济大学出版社　　　www.tongjipress.com.cn
　　　　　(地址：上海市四平路 1239 号　邮编：200092　电话：021-65985622)
经　销　全国各地新华书店
印　刷　上海中华商务联合印刷有限公司
开　本　787 mm×960 mm　1/16
印　张　13.75
字　数　270 000
版　次　2015 年 12 月第 1 版　　2015 年 12 月第 1 次印刷
书　号　ISBN 978-7-5608-6102-9

定　价　58.00 元

总序

中国古典园林是中华灿烂文化标志之一，与西亚园林、西方园林并为世界三大园林体系，而以历史悠久绵延不绝、构景以诗文立意、画境布局、精美独特、妙合自然山水画意著称于世。中国古典园林萌发于商周，成长于秦汉魏晋，成熟繁荣于唐宋，至明代后期、清代中期而臻全盛，以后渐趋衰微而显现嬗变迹象。

中国园林美学思想是园林艺术伟大实践的产物，也反过来指导、引领造园实践。

中国古典园林美学，荟萃了文学、哲学、绘画、戏剧、书法、雕刻、建筑以及园艺工事等艺术门类，组成浓郁而又精致的园林美学殿堂，成为中华美学领域的奇葩。

中国园林美学思想之精要、特征可以简括为三点：

一、中国园林美学思想特别注重园林建筑与自然环境的共生同构。以万物同一、天人和合的哲学思维观照天地山川，山为天地之骨，水为天地之血，山水是天地的支撑和营卫，是承载、含育万物和人类的府库和家园。人必有居，居而有园，园居必择生态良好的山水之乡。古昔帝王构筑苑囿皆准"一池三岛"模式已发其端，后世论园林构成要素也以山水居首，论造园家素养以"胸有丘壑"作为不可或缺的条件。山水精神是中国园林美学之魂，园林美学与山水美学、环境美学密不可分。

二、中国园林美学思想深具空间意识、着意空间审美关系。中国园林属于特殊的建筑艺术、空间艺术，特别注重美的创造，将空间艺术之美发挥到极致。以江南园林为代表的私家园林十分讲究山水、花木、屋宇诸要素之间，各种要素纷繁的支系之间，园内之景与园外之景之间，通过巧妙的构思和方法组合成一个和谐精丽的艺术整体。局部看，"片山多致，寸石生情"；全局看，"境仿瀛壶，天然图画"；大观小致，众妙并包。论者认为，"位置之间别有神奇纵横之法"。"经营位置"是中国画论"六法"之一，也是园林家们经常谈论的命题，还提出与此相关的一系列美学范畴，如疏密、乱整、虚实、聚散、藏露、蔽亏、避让、断续、错综、掩映等，议论精妙辩证。

三、中国园林美学思想尊尚心灵净化、自我超越为最高审美境界。古代帝王苑囿原有狩猎等功能，后蜕变为追求犬马声色之乐的场所，后世权贵富豪也每以巨墅华园夸富斗奢、满足官能物欲享受，因此被贤士指斥为荒淫逸乐。中国园林美学思想以传统士人审美理想为主流，不摒弃园林耳目声色愉悦，但要求由此更上一层，与心相会，体验到心灵的净化和提升，摆脱尘垢物累，达到自由和超越的审美境界。栖居徜徉佳园，如临瑶池瀛台，凡尘顿远，既有"养移体"的养生功能，更具"居移气"

的养心功能，故园林审美最高目标在于超尘拔俗，涤襟澄怀。由此看来，对山水环境、空间关系、生命超越的崇尚，盖此三者构成中国园林美学思想的精核。且作如是观。

中国园林美学史料丰富纷繁。零篇散帙，园记园咏，数量最大，分藏于别集、总集、游记、日记、笔记、杂著、地方志、名胜志诸类文献，诚为"富矿"，但搜寻不易。除单篇散记外，营造类、艺术类、工艺类、园艺类、器物类、养生类等著作也与造园有关，或辟专章说园。如《营造法式》、《云林石谱》、《遵生八笺》、《长物志》、《花镜》、《闲情偶寄》等名著。由单篇园记发展为组记、专志、专书，内容翔实集中，或详记一座私家园林，或分载一城、一区数园乃至百园，前者如《弇山园记》、《愚公谷乘》、《寓山注》、《江村草堂记》，后者如《洛阳名园记》、《吴兴园圃》、《越中园亭记》。这些园林志著述颇具史学意识和美学意识。至于造园论专著在古代文献中则罕见，如明末吴江计成《园冶》屈指可数。这与中国文论、诗论、画论、书论专著之发达不可同日而语。究其原因，一则园林艺术综合性特强，园论与画论同理，还常混杂于营造、艺术、园艺、花木之类著作之中。再则，园林创构主体"能主之人"和匠师术业专攻不同，各有偏重，既身怀高超技艺，又通晓造园理论，而且有志于结撰园论专著以期成名不朽者，举世难得，而计成适当其任，故其人其书备受推崇。园论专著之不经见，不等于中国园林美学不发达，不成系统。被誉为世界三大园林体系之一的中国古典园林，当然也包含博大精深、自成系统的美学理论。

目前园林美学思想史研究成果颇丰，但比较零散，迄今尚未见到一部完整系统的专著，较之已经出版的《中国建筑美学史》、《中国音乐美学史》、《中国设计美学史》和多部《中国美学史》著作逊色不少。这部四卷本《中国园林美学思想史》仅是一种学术研究尝试。全书以历史时代为线索，自先秦以迄晚清，着重论析每个历史阶段有关重要著作和代表园林家的美学思想内涵、特点和建树，比较相互异同，阐述沿革关系，进而寻索梳理历史演变逻辑和发展脉络。而这一切都离不开对纷庞繁杂的园林美学史料的发掘、整理和研读，本书在这方面也下了一番工夫。限于学力和时间，疏漏舛误在所难免，尚祈专家、读者不吝指正。

本书在撰写过程中，得到诸多专家学者的关心和帮助。同济大学古建筑古园林专家路秉杰教授、程国政教授、李浈教授，上海社会科学院美学家邱明正研究员、园林家刘天华研究员，都曾提出宝贵意见和建议，使作者深受启发和得益。本书还得到同济大学出版社领导和有关编务人员的鼎力支持。2009年末，该社副总编曹建先生即与上海社会科学院文学所研究员夏咸淳酝酿此课题，得到原社长郭超先生和常务副总编张平官先生的赞同。2010年初，曹建复与编辑季慧博士商议项目落实事宜，并由季慧申报"十二五"国家重点出版规划课题，后又申请上海文化出版基金项目，均获批准。及支文军先生出任社长，继续力挺此出版项目，并亲自主持本书专家咨询会。责任编辑季慧博士及继任陆克丽霞博士多次组织书稿讨论会，经常与作者互通信息，对工作非常认真，抓得很紧。由于他们的努力和专家们的关切,在作者三易其人,出版社领导和责编有所变更的情况下,本项目依然坚持下来,越五年而成正果,实属不易。

值此付梓出版之际,作者谨向所有为本书付出劳动的人,表示深深的敬意和铭谢。

夏咸宇 曹林娣

2015 年冬

卷前语

　　明代园林美学思想接踵宋元，继续开拓前行，探寻幽径奇境，构筑理论新高地，成果丰硕璀璨，给予清代以优厚滋养和深刻影响。明有天下近三个世纪（1368—1644年），园林美学思想发展大致与园林建筑艺术同步，经历了初期萧条复苏、中期寝盛振兴、后期繁荣鼎盛三个历史阶段，自嘉、隆之际以迄崇祯末世是明代园林艺术和美学思想发展的黄金时代。

　　明代定鼎之初，值元季兵燹之余，江南园林遭到严重破坏，多夷为废墟，又受新朝文化政策和建筑制度的约束，园林艺术一度陷于沉寂状态，园林美学思想发展迟滞。然而生机犹存，开国诸臣关于家园和园亭的许多记述，既伤感毁于兵灾，又庆幸乱后重建，其中所含人居与山川草木自然环境，人居与农业生产、文化生态和谐共生的思想，环境观、生态观、人居观、园林观、美学观，合而为一，弥足珍贵。永乐以来，天下底定，国力强盛，朝廷方有大规模兴造，宫殿金碧辉煌，西苑（即今北海、中南海）山海清丽。阁臣清要都以游观官苑为荣幸，所记所咏多歌功颂德之词，也有对景观之美、生境之清的纪实华章，蕴含古代"一池三岛"构园理念和构景妙思。其时民间庄园别墅建筑也在兴起，治生积德与娱情适意的双重需求成为比较流行的园林思想。

　　明代中叶正德、嘉靖以来，经济与文化呈现加速发展的趋势，思想活跃，文风兴盛，达官名士之家构建园林渐成时尚，其园或华或朴，或大或小，分布在广大城乡之间，尤以吴中最盛，所谓苏州名园甲天下。园林咏记纷繁，园论日趋丰富，观点精辟。例如：合自然，存天趣；借奇观，因故有；标匠心，倡独创；主人应具高情雅怀；观园要能情与景会；等等。书画宗匠文征明一生与园林结下不解之缘，赏园、造园、咏园、记园、画园，著述多样，鉴赏精微。活动于明中后期之交的王世贞，好园成癖，其家太仓弇山园与上海潘氏豫园齐名，均出自沪上造园巨匠张南阳之手。世贞所作园林记、园林诗甚丰，对园史、园论深有研究。文、王二氏并为文坛艺苑宗匠，同为吴人，对园林美学都有很大贡献。

　　万历以降，史称晚明，私家园林空前繁荣，除吴地外，长江中游荆楚赣徽，东南闽粤，西南滇桂，北方燕齐淮扬等地，也有长足发展。浙东杭、嘉、湖、宁、绍、台、温诸府，与东吴苏、松诸府同是园林艺术最繁盛的两个地区。园林空前繁荣的环境造就了建筑界一个特殊群体——山师，专事掇山理水的造园匠师。以前这些人混杂于土木瓦石诸匠之间，身份低微，并不显山露水，如今园林越造越多，越造越精，山师

1

供不应求,常被高门富户用重金厚礼聘致。其中上海张南阳、华亭(一说嘉兴)张南垣名声最著,其人技艺高超,而且有一定文化素养,通绘画,也晓园理,但没有留下著述。吴江计成也是山师中人,更具文人气质,半是山师半是文人,是二者结合体,所撰《园冶》乃是园林理论经典著作。稍前,已有文征明曾孙文震亨《长物志》问世。这两部园林大著作的出现有如双峰插云,标志园林艺术步入一个空前繁荣的新时代,园林理论达到前所未有的高度。晚明多部生活美学或云闲赏美学著作,如高濂《遵生八笺》、屠隆《考槃余事》等,内容庞杂,部分章节也与园林美学有关。山阴祁承㸁、祁彪佳父子是浙东著名藏书家、园林家,藏书和造园是其两大嗜好,父子园记、园诗、园史、园论著述宏富,精思妙识,时时溢出,理论建树颇多。彪佳挚友张岱博学卓识,多才多艺,为绍兴园林世家,所作园林记小品别出手眼,精光熠熠。

明代园林美学文献史料,包括诗文词曲小说戏剧等,层累厚积,体量篇幅日益扩大。仅园林记一项,明代中后期数量剧增,每篇动辄数千言以至万言,内容涉及园林美学各种问题,诸多概念、范畴、观点、理念,为前人所未言,或言之不够详细周密。例如,主张开放私家园墅,与大众共享园林之乐,打通今人所谓"私人领域"与"公共领域"的阻隔。又如愿作散花手,以自家山居美化乡村,或以营造"花园住宅"为己任,梦想构建特大山水园林,"使大地焕然改观",把造园与改善、美化城乡生态环境联系起来。思想新颖卓特,意义深远。古代园林思想精核多寓于园记园诗中,又往往见于片言只语,似诗文点评,书画题跋;诗文书画多有专论,至于园林专题性系统性议论则鲜见,直到明代前期依然如是。此后情况有了变化,园论渐多,园记园诗中理论成色也加重了,还出现了多部与园林艺术密切相关的生活美学著作,进而创构出具有内在逻辑自成体系的园林理论专著,计成《园冶》和文震亨《长物志》是其杰出代表。中国园林美学遂发生一次质的飞跃,攀上新的高峰。

明代学术歧出,文化思潮复杂多变。仁人志士,一拨接一拨,在崎岖曲折的征途上,不断求索,历经二百年,终于迎来了晚明文化新时代。这是多事之秋、内外交困的时代,又是人才辈出、文化灿烂的时代,创新与整合同步,独创性与集大成交辉。明代园林艺术、园林美学的兴衰与时代思想文化大潮流的起落有着内在的联系。

目 录

中
国
园
林
美
学
思
想
史

——
明
代
卷

第一章　明前期园林审美之沉寂

在元末群雄兼并战争中,富庶繁华的东南地区遭受的灾难最为沉重,许多精美的园林建筑被夷为平地,化为瓦砾。战争还给人们留下心灵的创伤。待到朱明统一天下,社会逐渐安定,百姓开始重建家园,一些故家大族和新兴官僚或修复旧园,或营建新园。由于财力不足,朝廷对营造有种种禁令,加之对园林审美心理的欠缺,当时园林艺术还难以达到元朝盛时的水平。时人择居造园,惟以简朴相尚,而以观照山水为乐。

第一节　元明之际园林之残破

一、兵燹之灾

元顺帝至正八年(1352 年)迄至正二十七年(1367 年),十余年间①,东南江苏、浙江、江西、安徽等富庶地区(时称江浙行省),群雄割据,战争频仍,广大城乡遭到严重破坏,士民流离失所,如临水火。后来陈友谅、张士诚、方国珍等割据势力,被吴王朱元璋相继荡平,东南渐次安定,他感叹:"东南之罹兵革,民生凋敝,吾甚悯之!"②明年(1368 年),即皇帝位,建元洪武。

兵燹之余,一片残破景象,许多建筑物夷为残垣断墙,精美的园林别墅也化为瓦砾废墟。经历过战乱,亲眼目睹惨象的洪武开国诸臣,在他们的文集中,对此多有痛苦的回忆及真实的记载。世称开国文臣之首的宋濂转述浙江上虞见山楼主人魏仲远之语云:"夫自辛卯兵兴,阎庐所在,往往荡为灰烬,狐狸昼舞,鬼磷宵发,悲风修然袭人,君子每为之永慨。"③"辛卯兵兴"指元至正十一年(1351 年)方国珍起兵浙东,劫掠沿海州县,元兵屡讨不克,其景凄惨。又记至正十二年(1352 年)徐寿辉既陷江西饶、信诸州,复分兵四出,连陷湖广、江西诸郡县,也给当地宅第园亭造成巨大毁损。"江右多名宗右族,昔时甲第相望,而亭树在在有之。""至正壬辰之乱,烽火相连,非惟亭且毁,而万竹亦剪伐无余,过者为之弹指永慨。"④国史院编修官王祎记述江西郑子夔家园兴废之感:"吾之家居也,坐繁阴,临碧湍,水木之清华,接于耳目而会于心者,无时不在也。自兵兴以来,所至焚毁,乡井丘墟,而吾故居荡然矣。"⑤国子学助教贝琼记浙江嘉兴园林兴废,当元太平时,"势家据沃饶地,凿池凿圃,为观游之所","及三吴兵变,所至成墟,荆棘参天"⑥。当元盛时,三吴园亭相望,

---

① 《元史纪事本末》卷二六《东南丧乱》,中华书局,1979。
② 《明史》卷一《太祖本纪一》,中华书局,1974。
③ 《宋文宪公全集》卷七《见山楼主人》,《四部备要》本。
④ 《宋文宪公全集》卷一六《环翠亭记》,《四部备要》本。
⑤ 《王忠文公集》卷五《郑氏水木居记》,《丛书集成》初编本。
⑥ 《清江文集》卷七《水竹居记》,景印文渊阁《四库全书》本。

苏州、松江尤盛,但也遭受兵燹之劫。及乱平,见琼深感荣衰之变:"其地有林薮之美,池台之胜,可以避暑,而游士寓公咸会于此,相与穷日夜为乐。及兵变之后,所至成墟。"①苏州园林甲天下,私家园林与佛寺园林都有名,狮子林为佛寺名园之一,兵乱中幸存,而其遭焚毁者比比。诗人高启哀叹:"夫吴之佛庐最盛,丛林招提据城郭之要坊,占山水之灵壤者数十百区,灵台杰阁,甍栋相摩,而钟梵之音相闻也,其宏壮严丽,岂师子林可拟哉?然兵燹之余,毕委废于榛芜,扃闭于风雨,过者为之踌躇而凄怆。"②

二、迁户之厄

　　除了群雄火并的战争招致东南园林的大破坏外,朱明开国之始对江南巨族富室的打压剥夺也导致众多名园的废圮。明太祖朱元璋对那些在元朝治下担任过一官半职,或同情张士诚等割据势力的巨富及其族人,给予重罚,籍没其家产及园林,令其举家迁徙至临濠(今安徽凤阳,太祖家乡,时称中都)。这些富豪望族从此一蹶不振,他们所拥有的美园华构也夷为瓦砾榛莽,惨目伤心,文人过之,辄生盛衰生死之感,每见诸诗文。昆山大富豪顾瑛,筑别业玉山草堂,又名玉山佳处。"园池亭榭之盛,图史之富,暨饩馆声伎,并冠绝一时。"③元末战乱中,散兵曾闯入草堂,图史散失,园林幸存不坏。明有天下,以子元臣尝为元水军副都万户,洪武元年(1368 年),"父子并徙濠梁"④,明年,顾瑛卒于徙所。顾瑛走后,玉山草堂成了废墟,昆山成了"空城"。《明史》顾瑛传末附记云:"士诚之据吴也,颇收召知名士,东南士避兵于吴者依焉。"这与顾瑛有何关系?盖瑛乃吴下名士,也在士诚招致之列,父附士诚,子仕"胡元",双重罪名,不能不招来朱元璋的嫉恨,而被迁流到临濠去了。华亭(今上海市松江区)巨室邵文博也有类似的遭遇。邵氏有园名叫"沧洲一曲",仿照传说中海上仙山十洲三岛布局造景,"奇峰崒然特起,如神人出珠宫",中建"流月轩"、"绿阴轩"诸景,又"因高为亭,凤棂月槛,尤极宏丽"⑤。洪武八年(1375 年),贝琼以国子助教分教中都临濠,邂逅邵文博之子麟书,知举家徙"临淮之东屯",而父已没,故园华圃也"湮为荒烟野草矣",琼闻之,"为之潸然涕下"⑥。贝琼在中都教勋臣子弟,于迁徙事知之甚详,据他统计,"逮国朝平吴,迁民五百家于临濠"⑦。元至正二十七年(1367 年),徐达克平江(今苏州),执吴王张士诚,吴地平,遂将大批巨富迁徙到贫困的临濠地区,破坏了富裕江南的生产力,摧毁了成片的园林建筑——文化艺术的辉

---

　　① 《清江文集》卷九《壬子夏端居二湖》。
　　② 《高青丘集·凫藻集》卷三《狮子林十二咏序》,上海古籍出版社,1985。
　　③ 《明史》卷二八五《文苑一》,中华书局,1974。
　　④ 《明史》卷二八五《文苑一》,中华书局,1974。
　　⑤ 《清江文集》卷二六《沧洲一曲志》。
　　⑥ 《清江文集》卷二六《沧洲一曲志》。
　　⑦ 《清江文集》卷二四《荐福草堂记》。

煌殿堂、载体。

元明之际,兵燹之灾与迁徙富户,使东南园林遭到毁灭性破坏,也给社会心理
以强烈的震撼和深深刺激,目击昔日华屋苑丽化为草莽废墟,加重了盛衰兴废无常
的情思。当战乱平定,民气渐苏,重整家园,修复或重建园居时,不能不作冷静的思
考,还能像过去那样追求豪华侈丽吗? 于是园林审美趣尚为之一变。

第二节　崇俭去奢建筑风尚

一、朝廷宫室制度

朱元璋出身贫困之家,又亲尝征战之劳,深知民间疾苦,既得天下,重视恢复生
产,定鼎之初即告诫州县官吏务必廉政克己,与民休养生息:"天下始定,民财力俱
困,要在休养安息,惟廉者能约己而利人。"[①]朱皇帝自身也能作出表率。洪武七年
(1374年),朱元璋拟在南京狮子山建阅江楼,意在"便筹谋以安民,壮京师以遏
迩"[②]。旋即他认识到此举不妥,有兴役劳民之失,乃罢其工。复假臣言谏君:古之
明君,"作宫室以居之","土阶三尺,茅茨不剪";"夫宫室之广,台榭之兴,不急之务,
土木之工,圣君不为"。[③] 之前,还在至正二十六年(1366年),朱元璋既称吴王不久,
初营南京时,作新宫,建庙社。"典营缮者以宫室图进,太祖见雕琢奇丽者,命去之,
谓中书省臣曰:'千古之上,茅茨而圣,雕峻而亡,吾节俭是宝,民力其毋殚乎?'"同
年建奉天、华盖、谨身三殿,"六宫以次序列,皆朴素不为饰"[④]。明代创业之初,对于
包括宫殿宗庙在内的一切兴造,都提倡节俭而诫侈靡,崇尚简朴而去雕饰,从朝廷
到地方,大都能遵行不违,这已成了一种时代风尚。

丧乱之余,东南故家大族多遭摧折,及海内宁静,元气有所恢复。欲修复被毁
的家园,但限于财力和朝廷诏令,只能从简就朴。温州平阳谢复元,原为巨室,有故
第在县城明伦坊左侧,元至正末,其家"再罹兵燹,东西播迁,无定止者数岁"[⑤]。乱
定后,乃于距城五里许昆山下重建其居,曰西枝草堂,非常简陋,因为吃饭都要发
愁,"田岁不足以给饘粥",只能如此。谢氏请翰林编修苏伯衡为草堂作记。伯衡称
其贤者,能"甘隐约、励清苦"[⑥]。其为人也清苦,其居序也俭朴,这是当时士大夫的
一般景况,并以此自励自安。

① 《明史》卷一《太祖本纪二》,中华书局,1974。
② 朱元璋:《高皇帝御制文集》卷一四《阅江楼记》,《全明文》卷一二,上海古籍出版社,1992。
③ 朱元璋:《高皇帝御制文集》卷一四《又阅江楼记》,《全明文》卷一二,上海古籍出版社,1992。
④ 谷应泰:《明史纪事本末》卷一四《开国规模》,中华书局,1977。
⑤ 《苏平仲文集》卷九《西枝草堂记》。
⑥ 同上。

有位名叫王复本、别号丹丘子的士人,侨居南京秦淮河边,建了三间屋子。"制甚朴陋,盖不用瓦,而织荻为箦,覆其上以蔽雨,屋之四旁为屏障者,皆是物也"①,取名"纬萧轩"。典出《庄子·列御寇》:"河上有家贫恃纬萧而食者。"意为依靠编织芦苇维持生计。王祎为此轩作记,发表一通大议论,阐发庄子的哲学思想。认为君子不役于物,不溺于欲,故其身心得以自由常乐。"吾之心与理一,吾之身与道一,物不能以诱之,欲不能以变之,故熙熙焉,休休焉,其处之若浮,其行之若游。人见其有所不堪也,而不知其可以乐也。"②所谓"浮",所谓"游",是一种不累于物、不溺于欲、无牵无挂的自由状态,其语取自《庄子·列御寇》:"巧者劳而知者忧,无能者无所求,饱食而敖游,泛若不系之舟,虚而遨游者也。"因此,君子对居住不慕豪侈华丽,而取俭朴乃至简陋,"不饰于物,不累于俗,苟安其身焉,斯可矣","其为居也,以亡何有为乡,以太虚为家,视天地犹蘧庐也,八纮之远,犹我户我闼也"。天地是我家,胸怀无限宽广,自由自在,有无穷之乐。而穷侈极欲的富贵者不知此理,于其居极尽奢华,然而到头来落得一场空,乐极生悲:

> 彼世之贵富者,我知之矣。广宇渠渠,隆栋巍巍,藻棁而文楣,绮疏而锦帷。于是乎其居之也,志肆而神怡,若是者诚亦足乐矣。然熟知乐者哀之媒,侈者祸之基,不旋踵间,覆亡而灭夷者,往往而是者。彼所借以为乐者,吾见其为桎梏鞿羁而已耳,曾足歆艳乎?③

这警世之言得之对社会大劫难的痛苦体验,发人深省。每当社会大动荡、大破坏之余,老庄清净寡欲,"见素抱朴","去奢去泰"的思想,以及"金玉满堂,莫之能守,富贵而骄,自遗其咎"的警示,便得以滋长流布。元明易代之际,殿宇、宫室、民居、园林等建筑艺术崇尚俭朴而绌奢华的审美取向有着深刻的社会、心理、哲学(特别是道家思想)根源。

二、民间园墅佳构

当明天下初定时期,民间修建的楼、亭、堂、轩等建筑,大多只含园林构成要素的一小部分,略带园趣,还不能算作真正意义的园林。当然也有符合园林审美标准的建构,如别墅、精舍等,但时人对这些园林的构造、景观等大都缺乏具体详细的记载,使后人无从得知其园格局、内景。宋濂的《江乘小墅记》却是一个例外④。此记不仅把笔墨重点放在对园林建筑本体,对园林八处景点和园主身份、学养、才艺、情

---

① 《王忠文公集》卷六《纬萧轩记》,《丛书集成》初编本。

② 同上。

③ 同上。

④ 《宋文宪公全集》卷四三《江乘小墅记》。江乘:今江苏古地名。清嘉庆《新修江宁府志》卷四《沿革》:"自隋裁江乘,其地乃分入丹徒、句容、江宁三县,而今上元东北江乘村,固古县地也。"上元,旧县名,今属南京市。

致的具体描述上,还体现了园主和作者宋濂的造园思想,堪称明初园林记之开篇之作,是后世研究明代园林美学的重要文献。需要特别指出的是:首先,此记突出"别运新意"的造园思想,从选址择地、平土立基,到每个园景的营构,都匠心独具,巧思别出,主人在一块荒地上筑起一座可居可游的园林。

> 初其芜废已久,颓垣败壁,漂摇风雨中,羊牛犬鸡之迹交错于其上。君剪荒剔翳,别运新意,或革或因,而各适其度。[1]

主人对江乘城北一处败屋颓垣、杂草丛生的荒地,加以清理、改造,"或革或因"。"革"指对旧址上有碍构筑新园的地形地物,予以填埋、铲除;"因"指对可以利用的地表景象予以保留。何者革,何者因,如何革,如何因,都要仔细酌斟,"别运新意"。因革是中国社会、文化史观的基本范畴之一,也是中国建筑和园林的重要思想,明初开国文臣宋濂运用这一思想观照江乘小墅,明末造园大师计成从理论与实践两方面发展了因革思想,而以"因借体宜"作为造园的基本理念、创作原则。因革不能随心所欲,胡乱疏凿堆叠,务须因地因物因时因人制宜,凡所施工、造景皆合度得体,而具园林审美规范。此即宋濂所谓"各适其度",计成所谓"精而合宜","巧而得体"。

其次,此记表明园林的艺术价值系于创构者的素质。江乘小墅主人高氏是一位朝廷派往地方的巡视官,为学从政皆优,"出史入经","长于政事"。虽为官却有山林逸士之致,又工诗,能书善画。宋濂称述他的山水之情与文艺修养:

> 部使者高昌君近仁,虽尝显融于时,而翛然有山林之思。往往吞云吐霞,形之于诗;诗不足以泄之,复寓之于书,虬蟠飞骞,神蛇蛰而渴骥奔;书又不足以尽之,复和墨图竹君之形容,淋漓蕤绥,生色照人,恍然如临淇川之阴。然而逸韵旷情,非标雅之居,无以遂其洁修,故君宦辙之所至,必营别墅以自休焉。

高君为何要造江乘别墅?是为了寄托、抒发胸中"逸韵旷情","山林之思",表现其清高"洁修"的品格,造园和作诗、写字、画画同出一个动机,皆根于山水林泉之好。如果高君无此情好,不通诗书画,便不能打造出江乘小墅之奇构。宋濂深知中国园林艺术与山水文化,与文人士大夫的密切关系。

其三,江乘小墅占地少,规模小,无雕梁画栋,无古木名树,无奇花异草,也无珍贵的陈设。采用的建筑装饰材料皆寻常之物,如"雪洞"以白垩涂壁,"橘中天"以苇竹为墙,而以泥和草涂抹之,上结铜丝为幕,覆以"油缯",如此等等,体现了洪武年间园墅尚俭朴的时代风貌。但是经过园主高氏的意匠经营,他所设计、建筑的小墅八景,景景巧妙,小中见奇,甚至将自己的绘画艺术与土木建筑融成一片,虚实相生,给人以幻觉。如"雪洞":"洞左辟圭门,中凿小池,漫以甓,四壁图海波,有喷涌突

---

[1] 《宋文宪公全集》卷四三《江乘小墅记》,《四部备要》本。

起之势,手扪之,方知其平池。"又"云松巢":"其制一如雪洞,画偃蹇怪松卧寒烟湿雾间,观之毛骨潇爽。"虽小池凡花一经布置,而意境清永:"室之南,有屋两楹,前附方池,环以菊本。当秋高气清时,离离黄金钱如新铸者,秋水无波,倒影入其中,星灿霞明,无不可玩。"其诸景所营造的意境、氛围,又无不与主人生活情趣、艺术爱好相契。其"映雪轩","木榻横陈,映雪时晴,宜临右军书";其"天地一息","可听琴,可坐而奕";其"橘中天","可据炉而饮,饮后可画";其"清閟室","列图书左右,间谧静岩,不闻人声,可以擢神扃而契道机"。江乘小墅体现了这样的造园思想:以省俭的原则,利用少量的财力、人力、物力,也能创构出精巧的园林,关键要看创构者是何等样人。创构者的综合素质决定园林的艺术品位。如此看来,高昌君近仁可算是明代第一位有名有姓的士人园林家了。

园林丛聚之地苏州,经过元末战争,毁废甚多,战乱平息后,有改建者、重建者,也都体现了省俭简朴的思想,其佳构,饶具清致,可供游观玩赏。吴城阊丘坊内有座何园,原为南宋孟园,宋高宗御题"城市山林"。宋亡,园废,释某杨改作僧舍,谓之"广慈庵"。张士诚据吴,尽毁为弃地,明初归老医何朝宗,人称"可人翁"。绍兴人,客居苏州三十年。何翁在废墟上重构新园,顿改旧观。与高启等并称"北郭十友"的王行有记云:

> 翁既得是园,积土为丘,象越之曲山阿,盖其旧所居处也,因即其名而名之曰曲山。山之左有砾阜,曰玲珑山。山之麓有泉林,有茶坡,有按花坞,有杏林,有药区。至于桃有蹊,竹有径,涵月有池,藏云有谷。而曲山之南,则将筑为丹室,辟为桂庭。庭外为松门,门之外,曲涧绕之,石渠通焉。园之杂植庞艺,亦皆森蔚葱蒨,纷敷而芳郁,日以清胜。予总为目之曰何氏园林。[①]

此园诸景俱备,而清疏婉秀,有淡逸之美,"不求夫悉备,不至于甚盛","变废区为佳境"。不费巨资,不求奢华,只要精于营构,也能造一座清园佳境。又其园有药圃、杏林,与园主何翁医者身份颇切合。王行此记作于洪武二十一年(1388年),战乱过去已有一段时间了,但灾难留下的创伤还没有从人们心灵中抹去,仍存"盛衰消息相寻于无穷"之感,故治园仍以俭朴、淡雅为旨归。

第三节　人居园墅之生态观

一、山水与园居

明初士人记载乡村园林、别墅、楼堂之类建筑,多详于人居之外的环境,诸如山

① 《半轩集》卷四《何氏园林记》,景印文渊阁《四库全书》本。

川草木等自然物象,而很少描述建筑本身,园墅内部陈设、布置、结构。其意趣指向、观察重点,不在园之内而在园之外,不在园之本体,而在山水之间。中国园林的审美本质正在山水,无山水深情,不能激发构建园林的冲动,无对山水审美特性的精审观照,不能堆叠疏凿逼肖真山真水的人工丘壑泉池。在乡村构建园墅的优势在于山水就在近旁,不需要再花大气力以及大把金钱去做人工山水了。人居与自然山水的和谐统一,这是乡村园墅的最大看点。

浙江上虞魏仲远在县西四十余里建见山楼,登楼所见,群山尽收眼底,南有龙山委蛇,西有福祈诸峰,"东则遥岑隐见青云之端"。"其下有巨湖广袤百里,汪肆浩涉",夏盖山如"方屏插起湖滨"。宋濂称叹其地"诚越中胜绝之境"①。此楼群山环抱,傍巨湖之滨,又落趾于高处,"褰帷而望,远近之山争献奇秀,晴容含青,雨色拥翠"。登此"高明之居",可以尽情吸收领略天地精华,宇宙清气,"延揽精华而领纳爽气"。胸襟为之开旷空远,灵魂为之净化飞升,诚如宋濂所形容:"使人涵茹太青,空澄中素,直欲骖鸾翳凤,招偓佺、韩终翩然被发而大荒,其视起灭埃氛弗能自拔起,为何如也?""太青"即苍穹太空,"中素"谓心灵世界,偓佺、韩终者,二仙人之名。骖鸾翳凤,与仙人同游,谓超脱尘世的束缚,获得身心的自由。山水对涵育、提升人的精神气质果真有如此神奇的作用,而这不得不归功于斯楼,不得不归功于主人魏氏建楼善于择地之胜。宋濂此记笔墨所施全在楼的位置,登楼所见山景观和登者所感,并无一笔触及梁栋、飞檐诸构架,唯"褰帷"二字点出楼有帷而已。其对郊野山林楼居园亭之所取重,仍在环境,不在建筑本身。

浙江奉化处士汪幼海在城东建园居,虽朝暮与山相接,惜为城墙阻隔,"复即后圃建小楼为登眺之所",眼界豁然开朗,群山尽献奇秀。玉几、宝麓两山横亘于南,石棋盘与鲤湖偎依于西,长汀七十二曲水宛转于东,莲花岩如青锦耸峙于北,群山众水"环拱"于此楼几席之间,"错出窗户之外"。故名"拥翠楼",贝琼为之记。从四面八方,更准确地说,从圆形环视来观照周围山辉川媚的景色,这几乎成了诸家表现山水之美和人居之胜的一种书写模式,其中蕴含深刻的人居环境和园林建筑思想。被奇山秀水环抱的广袤空间,是天地精华、宇宙佳气会聚之区,也即生态环境最佳之地。苏伯衡所说"山川之环合,风气之绵密"②,"风气之所会,清淑之所钟"③,如在大环之中,找到一个最佳观察点,并在其上建造楼阁园居,乃能尽收左右远近奇观胜概,而得山水之大全,此之谓"要领"。贝琼称奉化汪氏拥翠楼,"据其要领,而阖境之胜毕效于一楼"④,又称嘉兴幽湖朱氏环碧堂"据一湖之要,盖有无穷之趣焉"⑤。居于斯,游于斯,饱览自然山川丽景,接受天地造化滋养,会获得

---

①　《宋文宪公集》卷七《见山楼记》,《四部备要》本。

②　《苏平仲文集》卷八《清源书隐记》。

③　《苏平仲文集》卷七《厚德庵记》。

④　《清江文集》卷一五《拥翠楼记》。

⑤　《清江文集》卷二六《环碧堂记》。

无穷的乐趣,提升自我的精神境界。贝琼如此抒写登拥翠楼之乐趣:"秋高木脱,霜霁天空,延朝景之飞云,送夕阳之归鸟,山之翠罨于瓯越者无尽,而吾之趣亦无尽焉。"①苏伯衡也说山水带给人的快乐是无穷的:"且夫朝阳夕阴,春雨秋露,风雪冰霜,烟霏云霞,变化不同,而岩姿壑态亦不同,虽穷天地不能尽其妙也,又岂一览而触发其秘哉?"他还从"养生"的角度来谈山水有益于个体生命②。其所谓"养生",主要指人的心理,而非生理。山水有益养生,包含三点,能使"耳目"(视听感官)去隘,豁然以广;"心志"(情志意趣)去郁,悠然而适;"神气"(精神气度)去劳,恬然而安。所论兼含内外性形两个方面,明初诸家论山水之益人,此说尤为精到而含哲思。

二、草木与园居

构成园亭人居环境要素者,除山水之外,还有绿色植被(包括天然生长和人工栽培)。苏伯衡记温州平阳小屏山下张氏楼居环境,既写"一望数十百里"山川之变态,也写附近树木之茂盛:"碧梧丹桂,杉松楮桧,蔚荟成林,掩映轩户,清风不动,爽气自臻,林景阴翳,疑出尘境。得也失也,休也戚也,荣也辱也,皆不足以累也,而吾心志得所养焉。"③茂密的植物也能起到和山水一样的功效,使人忘怀得失,世俗累赘、心理障碍得到释放,"养生"之功亦大。江西临川城内青云峰下有大姓许氏,世居于此,其居之后有地数亩,植竹万竿,而构亭其中。"当积雨初霁,晨光熹微,空明掩映,若青琉璃然,净光闪彩,晶莹连娟,朴人衣袂,皆成碧色,冲融于南北,洋溢乎西东,莫不纲联绿涵,无有亏欠。"④主人许仲孚啸歌亭上,"俨若经翠水之阳,而待笙凤之临也","抗清寥而冥尘襟"。"翠水"是仙境,"笙凤"是仙乐,身在竹海之中,其色其影,其声其音,其姿其态,令人心醉神融,有涤尽尘垢飘飘欲仙之感。浙江平阳城南一里,介乎东山与九凤山之间,为林氏世居之地,居之左建楼,"环楼皆古松,柯叶弥布若车盖,苍然际天,望之有太古之色。风飒然南来,触之,动之,挠之,而纷披,而凌乱,而参错,而为此声也"。⑤这片古松林,枝叶形如车盖,苍然之色际天,而声若管弦之奏,娱耳悦目,神超身飞,脱乎尘氛上,融乎宇宙之间,"穷声之状,足耳目之欲,飘若蝉蜕,而抚有宇宙焉"。观听古松,感官和情志都获得愉悦、调节和提升。

昔人选择草木竹树茂美之处,营造宅居、楼居、亭居、园居,或在园居附近,或在庭院之内,种竹、种松、种梅、种兰、种菊等,还有一层深意,就是观物以见人,由植物属性比附君子品格,在朝夕玩赏中,来培植自身的高尚情操。此种类比思维方法,

① 《苏平仲文集》卷九《皆山楼记》。
② 《苏平仲文集》卷九《三然楼记》。
③ 《苏平仲文集》卷九《三然楼记》。
④ 《宋文宪公全集》卷一六《拥翠亭记》,《四部备要》本。
⑤ 《苏平仲文集》卷九《听松楼记》。

古人谓之"比德"。人与物所以可比,是因为其性质有相同之点,"物非人而有同于人者"。比如竹,"夫竹,冬夏不变,有贞介之节焉;特立不挠,有幽独之操焉;虚其中,抱道之器也;直其外,卓行之表也。实有似乎君子,故君子好之。"①其观山水亦然,非止于植物。比德思维方法见诸运用可上溯到很远的时代,孔子智水仁山之训喻,"岁寒然后知松柏之后凋"之名言,便是经典事例,以后历朝历代都沿用不衰。贝琼记浙江上虞夏盖湖上、伏龙山下魏氏园居,"环以巨竹千亩,而栋宇弘丽,与湖山相称","当三伏时,日光不到,天风时来,凄凄如清秋景,而鹧鸪、子规、黄鹂、翡翠之鸟,相呼上下焉"②。魏氏之居得此千亩竹园之胜,环境之美不可胜言,成为人的清凉世界,群鸟的乐园。魏氏一家居此,"兄弟相处,熏然而和",又多长寿,而至百岁。这和附近山水特别是千亩青青绿竹的滋润涵育是分不开的,而魏氏之德也与绿竹之性有相契合之处,"其为人廉而好礼,直而有文,斯合德于竹者"。安徽合肥人陈子仁隐居黄陂湖、凤台山之间,其居前,有松林,"若蛟龙腾,若幡幢列",有聚石,"若虎豹蹲,若圭璧植"。洪武间,朝廷征召至京,后出任温州平阳知县,时念故居之松与石,名其轩曰"松石斋"。苏伯衡发其命名之意:"昔者圣人于松不曰后凋乎,于石不曰不磷乎,后凋之谓贞,不磷之谓坚,凡物之贞坚固无若之二物者。"此就孔子所言"松柏后凋"、"磨而不磷"加以发挥,指出陈子仁所以不能忘情松石是因为二物具贞坚之性,可取以自励自勉,"故比德之不暇也"③。翰林学士魏观在故里武昌蒲圻建别业,"嘉花美卉种种并植",而于梅情有独钟,自云:"时乎冬也,雪霜凝沍,万木枯槁,两间之生意几乎息矣,而梅也粲然而有华,盎然而独春;傲极阴于方隆,回微阳于初先,造物之发育于是乎权舆矣。"④这段献给梅花的赞词也是对贤士的颂扬和对自己的期许;在极阴极寒万木枯槁的隆冬季节,梅花傲然挺立,粲然发花,透露出阳气生意不息,希望之春即将来临的讯息,这是多么高贵的品格。苏伯衡对魏公论赞深表敬服:"知宝之爱之尊之贵之,此尚德之心也。"

苏伯衡还认为,"山川草木"与"屋室门户",环境与人居,有着密切关系,前者给后者以涵育润泽,显现出一派生机盎然,清氛郁然的气象。"君子之所居,则山川为之明秀,草木为之津华,其善色之所钟,则在其屋室门户之间,犹珠生而岸不枯,地有宝藏则神明之光舒也。"⑤人居得山川草木滋润,则生"津华",则现"明秀",居人也深获惠泽。山川草木是人类和人居之珠玉,之"宝藏",也是观察一家一户一乡一市生态文明和道德修养的一个标识。明初诸家之宝爱珍惜草木植被,还有社会的原因。群雄鏖兵使大片城乡变为废墟,草木也遭凌夷,生态破坏严重。浙江诸暨曾为张士诚所据,依为藩篱,明军讨伐张氏,"两军屠戮无虚时,故诸暨被兵特甚,崇薨巨

---

① 《苏平仲文集》卷九《爱竹山房记》。
② 《清江文集》卷一四《竹深记》。
③ 《苏平仲文集》卷八《松石斋记》。
④ 《苏平仲文集》卷八《梅初亭记》。
⑤ 《苏平仲文集》卷九《爱竹山房记》。

室焚为瓦砾灰烬,竹树花石伐斫为楼橹戈炮樵薪之用。民惩其害,多徙避深山大谷间,弃故址而不居,过者伤之"。① 花园中的奇树珍木竟被斫断用来建造防御工事,甚至劈了当柴烧。待到"兵靖事息",人家重建家园,种植花木。如诸暨张氏,"始辟址夷秽,创屋十余楹,旁植修竹数百,四时之花环艺左右,琴床酒炉诗画之具,咸列于室"。② 在战乱中,也有幸免于劫难的园林及奇树,虽一园一木也弥足珍贵。张筹字惟中,无锡人,洪武九年(1376年)礼部尚书,世居九龙山(即惠山)下,其先人尝植一梧于庭,"挺然秀耸,而密叶云布,不知三伏酷烈之气也",经兵燹而独存。贝琼感叹:"呜呼! 三吴之盛,大家世族,甲第相望,嘉花异卉,敷荣交荫,四时不绝。及州县兵起,殆尽于焚烧斩伐,惟张氏之梧独存,轮囷离奇,过于龙门之植,是亦系乎数矣。"③此梧劫后余生,人叹为奇迹,归之于天数,备受世人珍爱。社会大动乱造成文化生态和自然生态的大破坏,当一场噩梦醒来,面对一片废墟上残留的些许珍奇,社会始知故宅旧园、独木残花之可爱,然而太晚了! 生态修复工程殊非易易,许多美好的东西既被破坏,是不可复原的。

---

① 《宋文宪公全集》卷三二《新雨山房记》,《四部备要》本。
② 《宋文宪公全集》卷三二《新雨山房记》,《四部备要》本。
③ 《清江文集》卷一六《一梧轩记》。

第二章　明前期园林审美之复苏

明代永乐以来,国力渐强,民气渐舒。统治者倾一国之力,集中全国能工巧匠,大兴土木,营建宫殿园囿,其园之宏大精丽堪比三百年前北宋汴京(今开封)之艮岳。北京御园宫苑是中国建筑文化宏伟的载体,也是一代建筑师和巧匠们造园智慧的结晶,其间蕴含丰富精深的造园之道。这期间,众僚百官和各地巨族富室多喜在城市或江村山乡营构庄园别墅,规模有大有小,设计布置颇精,也含构园妙道。

第一节　营造:复苏迹象

一、南京宫苑与功臣园林

明代从洪武创业到宣德守成,经过太祖和成祖的励精图治,政治、教化、经济、民生都取得不小的成效。《明史·宣宗本纪》赞曰:"盖明兴至是历年六十,民气渐舒,蒸然有治平之象矣。"具体表现在:"吏称其责,政得其平,纲纪修明,仓庾充羡,闾阎乐业,岁不能灾。"其间不无夸饰之词,但基本上符合当时社会的实情,而与元末烽火连天、土地荒芜、建筑倾圮的景象判若两个天地。这也为都城、宫殿和园林兴建创造了有利的社会环境和经济基础。

还在朱元璋未登帝位称吴王,即至正二十六年(1366年)时,攻克金陵,改筑应天城,作新宫钟山之阳。洪武二年(1369年)九月始建新城,洪武六年(1373年)八月告成。内为宫城,亦曰紫禁城,门六。皇城之外曰京城,周九十六里,门十三。其外郭,洪武二十三年(1390年)四月建,周一百八十里,门十有六。[①]从改筑旧城到完成外城,耗时二十四年。南京城分宫城(又称紫禁城或大内)、皇城、京城、外城四层。"京城城垣全以砖石筑成,它南凭秦淮,北控玄武湖,东傍钟山,西据石头。全长六十七里,其长不仅在全国第一(北京内城、外城共约六十里),而且居世界之首(巴黎城五十九里)。"[②]宫城内有御花园,建筑精美。"旧内,元南台遗址也,明太祖初为吴王时居之。双阙巍然,重垣周帀,丹朱垩饰,灿若霞辉。岁既久,宫宇倾颓,遂为居民艺植地。"[③]《明史》卷六八《舆服》云:"洪武八年改建大内宫殿,十年告成。"既然是改建,就要保留原有的一些有价值的建筑,不是统统推倒重建。《舆服志》还记载始建宫殿时,有人建议采瑞州(治今江西高安)文石铺地,遭到朱元璋的训斥:"敦崇俭朴,犹恐习于奢华,尔乃导予奢丽乎?"明代创业初始,对营造崇尚俭朴的朝令贯彻还是相当严格的,宫殿营建也不例外。

南京作为洪武、建文两朝的都城,王侯第宅相望,开国功臣中山王徐达、开平王

---

① 《明史》卷四《地理一》。

② 雷从云等:《中国宫殿史》,百花文艺出版社,2008,第255页。

③ 余宾硕:《金陵览古》,载《瓜蒂庵藏明清掌故丛刊》,上海古籍出版社,1983。

常遇春、歧阳王李文忠、黔宁王沐英、信国公汤和诸元勋皆赐府第，徐达功高第一，最得恩宠。据正德年间进士、金陵名士陈沂(1469—1538年)记载："中山武宁王宅，在聚宝门内，出秦淮，为大功坊国朝功臣，仁信忠慎，无出徐达之右者，故圣主定功为第一，拜中书左丞相，改封魏国公，赐第名大功坊。"[1]二十世纪三十年代，其府第尚存孑遗，据朱偰先生考察，"金陵于明为陪都，王侯第宅，夹道相望，六百年来，陈迹未尽泯灭，犹可指实其处"。例如：徐府"在大功坊，今内政部，犹存楠木大殿，今为礼堂"；常府"在常府府门建雕花牌楼甚庄丽，此花牌楼所以得名也。门楼外有桥，名门楼桥"。公侯之家大多拥有园林别墅，朱偰先生又云："明兴，凤台左右，园林相望。王侯子弟，纱帽隐囊，招集宾朋，风流跌宕。"[2]徐达生前有南园，"当赐第之对街，今为民所据，园址石峰犹存"。[3] 又有瞻园，"徐中山王达园，在大功坊(今改中华路)。园以石胜，有最高峰，极其峭拔；其余石坡、梅花坞、平台、抱石轩、老树斋、翼然亭、竹深处诸胜，皆名实相称。石之下多邃洞，宫曲盘纡，颇称屈折"。[4] 南京西城水西门外的莫愁湖，始载于宋乐史《太平寰宇记》，嗣后吟诵者日多，湖名日着。明初归徐达，是明太祖所赐。"明初筑楼其侧，相传为明祖与徐中山弈棋之所。中山棋胜，明祖以湖输之，遂为徐氏汤沐邑。"[5]清初余宾硕记其胜："明时为中山园亭。澄波清澈，紫气若云，弱柳荫堤，丝杨被浦，山色湖光，荡漾几席，最为佳观也。"[6]徐达功高爵显，封魏国公，子孙世袭，徐达殁，长子辉祖嗣，以下承嗣者为钦、显宗、承宗、俌、鹏举、邦瑞、维志、弘基，"自承宗至弘基六世，皆守备南京，领军府事"，"明亡，爵除"[7]。随着世系的繁衍，徐氏家族园林之多，建构之华，堪称南京城之最。

南京秦淮河一带，楼阁参差，粉黛群集。明洪武间，于秦淮河经的聚宝门、石城门、西水关及斗门桥、乾道桥等街市坊巷，建十六楼，即南市、北市、鸣鹤、醉仙、轻烟、澹粉、翠柳、梅妍、讴歌、鼓腹、来宾、重译、集贤、乐民、清江、石城，或减南市、北市二楼，或减清江、石城二楼，因称十四楼。洪武时进士李泰，"有集句诗二册，中有咏十六楼诗"，永乐中晏振之《金陵春夕诗》有"花月春江十四楼"之句[8]。明天顺间名臣李贤等以为建造这些名楼是为了"聚四方宾旅"[9]。万历间周晖、顾启元及清初余怀等文人都认为十六楼是礼部教坊司安置官妓之地，"盖时未禁缙绅用妓也"，到万历年间，"诸楼尽废，独南市尚存"。顾启元回忆明初以来妓院兴衰云："余犹及闻教坊司中，在万历十年前房屋盛丽，连街接弄，几无隙地。长桥烟水，清

① 余宾硕：《金陵览古》，载《瓜蒂庵藏明清掌故丛刊》，上海古籍出版社，1983。
② 朱偰：《金陵古迹图考》第十三章《园林及第宅》，中华书局，2006。
③ 嘉庆《新修江宁府志》卷九《古迹》。
④ 朱偰：《金陵古迹图考》第十三章《园林及第宅》，中华书局，2006。
⑤ 同上。
⑥ 余宾硕：《金陵览古》，《瓜蒂庵藏明清 掌故丛刊》，上海古籍出版社，1983。
⑦ 《明史》卷一二五《徐达列传》。
⑧ 周晖：《金陵琐事》卷上《咏十六楼集句》，《国学珍本文集》本，民国24。
⑨ 李贤等：《大明一统志》卷一六《应天府》，三秦出版社，1990。

汕湾环,碧杨红药,参差映带,最为歌舞胜地。时南院尚有十余家,西院亦有三四家,侍门待客。其后不十年,南、西二院,遂鞠为茂草,旧院房屋,半行拆毁。"①以后秦淮旧院衰而复盛,至于明末,繁华逾于昔时。余怀云:"旧院人称曲中,前门对武定桥,后门在钞库街。妓家鳞次,幽屋而居。屋宇精洁,花木萧疏,迥非尘境。"②其子宾硕亦云:"两岸楼台分峙,亭榭参差。每夏秋时,士女竞集,画帘锦幕,射馥兰熏,火树银花,光夺桂魄。吴船载酒,鼓吹喧呼。"③迤逦于秦淮河侧的青楼妓院,清流蜿蜒,堤柳摇曳,长桥卧波,房室雅洁,庭院深静,花木扶疏,环境与建筑皆有雅致,不论从建筑群组合看,或者从每一座院落看,都像园林,是中国园林艺术的又一种类型。

二、北京宫苑与勋戚园林

燕王朱棣发动"靖难"之役,推翻建文帝,即皇帝位,改元永乐,其元年(1403年),以北平为京师。永乐四年(1406年),"诏以明年五月建北京宫殿,分遣大臣采木于四川、湖广、江西、浙江、山西④,永乐十八年(1420年)竣工,"凡宫殿、门阙规制,翻如南京,壮丽过之"⑤。并于是同年九月下诏改京师为南京,北京为京师,十一月以迁都北京诏天下。明代北京城是在元大都基础上建成的,永乐以后宣德、正统、嘉靖等朝都有修建、改建、扩建、增建。"宣宗留意文雅,建广寒、清署二殿,及东、西琼岛,游观所至,悉置经籍。正统六年(1441年)重建三殿。嘉靖中,于清宁宫后地建慈庆宫,于仁寿宫故基建慈宁宫。"⑥正统二年(1437年),诏命太监阮安(一名阿留,越南人)重修,正统四年(1439年)工成,大学士杨士奇称新修城池之壮观:"崇台杰宇,巍巍宏壮。环城之池,既浚既筑,堤坚水深,澄洁如镜,焕然一新。"⑦嘉靖间,鞑靼族俺答部屡屡入侵,北京受到威胁,"边氛时有报急",加之城内及附郭人口剧增,"今城外之民殆倍城中"。嘉靖二十一年(1542年)就有朝臣建议在南城靠正阳、崇文、宣武三门筑外城,经过多次勘测规划,乃于嘉靖三十二年(1553年)动工,利用原有"土城故址","增卑培薄,补缺续断",故能"事半功倍","曾未阅岁,而大工告成"。新科进士编修张四维《新建外城记》云:"崇卑有度,瘠厚有级,缭以深隍,覆以砖埴,门墉矗立,楼橹相望,巍乎焕矣,帝居之壮也。"⑧于是形成了外城、内城、皇城、宫城四重城垣格局。清代统治者取代朱明后,北京城被完整地保留下来,城阙宫殿

---

① 顾起元:《客座赘语》卷七《女肆》,中华书局,1987。

② 《板桥杂记·雅游》,载李金堂编校《余怀全集》,上海古籍出版社,2011。

③ 《金陵览古》,载《瓜蒂庵藏明清掌故丛刊》,上海古籍出版社,1983。

④ 《明史》卷六《成祖本纪二》。

⑤ 《明史》卷六八《舆服志四》。

⑥ 同上。

⑦ 孙承泽:《天府广记》卷四《城池》,北京古籍出版社,1982。

⑧ 同上。

虽经修整、增建,但大都一仍明制,"京城皇城宫城,并依原址","综观清代大内沿革,一切巨规宏模,无一不沿自明朝","诸宫殿皆经重修或重建,然无一非前明之旧规也"[①]。北京内城、皇城、宫城大体上呈三重方形城垣布局,宫城居中。主要宫殿建筑"三大殿"、"后三宫"依次坐落在南北中轴线上,其东西两侧则排列着次一级宫殿群落。这些建筑群排列有序,主次分明,体量式样,重檐屋顶,乃至雕饰彩绘,皆判然有别,体现了封建统治的尊卑等级,礼制威仪。群殿百官之中,皇极殿(原称奉天殿,俗称金銮殿)居于首要位置,它是皇帝坐朝问政、会见群臣、发布诏令、举行大典的地方,是北京城的核心,全国统治中心。其建筑最宏丽、最辉煌,凸显了天子的神圣,皇权的至高无上。在统一严整的规制下,各座宫殿及其附属建筑的造型色调不尽相同,宫室内部陈设精致典雅,也有生活气息,又有华表、嘉量、铜龟、铜鹤、石狮、龙首、栏杆、影壁等建筑小品点缀其间,从而达到统一性、规范性中包含多样性、灵活性的艺术效果。"明清故宫建筑的空间组织和立体轮廓达到统一中又有变化,反映了中国古代建筑艺术的成就,同时它也是世界上优秀的建筑群之一。"[②]它彰显了明初自永乐以来强盛的国力,凝结着众多建筑师和能工巧匠的建筑智慧,也浸透着数十百万民工、军卒的血泪。

北京皇城宫殿建筑群的总体规划,也包括御苑的营建,例如:宫城内之后苑即御花园,宫城外、皇城内之西苑、兔园、东苑和万岁山(清初改称景山),京城安定门外之南苑。在这六处皇家园林中,西苑面积最大,造景最丰富,而且贴近自然风光。它位于紫禁城之西,有门道相通,斜贯皇城南北,在金元旧苑基础上扩建而成。西苑以原有湖泊水景为主体,其名"太液池"也沿元代旧称,划分三大水域,曰北海、中海、南海。北海有琼华岛,元称万岁山,岛之南端,与半岛"团城"(元称圆坻)隔水相望,中跨石桥。中海东岸筑蕉园、水云榭,西岸辟"射苑",平台高数丈,上建小殿,供皇帝观骑射。南海筑大岛瀛台,又称南台,台上建昭和殿,辟"御田",以供皇上观稼劝农。瀛台、琼华、团城三岛之上,以及三海沿岸多处地方,分布着宫殿、楼阁、亭台、水榭、画舫等各类建筑,有走廊、石桥、曲径引带连接。又植物种群多样,水禽飞鸟戏嬉其间,"三海水面辽阔,夹岸榆柳古槐多为百年以上树龄。海中萍荇蒲藻,交青布绿。北海一带种植荷花,南海一带芦苇丛生,沙禽水鸟翔泳于山光水色间"[③]。西苑之西,皇城西南隅,为兔园,"叠石为峰,兔岩森耸,元代故物也"[④],有清虚殿、九曲池、瑶景亭、翠林亭等建筑,古木延翳,奇石错之。"兔园与西苑之间并无墙垣分隔,从南海之东岸绕过射苑即达,亦可视为西苑的一处附园"[⑤]。东苑在皇城东南

① 梁思成:《中国建筑史》,百花文艺出版社,1998,第245页。
② 刘敦桢主编《中国古代建筑史》,中国建筑工业出版社,1980,第294页。
③ 周维权:《中国古典园林史》,清华大学出版社,1993,第119页。
④ 吴长元辑:《宸垣识略》卷四《皇城》,北京古籍出版社,1982,第74页。
⑤ 周维权:《中国古典园林史》,清华大学出版社,1993,第119页。

隅，"栋宇宏壮，金碧相辉，其后瑶台玉砌，奇石森耸，环植花卉，清香素艳，浓郁可爱"。① 又砌方池，远引西山泉水，逶迤流入，澄波晃漾，其中玉龙吐水，其高盈丈。此外，又有草殿、草舍、草亭，以及堂斋轩廓，"悉以草覆之"，"四围编竹为篱，篱下毕蔬茹匏瓜之类"，取"古人茅茨不剪"不忘俭朴之意，大学士杨荣诗云，"草径自森邃，蔬畦亦纷披，殿宇靡华饰，俭朴同茅茨"②。北京外城南垣安定门外又有南苑，别称南海子。"南海子在京城南二十里，旧为下马飞放泊，内有按鹰台。永乐十二年（1414年），增广其地，周围凡一万八千六百六十丈，乃城养禽兽种植蔬果之所。中有海子，大小凡三，其水四时不竭，汪洋若海，以京城北有海子，故别名曰南海子。"③南苑水面开阔，保留了北京城郊一片难得的荒野。元人以为放鹰狩猎场所，明人岁时游观、狩猎，并种植蔬菜瓜果。清代于此设围场，又设"海户"，"一千六百，人各给二十四亩"，"春搜冬狩，以时讲武"④。"每猎则海户合围，纵骑士驰躬于中，所以训武也"。南海子水源丰富，野生动物极多，"中有水泉三处，獐鹿雉兔不可以数计"⑤。

紫禁城内御花园（后苑）位于中轴线北端，出坤宁门即入园中，规划符合"前宫后苑"的宫殿营造法则。处在中轴线上的主建钦安殿，体量最大，重檐黄琉璃瓦屋顶，为道教建筑，内供元天上帝像。元天上帝即道教北方尊神真武大帝，传说他在太和山修炼得道飞升，被玉帝册封为玄武，太和山因更名武当山。明成祖发迹于燕京，借得玄武庇佑而得天下，以证君权神授的天意，因此特别崇奉玄武。《孝宗实录》卷一三六："太宗入靖内难，祀神有显相助，又于京城艮隅并武当山重建庙宇，两京岁时朔望遣官致祭，而武当山又专督祀事。"⑥在皇宫内苑建钦安殿表明永乐皇帝对玄武和道教的尊崇，其后明代各朝相沿不替。钦安殿东西两侧堂、斋、亭、轩等建筑多呈对称排列，又在这些建筑物前后左右叠山砌池，种植松柏槐榆、海棠牡丹等花木，"因而御花园的总体于严整中又富有浓郁的园林气氛"⑦。"御花园毕竟是一座园林，功能与宫城的前朝后寝完全不同，造园者就在保持整体布局的前提下，采用了灵活多变的手法避免御花园显得过于工整单调。"⑧御花园承光门北对宫城玄武门，二门皆在中轴线上，出玄武门即进入宫城外万岁山景区，此万岁山与西苑万岁山同名，实为两地，不可混为一谈，"盖金元之万岁山在西，而明之万岁山在此也"。此亦人工堆叠之山，"其高数十仞，众木森然，相传其下皆聚石炭，以备闭城上虞之用也"，"俗所谓煤山者"，⑨清人改称景山。万岁山矗立于玄武门之北，金水河

① 杨荣：《文敏集》卷一《赐游东苑诗序》，《四库明人文集丛刊》本，上海古籍出版社，1991。
② 同上。
③ 李贤等：《大明一统志》卷一《京师》，三秦出版社，1990。
④ 于敏中等编《日下旧闻考》，北京古籍出版社，1983，第1231、1267页。
⑤ 同上。
⑥ 任继愈主编《中国道教史》，上海人民出版社，1990，第598页。
⑦ 周维权：《中国古典园林史》，清华大学出版社，1993，第120页。
⑧ 楼庆西：《中国园林》，五洲传播出版社，2003，第78页。
⑨ 《宸垣识略》卷二《皇城》，北京古籍出版社，1982，第53页。

环流于皇极门(原称奉天门,清政太和门)之南,构成背山面水、负阴抱阳的风水形势,登山之顶,金碧辉煌的紫禁城与气象雄丽的北京城尽收眼底。故此山又为紫禁城"镇山"。

明太祖在位三十余年,对官民建造房屋的规格、等级都有定制,并屡屡申明禁令。"明初,禁官民房屋,不许雕刻古帝后、圣贤人物及日月、龙凤、狻猊、麒麟、犀象之形";"洪武二十六年定制,官员营造房屋,不许歇山转角,重檐重拱,及绘藻井,惟楼居重檐不禁",更严禁官吏侵占土地,营构园林,"不许那移军民居止,更不许于宅前后左右多占地,构亭馆,开池塘,以资游眺";庶民庐舍,"不过三间五架,不许用斗拱,饰彩色";"正统十二年,令稍变通之,庶民房屋架多而间少者,不在禁限"[①]。顾起元亦云:"国初以稽古定制,绝饬文武官员家不得多占隙地,妨民居住,又不得于宅内穿池养鱼,伤泄地气,故其时大家鲜有为园囿者。"[②]明太祖治国行政崇尚俭朴,官民住宅也不许奢华,对官吏禁束尤其严格。不过永乐以来,迨至宣德、正统年间,国初这些祖制禁令渐渐松动,营造禁区时有"僭越"现象发生,而敢于犯禁者正是先前受到严格约束的权贵们。这种情况在皇亲国戚、巨珰大僚、豪民巨贾聚集的京师尤其严重。沈德符有记云:"都下园亭相望,然多出戚畹勋臣以及中贵",海淀一带贵戚富豪园林,"大数百亩,穿池叠石,所费已巨万","豪贵家苑囿甚夥"[③]。宋起凤亦云:"若城内得胜门之水关,后宰门北湖,其间园囿相望,踞水为胜,率皆勋戚巨珰别墅,稻畦千陇,藕花弥目,西山爽气,日夕眉宇,又俨然西子湖。"[④]权贵豪宅内往往辟有家园,又攫夺城内胜地筑为园池,进而扩展到郊外山水清美之地。沈、宋二人所记皆明代中后期事,而明代前期宣德、正统年间已启其端。

永乐以来诸朝大臣有长期在京师任职者,大学士杨士奇、杨荣皆历仕四朝,视京师如家乡,并有府第园林,安心为官,不敢有临时观点。"彼时开国之始,风气淳厚,上下恬熙,官至密勿者多至二三十年,少亦十余年,故或赐第长安,或自置园囿,率以家视之,不敢蘧庐一官也。"[⑤]杨荣由南京"随驾北来,赐第王府街,值杏第旁,久之成林",因名"杏园"。王英也是历仕四朝的老臣,"有园在城西北,种植杂蔬,井旁小亭,环以垂柳,公余与翰苑诸公宴集其地"[⑥]。国子监祭酒李时敏亦有园在王英园囿旁。这些清廉的大臣,在京所置园林规模小,简朴清疏,与贵戚幸臣拥有的豪宅华囿不同。官员们致仕归田,或暂时离职,往往在城中或近郊构建庄园别墅。如兵

① 《明史》卷六五《舆服四》。
② 《客座赘语》卷五《古园》,中华书局,1987,第162页。
③ 沈德符《万历野获编》卷二四《畿辅》,中华书局,1959。
④ 《稗说》卷四《园囿》,载谢国桢《明代社会经济史料选编》,福建人民出版社,2004,第215～216页。
⑤ 孙承泽:《天府广记》卷三七《名迹》,北京古籍出版社,1982,第56页。
⑥ 同上。

部右侍郎韩雍在苏州葑门内姜家巷杨荮溪草堂又名天赐庄,"其园林池沼之胜甲于吴下,世拟之李卫公(李德裕)之平泉庄,司马公(司马光)之独乐园"①。户部尚书殷廉在河北涿州之西杨东郭别墅,"遂擅涿郡一时园亭之胜"②。翰林学士丘浚出仕四十年,中间因母丧曾回故里海南琼山,营构学士庄,预为将来归老之计。东南世家大族也纷纷构筑山居别业,其址多在山林江湖之地,昔日遭战乱毁坏的园墅大都得到修复,新建的庄园也层见叠出。明代佛教道教俱盛,自永乐以来,历朝所建寺庙宫观不断增加,尤以北京、南京为盛。北京宛平一县,"版图仅五十里,而二氏之居,已五百七十余所","盖今天下二氏之居,莫盛于两都,莫极盛于北都,而宛平西山,实尤其极盛者也"③。尊崇佛道的风气,明初已经开启、播扬。王英郊游时,目睹寺庙塔巍然,寺内"以黄金饰像,五彩绣幡幢,他器物备极工巧,观者目眩",感叹"近时权贵创寺,环布城邑,度僧至数百千"④。而释道的兴盛也推动寺观园林的发展。

这一时期,中下层官吏和文化雅士对园林的热情尚不高,关注度、参与度较低,故文人私园比较少。关于园林建筑的记序之类文章颇多,其间偶存片言只语的鉴赏,美学评价,却未见造园学说专论,更不用说著作了。园林美学思想还没有发展到这样的阶段。但从这些记录材料中可以提取出美学思想的因子,以为构建学理之用。

第二节 宫苑:天上人间

一、西苑历史变迁

明代西苑是北京皇城内最宏大的一处园林,与紫禁城内御花园,一巨一细,一西一东,有门相通,相去仅百步而已。二园同为皇家园林精构,都具皇家气象,而西苑还有"天然山林之致"⑤,澄湖烟波之胜,这在宫阙殿宇密布,庙社、寺观、衙署、宅第集聚的北京中心城区是非常难得的。

西苑旧址原为金代行宫大宁宫和元代御苑万岁山所在地。金主海陵王完颜于贞元元年(1153年)由上京(今黑龙江阿城南白城)迁都燕京,称中都。前二年,即调集诸方夫役在今北京西南营建宫室,不惜亿万,极其侈靡。"营燕京宫室,一依汴京(开封)制度运一木之费至二十万,牵扯一车之力至五百人。宫殿遍传黄金,间以五采,金屑飞空如落雪。一殿之费以亿万计,成而复毁,务极华丽。"⑥其后正隆(亦海

① 丘濬:《重编琼台稿》卷一八《鞋溪草堂记》,《四库明人文集丛刊》本,上海古籍出版社,1991。
② 丘濬:《重编琼台稿》卷一八《东郭别墅记》,《四库明人文集丛刊》本,上海古籍出版社,1991。
③ 沈榜:《宛署杂记》卷一九《僧道》,北京古籍出版社,1982,第237页。
④ 孙承泽:《天府广记》卷三七《名迹》,北京古籍出版社,1982,第566页。
⑤ 于敏中等编《日下旧闻考》卷二一《国朝宫室》,北京古籍籍社,1983,第281页。
⑥ 李有棠:《金史纪事本末》卷二三《海陵淫暴》,中华书局,1980,第415页。

陵王年号)年间,在中都城外东北湖泊沼泽地营构离宫大宁宫,当时已名"西苑"或"西园"。金元间诗人王恽有《西苑怀古和刘怀州韵》,又《西园怀古》诗云:"锦擒西苑正隆修,大定(金世宗年号)明昌(金章宗年号)事燕游。"同为金元间人士刘景融《西园怀古》诗云:"琼苑韶华自昔闻,杜鹃声里过天津。"又《史学宫词》:"熏风十里琼华岛,一派歌声唱采莲。"[1]岛称"琼华",湖称"太液池","自金盛时,即有西苑、太液池之称"[2]。琼华岛上建广寒殿。元天金,焚中都宫室,别苑大宁宫章存,乃于其址另起新城"大都",西苑遂入皇城之内,并拓宽太液池水面。池有三岛,最大者即琼华岛,改名万岁山,山南近旁小岛称圆坻,再南小岛称犀山,大体上已开成"一池三岛"格局。元明之际学者、诗人陶宗仪记元代太液池之胜:

> 万岁山在大内西北太液池之阳,金人名琼花(花通华)岛,中统(元世祖年号)三年修缮之。其山皆以玲珑石叠垒,峰峦隐映,松桧隆郁,秀若天成。引金水河至其后,转机运斡,汲水至顶,出石龙口,注方池,伏流至仁智殿后,有石刻蟠龙,昂首喷水仰出,然后东西流入于太液池。山上有广寒殿七间。仁智殿则在山半,为屋三间,前有白玉石桥,长二百尺,直仪天殿后。殿在太液池中圆坻上,十一楹,正对万岁山。山之东为灵圃,奇兽珍禽在焉。[3]

明洪武二十二年(1389年),封朱棣为燕王,"命工部于元皇城旧基建府,拆旧殿为之"[4]。及成祖称帝,定都北京,见元朝故宫毁,乃在元大内东侧另建宫殿,从而扩大了西苑的面积,又于太液池开挖南海,奠定了三海(北海、中海、南海)的格局。海中三岛,万岁山沿用元代旧名;圆坻原为土筑高台,易为砖砌城墙,因名圆城;南海中犀山扩增为大岛,更名南台(清代名瀛台)。清乾隆间吴长元云:"西苑在西华门西,创自金而元明递加增饰。金时只为离宫,元建大内于太液池左,隆福、兴圣等宫于太液池右。明大内徙而之东,则元故宫尽为西苑地。旧占皇城西偏之八,今只十之三四。门榜曰西苑。"[5]清代乾隆时期,皇城根下,居民增多,人事日繁,三海西岸大片空地被衙署、府邸、民宅占用,西苑面积缩小了,已由原来占皇城西部的十分之八,减为"十之三四"。乾隆朝对西苑进行规模较大的改建,踵事增华,就景观评价而言,有得也有失,"园林的陆地面积缩小了,但建筑的密度却增高。因此,原来的总体景观所表现的那种开旷、疏朗、富于野趣的环境气氛已经大为削弱了"[6]。所幸三海的水面未见收缩,未改烟波浩荡的旧观。

① 李有棠:《金史纪事本末》卷三四《章宗嗣统》,中华书局,1980,第580页。
② 于敏中等编《日下旧闻考》卷二一《国朝宫室》,北京古籍出版社,1983,第271页。
③ 陶宗仪:《南村辍耕录》卷一《万岁山》,中华书局,1959,第15~16页。
④ 孙承泽:《天府广记》卷五《宫殿》,北京古籍出版社,1982,第56页。
⑤ 吴长元:《宸垣识略》卷四《皇城》,北京古籍出版社,1982,第59页。
⑥ 周维权:《中国古典园林史》,清华大学出版社,1990,第201页。

二、西苑水环境与景观营构

据今人统计,"三海约占地二千五百亩,其中水面约占百分之五十二"①。其水源引自京城东北郊玉泉山,循金代旧渠金河流进西城和义门,向南复向东,而后注入太液池,池水延连通惠河、大运河。太液池水有源有委,有吸有泄,长年保持水量充足,流动不腐。这一水利工程的设计者便是元代大科学家郭守敬。明人得其利受其惠,又引进西苑之北近在咫尺的积水潭(即什刹海),设闸门,既补充了太液池的水量,又保水旱无忧。"西苑之东北角为什刹海流入三海之进水口,设闸门控制水流量,其上建'涌玉亭'。嘉靖十五年(1536 年)在其旁建'金海神祠',祀宣灵宏济之神、水府之神、司舟之神。"②积水潭之水源出城东北昌平县白浮村的神山泉,聚合诸水汇于瓮山泊,流程约六十里始达积水潭。这一引水工程"解决了通惠河所必需的充足和清澈的水原供给问题",保证了漕运的通畅③,也使太液池水自古及今不枯不竭。其设计者、主持实施者也是郭守敬。明人在元代引水工程基础上加以完善,使太液池保持充足的水量,还根据西苑的环境特点,对其南部进行适度的开发,拓宽水域面积,形成北、中、南三海碧波荡漾的胜概。这一符合环境发展规律的生态建设,是明人之长策与胜算,也是对西苑这座历史园囿的重大贡献。

水孕育生命,也孵化美。清洁广阔的三海有各种水生植物和水禽飞鸟,一派生机,水景很美。天顺间兵部侍郎韩雍《游西苑记》云:"池广数百顷。维时时雨初霁,旭日始升,地之上烟霏苍莽,蒲荻丛茂,水禽飞鸣游戏于其间。隔岸林树阴森,苍翠可爱,心目为之开明。"④同游者大学士李贤亦云,"初入苑,即临太液池,蒲苇盈水际,如剑戟丛立,芰荷翠洁,清目可爱","沙鸥水禽,如在镜中"⑤。在此之前,大学士金幼孜曾于宣德三年(1428 年)春二月赐游西苑,乘御舟泛太液池,作五言长律一首,有句云:"太液相环抱,波光欲荡浮。泓涵通碧海,澄沏秀灵湫。翠荇翻红鲤,轻澜泛白鸥。碧桃晴雨润,杨柳暖风柔。"⑥广阔的水面,清澈的水体,如此优良的水环境,极有利于芰荷、藻荇、蒲荻、芦苇等植物的生长,也为游鱼、水禽、飞鸟提供了栖息活动的乐园。这幅天然图画,清旷秀逸,天机活泼,更不用说还要加配水面上耸峙的山岛和岛上碧树金殿了。

依据西苑地理空间特点和金元历史遗存,充分利用得天独厚的水环境条件,对西苑作精细的总体规划和局部营构,也是明代西苑建设的一大成绩。太液池东西

---

① 雷从云等著《中国宫殿史》,百花文艺出版社,2008,第 278 页。

② 周维权《中国古典园林史》,清华大学出版社,1990,第 119 页。

③ 陈美东《郭守敬》,载杜石然主编《中国古代科学家传记》,科学出版社,1993,第 678 页。

④ 孙承泽《天府广记》卷三七《名迹》,北京古籍出版社,1982,第 556 页。

⑤ 李贤:《古穰集》卷五《赐游西苑记》,《四库明人文集丛刊》,上海古籍出版社,1991,第 529、530 页。

⑥ 金幼孜:《金文靖集》卷四,《四库明人文集丛刊》,上海古籍出版社,1991,第 621 页。

窄、南北长。三海中北海最大,两头尖、中间圆,形如橄榄球;中海次之,其形狭长,似短柄木梳;南海最小,形如一张圆圆的树叶。北海之琼华岛(万岁山)体量最大,近旁团城(圆坻)土屿最小,南海之南台(瀛台)居中。三岛上都有建筑。三海东岸贴近紫禁城,特别是中海、南海沿岸已无拓展空间,几乎无建筑物,北海东岸建筑较多。三海西岸,有大片空地,元代建筑遗迹亦少,可以增建不少宫殿、亭台及果园、花房、库藏等设施。明人就是根据三海三岛这些地理空间特点来营构西苑景观的。

大岛万岁山据韩雍记载,"磊石为之,高数千仞,广可容万人",是元人重点营建的景区,建筑甚多,密度最大。明人对其陈旧者修饰之,废毁者重建之,昔时题名也大都沿用不改,保护古树名木,爱惜金人从汴梁艮岳移置于此的奇石,可谓修旧如旧,增新也有历史依据。经过此番修葺重建工程,琼华岛变得更美了。主要建筑都已恢复,又皆在旧址上按原来规制修建。李贤记云:"山畔并列三殿,中曰仁智,左曰介福,右曰延和。至其顶,有殿当中,栋宇宏伟,檐楹翠飞,高插于层霄之上。殿内清虚,寒气逼人,虽盛夏亭午,暑气不到,殊觉旷荡潇爽,与人境隔异,曰广寒。左右四亭,在各峰之顶,曰方壶、瀛洲、玉虹、金露。壁间四孔,以纵观览,而宫阙峥嵘,风景佳丽,宛如图画。"建筑规制严整,主建筑广寒殿高踞山之巅,"栋宇宏伟",韩记亦云"高广明靓,四壁雕彩云累万,结砌而成",俨然神话中广寒宫矣。其左右有四亭拱卫,山半有三殿围护,中殿仁智与山顶主殿广寒同处一条中轴线上,四殿门户皆坐北朝南。四殿四亭建构虽具庙堂宫室之制,但是毕竟不在封建统治中心紫禁城之内,而建于山林湖海之间,主要供君王后妃、戚畹重臣游憩之需,非同皇政中枢之地。故能随山势灵活造景,铺筑蜿蜒曲折的山径,如韩雍所说,"环殿,奇峰怪石万状,悉有名卉嘉木,争妍竞秀,琴台、棋局、石床、翠屏之类,分布森列"。李贤也说,山坡石壁,"藓苔蔓络,佳木异草,上偃旁缀,樛葛荟翳"。深蔚幽秀,如入崖壑。登临广寒殿直觉"寒气逼人","旷荡潇爽","与人境隔异",此与进入皇宫内苑被重重殿宇宫墙所包围的感受迥乎不同。

万岁山南麓有石桥与小岛团城相连,桥南北并竖华表,南曰积翠,北曰堆云。团城之西亦白石长桥,横贯太液池,"桥中央空约丈余,用木枋代替石拱券,可以开启以便行船"。[①] 又据明正德翰林编修马汝骥记载,其桥"皆白石镌镂如玉,中流驾木,贯铁索,丹槛掣之,可通舟"[②]。此桥制式精美,而且方便行人、行舟。团城体量小,周围建墙垣,中构承光殿。并保存了金代古松三株,形状奇伟,韩雍"高参天,众皆仰视",李贤称"枝干槎枒,形状偃蹇,如龙奋爪拏空,突兀天表",到明正德间尚存二株,而至清乾隆间只有一株独存了,时人吴长元云,"有古栝一,槎枒如龙,传是金时遗植"[③]。承光殿建构颇精丽,马汝骥云:"中构金殿,雕栊绮牖,旋转如环,俗名

① 周维权:《中国古典园林史》,清华大学出版社,1990,第118页。
② 孙承泽:《天府广记》卷四四,北京古籍出版社,1982,第740页。
③ 吴长元:《宸坦识略》卷四,北京古籍出版社,1982,第65页。

圆殿。外周以廊,问北皆金饰,垂出垣堞间,甚丽。北直琼岛,中有古栝二株,柯干虬偃,盖数年物也。"南海中南台岛略大于团城,建筑物较稀,主建筑为昭和殿、黄屋,面水,又有水阁、水亭,建制小巧,皆临流。岛上林木深茂,南有水田村舍,为皇帝"观稼"之处。

三岛之大小、高低、形状、位置都不相同,岛上建筑的类型、式样、体量、密度也不一样,诸岛景观各具特色,万岁山之殿宇气派及崖壑幽致,团城之城堡风貌,南台之水田景象,皆其特异之处。而这一切都离不开太液池烟波浩淼之水,三岛在水之中,因水而胜,得水而奇,游岛与观水,建筑与海水,二者密不可分,斯亦西苑构园妙道之大端。登上万岁山,但见波光粼粼,鸥鹭翔集,永乐间国子监祭酒胡俨《春日陪驾游万岁山》诗句云:"径转千岩合,波回一镜空。"正统间吏部尚书王直《游万岁山》有诗句云:"宝殿临空敞,琼筵就水开。"①一言山径与澄波相萦回,一言高殿低阁与水相亲。团城承光殿也能见水景,李贤云"俯瞰池波,荡漾澄澈"。南台昭和殿与水轩、水亭、水田皆临水构景,无一不与水相关。

元代西苑尚属初创时期,营建重点在万岁山,山上广寒、仁智四殿,玉虹、金露四亭都建于那时,峰峦隐映,花木掩映,秀若天成。又于邻近小岛圆坻(明称圆城)上建仪天殿(明称承光殿)。其时南海尚未开拓,南台基址也未定形,岛上建筑如殿宇亭轩等也无从谈起,其所营建乃在明代。元人对太液池沿岸特别东西两岸也未加开发利用,但保留、种植了成行的树木,到明清两代已是一派葱茏气象,"夹岸榆柳古槐,多数百年物"②,明初已现佳致,韩雍云"隔岸林树阴森,苍翠可爱"。这为明人利用东西两岸空地营构新的景点景区创造了有利的生态景观条件。而这些新的建筑群落皆滨水涯,显示了明代建筑师和工匠临水构景、因地造园的智巧。

由紫禁城西南之西华门而西,约百步,入西苑门,即太液池之东南岸。循岸而北,主要景点有芭蕉园、凝和殿、藏舟浦等。蕉园又称椒园,花木繁茂,中有崇智殿,建筑精致华美,"碧瓦,穹窿如盖,上贯以黄金双龙顶,缨络悬缀,雕龙绮窗,朱楹玉槛,八面旋匝"③。殿西有亭曰水云榭,在水中,有小石桥通之;又一亭曰临漪亭,又名钓鱼台,"八面内外皆水"。其园、殿、亭皆依水,景色优美,马汝骥诗云:"辇道山楼直,宫园水殿低。碧荷春槛出,红药晚阶齐。"④殿与亭贴水而建,不高而低,池上碧荷,园中红花,与建筑物栏杆、阶梯交错成画,是建筑师精妙之作。再向北,旁过团城和万岁山,即至凝和殿,前有二亭临水,一曰拥翠,一曰飞香。稍北,即藏舟浦,是停泊游船之处,建制简省而精巧。上建水殿楼台,下藏画舫,旁立水亭,小小水景也疏淡可观。"有水殿二,一藏龙舟,一藏凤舸,舟首尾刻龙凤形。上结楼台,以金饰

① 孙承泽:《天府广记》卷四三,北京古籍出版社,1982,第714页。
② 吴长元:《宸垣识略》卷四,北京古籍出版社,1982,第59页。
③ 孙承泽:《天府广记》卷四四,北京古籍出版社,1982,第741、742页。
④ 同上。

之。又一浦,藏武皇(明武宗)所造乌龙船。岸际有丛竹荫屋,浦外二亭横出水面。"①

　　沿西岸由此向南,有太素殿、天鹅房、凝翠殿(又各迎翠殿)、玉熙宫、平台诸建筑,其殿与西岸凝和殿在统一规划之内。《明英宗实录》:"上命即太液池东西作行殿三,池东向西者曰凝如,池西向东、对蓬莱山(即万岁山)者曰迎翠,池西南间者,以草缮之而饰以垩曰太素。"②其殿形制朴素,前后各一亭亦然。李贤记云,"殿后草亭,画松竹梅于其上,曰岁寒","前草亭曰会景"。又云:"循池西岸南行,有屋数连,池水通焉,以育禽兽,有亭临水曰映辉。"此即天鹅房。又据韩雍记,"编竹如窗,下通活水,启扉以观,鸟皆翔鸣"。建构也简朴而不失野趣,鸟可飞鸣,人可近观,而"活水"乃是禽鸟存活之本。其南迎翠殿及殿旁澄波诸亭,皆临水。又南为玉熙宫,是明神宗命众乐工习戏演剧之所。再往南便到平台了。马汝骥记云:"台高数丈,中作圆顶小殿,用黄瓦。左右各四楹,接栋稍下,瓦皆碧,南北重接斜廊,面若城壁,下临射苑。背设门牖,下瞰池,有驰道,可以走马,乃武皇所筑阅射之地。"③台、殿、廊、栋,所盖瓦有黄有碧,制作也很别致。明末,台废,改为紫光阁,"阁甚高敞,树阴池影,葱翠万状,一佳景也"④。除东西两岸建筑群之外,北岸闸口积水潭进水处建涌玉泉,南岸闸口太液池泄水处建乐成殿,设九岛三亭。嘉靖间于涌玉泉后隙地建金海(即西海)神祠,以祀宏济之神、水府之神、司舟之神,以显对水神的敬畏和崇奉。乐成殿旁有屋,内设石磨、石碓,以激流水力推转之,可以舂磨稻谷,以示对农田水利的重视和愿景,故曰乐成。

　　综观西苑包括三岛及环池主要景区,都是按统一完整的规划营建的。金元两代略具雏形,至明初成大观,明中叶列朝及万历年间继有增修,使之更加完善。景区与景区风貌各异,皆因地制宜,借水构景。东岸一线,紧挨宫城,地狭长,几无隙壤,其殿与亭大多贴水而构,精致而不高,密度较大。西岸有大片空地,但临水建筑密度并不大,且形制简朴,除宫殿之外,还有一些游乐设施,仍带野趣。这样东西水岸景观便形成一华一朴、一密一疏的对比关系,相映成趣。同一个景区内的各种建筑及布置也各具特色。万岁山上众多建筑,"一殿一亭,各檀一景之妙"⑤,此在元代已然。芭蕉园景区岸上红花与池中碧荷交相映辉,藏舟浦景区龙舟与凤舸各呈异致;乐成殿景区建三亭,其一亭"藻井斗角为十二面,上贯全宝珠顶,内两金龙并降,丹槛碧牖,尽其侈丽",其余二亭则制"少朴"矣⑥,侈丽与朴素适成鲜明对比,给人一种奇趣。凡此小小巧构皆含艺术匠心。各景区景点铺设或平直或曲折的道路,有

---

① 孙承泽:《天府广记》卷四四,北京古籍出版社,1982,第741、742页。
② 于敏中等编《日下旧闻考》卷三八,北京古籍出版社,1983,第571页。
③ 孙承泽:《天府广记》卷四四,北京古籍出版社,1982,第743页。
④ 于敏中等编《日下旧闻考》卷三六,北京古籍出版社,1983,第558页。
⑤ 陶宗仪:《南村辍耕录》卷二一,中华书局,1959,第255页。
⑥ 孙承泽:《天府广记》卷四四,北京古籍出版社,1982,第742页。

石桥或舟桥可以通达。又通过借景、对景等造园手法，使之互相照应掩映，彼此可以相望互观。

三、西苑"一池三岛"与海上神山传说

明代西苑皇家园林一海三山（或三岛）的景观构成的基本格局和造园审美理念，由来已久，可由金元上溯到周秦汉唐。春秋战国时期，随着各大文化区系民族交流、融合的加速，地理的新发现，"人们的地理视野扩大了，得到了更多的关于远方的、较为可靠的地理知识"①。东部沿海燕齐地区的东夷民族在长期航海实践中，积累了较多的海洋知识，产生了种种关于大海的神奇诡怪的幻想，最流行的莫过于海上三神山的传说了。相传渤海中有蓬莱、方丈、瀛洲三座神山，山上有珍禽异兽，奇花仙草，不死之药，有金殿银阙，仙人居之，那是一个美丽、清净、光明、璀璨、活泼、永恒的世界。三神山离人世间不远，却难到达，若有若无，恍恍惚惚。"此三神山者，其传在勃海中，去人不远，患且至，则船风引而去，盖有至者"，"未至，望之如云，及到，三神山反居水下，临之，风辄引去，终莫能至云"②。经过方士们的渲染，尤其对具有开拓意识和长生不老贪欲的强力君主诱惑极大。在方士说动下，燕齐君主齐威王、齐宣王、燕昭王相继派人入海寻求蓬莱、方丈、瀛洲。威王、宣王之世，齐国处在强盛时期，"宣王喜文学游说之士"，礼遇诸子百家，"是以齐稷下学士复盛，且数百千人"③。方士也是一家，人数众多，"不可胜数"，其说盛行。燕昭王时，礼贤下士，各国人才争相为用，"乐毅自魏往，邹衍自齐往，剧辛自赵往，士争趋燕"④，国家殷富，士卒作战勇敢。燕齐两国国君都有探海的欲望。秦始皇兼并六国，建立起中华第一个统一的帝国以后，其雄心似未有衰减，屡次巡游海上，上泰山，登琅邪，刻石纪功，布扬秦德，对海中三神山的仙境、不死之药非常向往，年复一年使燕齐方士率队入海求之，人数众多，所费巨万，一次遣齐人徐市（又名徐福）发童男女数千人乘船入海求仙人，后来长留海岛不归。《史记》卷六《秦始皇本纪》引《括地志》云："亶洲在东海中，秦始皇使徐福将童男妇女入海求仙人，止在此洲，共数万家，至今洲上人有至会稽市易者。吴人《外国图》云亶洲去琅邪万里。"具有雄才大略的汉武帝也宠信燕齐方士，赐爵封侯，赏赐甚厚。他多次东巡海上，封泰山，幸琅邪，"登之罘，浮大海"⑤，敢于登舟航海，显示了过人的胆魄，在历代帝王中并不多见。他也迷信神仙，方士便投其所好，"齐人之上疏言神怪奇方者以万数，然无验者，乃益发船，令言海中神山数千人求蓬莱神人"⑥。但是都无应验，"天子益怠厌方士之怪迂语

① 唐锡仁、杨文衡主编《中国科学技术史·地理卷》，科学出版社，2000，第125页。
② 司马迁：《史记》卷二八《封禅书》，中华书局，1982，第1369～1370页。
③ 司马迁：《史记》卷四六《田敬仲世家》，中华书局，1982，第1895页。
④ 司马迁：《史记》卷六《燕召公世家》，中华书局，1962，第1558页。
⑤ 班固：《汉书》卷六《武帝纪》，中华书局，1962，第287页。
⑥ 司马迁：《史记》卷一二《孝武本纪》，中华书局，1982，第474页。

矣,然终羁縻弗绝,冀遇其真",还是将信将疑,希望求得真仙灵药,终究不能摆脱方士怪迂之语的诱惑,"自此之后,方士言祠神者弥众"①。

海上三神山的传说和入海寻仙求药的活动,虽然含有虚妄、迷信、贪愚的杂质,却也展示出人们对大海的美好向往和大胆探求的闪光点。齐国威王、宣王及燕国昭王,是战国时期有作为之君,秦皇、汉武更是中国大一统初期的雄主,屡遣方士入海求神仙所在和不死之药,固然缘于愚昧和贪欲,是否也出于对浩瀚奇幻大海的热情,向大海求索的雄心呢? 战国秦汉方士是一个人数可观,活跃于学界和政坛并有影响的知识群体。其学派于齐衍阴阳五行之说,衍乃齐人,曾为燕昭王师,居稷下,号"谈天衍"。这个学派比较重视探究天地自然知识,"敬顺昊天",观察日月星辰,"敬授民时"②,但未免鱼龙混杂,"怪迂阿谀苟合之徒自此兴,不可胜数也"③。其人以方术蛊惑人主,虽强势如秦始皇、汉武帝也被作弄,但终因术穷败露而获罪伏诛,汉武帝时代"贵震天下"的方士如少翁、栾大之流都被杀了。而徐福、韩终等则是方士中杰出人物,他们率领数千人的船队,驰向蓝色海洋,名义上奉皇帝诏令寻找神仙、仙人、灵药,其实可看作由方士提议,由官方组织的大规模海洋探险和开拓海疆的壮举,而且前赴后继,从齐威王到汉武帝,持续三百余年,显示出我们祖先探索海洋奥秘的勇气和锲而不舍的精神。

海上三神山的美好奇丽的境界是非常诱人的,虽说"烟涛微茫信难求",但是秦皇、汉武们并不死心,还是要根据方士们描述的图像,不惜耗费巨大人力物力,利用陆地丰富的水源和土石开湖叠山,营建宫殿苑囿,在人世间复制出一片海上仙山阆苑。秦咸阳县东三十五里兰池宫,就是模拟海上仙山建成的。《秦纪》:"始皇渭水为池,筑为蓬、瀛,刻石为鲸,长二百丈。"④兰池水面宽阔且长,宋人程大昌引《元和志》:"始皇引水为池,东西二百里,南北二十里,筑为蓬莱山。"⑤汉武帝太初元年(前104年),作建章宫,宫在未央宫西长安城外,又于"其北治大池,渐台高二十余丈,名曰泰(太)液池,中有蓬莱、方丈、瀛洲、壶梁,象海中神山龟鱼之属"⑥。汉未央宫、建章宫皆有"渐台","渐者,渍也","言台在水央,受其渐渍也","凡台之环浸于水者,皆可名为渐台"⑦。太液池面积也很大,"周回十顷,有采莲女、鸣鹤之舟"⑧。池中山岛有即蓬莱、方丈、瀛洲及壶梁(后世引《史》《汉》仅录三山,而省壶梁),如《雍录》引《汉书》曰:"建章宫北治大池,名曰太液池,中起三山,以象蓬莱、方丈、瀛洲。"三山自战

---

① 司马迁:《史记》卷一二《孝武本纪》,中华书局,1982,第485页。
② 司马迁:《汉书》卷三〇《艺文志》,中华书局,1982,第1734页。
③ 司马迁:《汉书》卷二五《郊祀志》,中华书局,1982,第1203页。
④ 陈直:《三辅黄图校证》,陕西人民出版社,1980,第16页。
⑤ 程大昌:《雍录》卷六《兰池宫》,中华书局,2002,第127页。
⑥ 司马迁:《史记》卷一二《孝武本纪》,中华书局,1982,第482页。
⑦ 程大昌:《雍录》卷九《渐台》,中华书局,2002,第192页。
⑧ 《三辅黄图校证》,陕西人民出版社,1980,第98页。

国以来已经约定俗成,成为海上神山的标志,无须附赘他山。至此,中国以水景为主体的大型皇家园囿一池三山的营造模式便告形成。正如周维权先生所说:"建章宫的前宫后苑具有明确中轴线的严整格局,为后世大内御苑规划的滥觞,它的苑林区是历史上第一座具有完整的三仙山的仙苑式皇家园林。'一池三山'从此以后遂成为历来皇家园林的主要模式,一直沿袭到清代。"

继汉代建章宫太液池之后,又一座按一池三山模式营造的宏大壮丽御苑,当数隋代洛阳西苑了,隋炀帝大业元年(605 年),营建东部洛阳,"每月役丁二百万人,徙洛州郭内居民及诸州富商大贾数万户以实之"[①]。又在城西侧建禁苑,初名会通苑,又改芳林苑、上林苑,后只称西苑,[②]唐武则天光宅间改称东都洛阳曰神都,西苑也改称神都苑。西苑北距北邙山,西至孝水,南带洛水支渠,毂水和洛水交会于东,水源十分丰富。西苑周二百里,内开北海,周十余里,作蓬莱、方丈、瀛洲诸山,高出水面百余丈,上建宫观、风亭、月观,"或起或灭,若有神变"[③],仿佛虚无缥缈的海上仙山。"北作龙鳞渠,萦纡至海,缘渠作十六院,门皆临渠",又有宫殿"各领胜所十余"[④]。又采"海内奇禽异兽草木之类,以实园苑"[⑤]。洛阳西苑总体规划充分利用当地丰富的水资源,精心设计水利工程,营构出海、湖、池、渠多种水体形态与宫、院、殿、观各类建筑类型相融的宏大精丽的水上仙境。西苑和整个洛阳城及显仁宫的设计者、实施者、总管是鲜卑族人宇文恺,时任营东都副监,寻迁将作大匠,工程告竣,拜工部尚书。之前,隋大帝在位时,还负责新建大兴城(即长安城)和仁寿宫,"凡所规画,皆出于恺",又开凿广通渠,引渭水入黄河。其后随隋炀帝北巡榆林,受命修筑长城,造观风行殿,可容数百人乘行的宫殿或大型车辆,"下施轮轴,推移倏忽,有若神功"。《隋书》本传称他"多伎艺","有巧思","学艺兼该,思理通赡,规矩之妙,参踪班、尔"[⑥]。著有《东都图记》二十卷。宇文恺是我国古代一位杰出的建筑家、水利家、机械师,也是一千多年前一位有名有姓的园林建筑师,洛阳西苑工程还凝结着许许多多无名工匠的造园智慧,只可惜洛阳西苑和历代其他豪华的皇家园林一样,仅供帝王和极少数贵戚公卿者们寻欢作乐而已。史载隋炀帝游玩西苑时的穷奢极侈:"堂殿楼观,穷极华丽。宫树秋冬雕落,则剪彩为华叶,缀于枝条,色渝则易以新者,常如阳春。沼内亦剪彩为荷芰菱芡,乘舆游幸,则去冰而布之。十六院竞以肴羞精丽相高,求市恩宠。上好以月夜从宫女数千骑游西苑,作《清夜游曲》,于马上奏之。"[⑦]

① 司马光:《资治通鉴》卷一八〇《隋纪》,中华书局,1956,第 5617 页。
② 徐松辑:《河南志》图九《隋上林西苑图》,中华书局,1994,第 217 页。
③ 《大业杂记》,转引自梁思成《中国建筑史》第 96 页。
④ 徐松辑:《河南志》图九《隋上林西苑图》,中华书局,1994,第 217 页。
⑤ 顾炎武:《历代宅京记》卷九《洛阳下》,中华书局,1994,第 149 页。
⑥ 魏征:《隋书》卷六八《宇文恺列传》,中华书局,1974,第 1599 页。
⑦ 司马光:《资治通鉴》卷一八〇《隋纪四》,中华书局,1956,第 5620 页。

草创于金,扩建于元,完成于明,增饰于清的北京西苑,跨越四朝,明人功绩尤著,代表了明初强盛时期皇家园林的最高成就,历经八百年历史沧桑,基本上保留完好。它和秦汉隋唐皇家园林一脉相承,均依"一池三山"模式营构。其所蕴含的造园思想是,对浩渺神奇蓝色海洋的一往深情,执着追求,丰富的想象力,对水环境的善待和善用,营造水体审美景观的精思妙道,都为我们今天建设生态、山水、园林城市,开辟湿地公园、郊野休闲区等,提供了宝贵的历史借鉴。

第三节　山庄:厚生适意

一、山庄别墅之兴建

山庄又称山居,或简称"庄"。作为私家园林的一个类别,起初由皇族、官僚、富豪所属庄园衍变而来。在庄园基地上建造堂馆亭台等居处,凿池叠石,绿色环境,不但可耕居,还可游可观可赏,可娱耳目适心志,这样庄园就成了山庄园林或曰别墅、别业了。此类私家园林始见于汉代,后世渐多,如东晋诗人谢灵运始宁(今浙江嵊县一带)山居,唐代名相裴度洛阳午桥庄、李德裕洛阳平泉庄,都是历史上著名的山庄园林。

明初结束了战乱,天下归于一统,安定的社会环境利于山庄别墅的恢复和发展。官吏年老致仕,或厌倦宦海浮沉,还有科场屡试不中而生退隐之心的士子们,都想寻找一个永久或暂时安顿此身的落脚点、安乐地,以娱暮年晚景,以慰失落意绪,山园则是最佳选择。又其人大多是有家底的,有祖传旧业山庄和田园,其地域在城中或在近郭,或在山林郊野。在全国各地特别是南方水乡山村,分居着许多著姓大族,田产既多,亦置山庄。在元明之际的动乱年代,这些人家大多破损,经过半个多世纪的休养生息,重整家园,修葺或再建山庄乃是情理中事,更不用说那些有子弟在朝为官甚至高官的人家了。于是一座座修饰一新的山庄园林便拔地而起。葑门内在苏州就有两座有名的山庄。一座是吴氏东庄,主人吴融是礼部尚书吴宽之父。另一座是葑溪草堂,主人韩雍(1422—1478年),正统七年(1442年)进士,历官兵部侍郎、右部御史。"治第于葑溪之上,盖豫以为退休归宿之地也,其园林池沼之胜甲于吴下。"①宜兴吴纶(1440—1522年),字大本,号心远居士,终生不仕,人称"吴隐君"。② 家产不逾中人,"创别墅二于溪山间,南曰樵隐,西曰渔乐,逍遥乎其间"。子吴仕,正德九年(1514年)进士,官至四川布政司参政,归筑石亭山居③。从

---

① 丘濬:《重编琼台稿》卷一八《葑溪草堂记》。
② 王鏊:《震泽集》卷二六《葑奉直大夫礼部员外郎吴府君墓表》。
③ 王世贞:《弇州续稿》卷六〇《石亭山居记》。

子吴俨(1457—1519年),字克温,号宁庵,成化二十二年(1487年)进士,历侍讲学士,累升南京礼部尚书。亦置山庄。大学士李东阳、费宏并有题诗,李诗有句云:"买田阳羡皆成梦,犹羡君归有故乡。"[1]致仕归去,买田置庄,优游岁晚,是这些显宦的一种梦想,有的能实现,有的未必如愿,梦终究是梦,如曾任前辅的费宏就发过这样的感叹。除了吴中地区,两浙、江西地区亦多庄园。江西乃是丘陵江湖洞天福地之乡,重门第,敬宗族,尚节义,讲儒学,宋元以来世族著姓、学术文章颇盛,自然环境与文化风气有利于山庄的兴建。仅以吉安府为例,其下属泰和、吉水、安福、万安、峡江诸县,几乎县县皆有山庄别墅,有关记载常见于明初江西籍名臣杨士奇、解缙、金幼孜、李时敏、王直诸公文集。明初在中国极南之地琼州府琼山县(今海南省海口市),其大姓与任宦之家也乐于营构山庄,其最著者当推丘濬之学士庄,其同乡友人王才之长乐居颇饶一园林之致。北方山庄园林主要集中于北京近畿一带,多为贵戚巨珰所辟。北方大臣致仕也有在故土辟置庄园的,顺天府涿州(今河北涿县)人殷谦(1417—1504年),字文拯,号逊谦,正统四年(1439年)进士,历官户部主事,左布政使、户部尚书。年届古稀,乞休致仕,即其父城东别墅故址加以改建,"起其废而新之,四周有垣,中有亭,汲有井,蔬有畦,补其缺而浚其湮,凡昔所有者,悉复其旧,又加辟焉。曾未几时,蔚然成林,遂擅涿郡一时园亭之胜"。主人殷氏"得以桑榆之景遂其田园之乐"[2]。此类北方庄园较之南方山居,数量少得多。

　　设置山庄需要大片土地,其址大都在城郊野外,城中较少。明初城市人口密度低,不像中后期那么稠密,虽繁华如苏州也有荒地。生活于初叶与中叶之交的苏州人王锜(1433—1499年),目击成化前后的姑苏市况萧条和繁盛的两重天:

　　　　吴中素号繁华,自张氏之据,天兵所临,虽不被屠戮,人民迁徙实三都、戍远方者相继,至营籍亦隶教坊,邑里萧然,生计鲜薄,过者增感。正统、天顺间,余尝入城,咸谓稍复其旧,然犹未盛也。迨成化间,余恒三四年一入,则见其迥若异境,以至于今,愈益繁盛。阛阓辐辏,万瓦甃鳞,城隅濠股,亭馆布列,略无隙地。[3]

　　元末,群雄割据,张士诚称王于平江(苏州),苏州、松江、常州、杭州、嘉兴、湖州等江浙富庶地区都曾是他的势力范围。明有天下,实行迁户政策,将苏州等地富户迁往南京、北京、中都凤阳("三都"),乃至边远地区,导致苏州等繁华城市长期萧条。直到百年后的成化年间才由衰转盛,其中以苏州恢复最早最快。萧条期城中空地多,可供园,繁荣期屋宇栉比,园亭相望,"略无隙地",新辟大规模的庄园已无土地资源,有之则就旧园故地修复之。明代前期经过几十年的治理,社会比较安定,民生有所改善,乡村和城市尚有闲置土地可供建园之用,士习民俗古朴淳厚之气未散,凡此种种都促成了山庄园林的兴起。

　　① 李东阳:《李东阳续集·诗续稿》卷五《园亭雨坐》,岳麓书社,1997,第89页。
　　② 丘濬:《重编琼台稿》卷一八《东郭别墅记》。
　　③ 王锜:《寓圃杂记》卷五《吴中近年之盛》,中华书局,1984,第42页。

中国园林美学思想史——明代卷

二、山庄别墅之范例

在明初诸臣的文集里,往往收有记录山庄的文字,甚至同一部文集载有十篇以上的此类文章。山庄园记的大量出现,是其园繁盛的见证。作者或为园主本人,或代人捉刀,皆一时名臣。这里举几篇代表作,略作说明,重在探讨其文化审美意涵。

《举冈八咏记》,载周是修《刍荛集》卷六。是修(1354—1402年),初名德,以字行,江西泰和人。洪武末为霍丘训导,迁周王府纪善,建文间调衡王府纪善。燕王起兵,陷南京,是修不从,自经于应天府学尊经阁。举冈,泰和城郊山冈名,是修取以为庄名。是园经始于洪武十七年(1384年),"爰始爰谋,爰度爰构,乃疆乃理,以垦以濬,于是基址田园,溪池林路,各得其所,群卉百果,靡不毕植",越十年余,乃成气候。园有堂,有轩,有池,有亭,凡八景,朝臣名士各拈一景为咏,故称"八咏"。衡王赐大书"厚本堂",复赐"涌翠亭"额,厚本堂为举冈庄园主建筑,其命名有深意焉。主人特予明示:"祖者,人之本;而启基者,又此地创始之本;至若耕读,以为治生之本;种植,以为利用之本;积善以为传世之本;事上,以敬为本;接下,以恕为本;立身处家以中正勤俭为本。凡此者皆所当厚也。"宗法关系、制度、伦理是构建中国封建社会的基础,是一国一家之本,敬祖是维系人伦宗亲和精神信仰之根。且土地田产为祖上所留赠,将来还要传于子孙,因此营建山庄总要留下敬祖奉宗的亲缘文化烙印,并体现于建筑设置上。周氏举冈庄园不仅有衡王榜书"厚本堂",又建"奉祠墩",构室其上,"以奉先祠,为龛二层,上叙祖考之位,下将设启基之像,置田以供岁祀,器什物品仪礼具着成式",考虑布置非常周到,孝敬之心如祖宛在。农业是中国封建社会的生产基础,是广大民众基本生活来源,士大夫以读书出仕获取俸禄为生活依靠,故耕读乃"治生之本",至于种植利用也属治生之事。举冈有田地、溪地、果园等农业生产资料,以供治生之需,这是维持生存和发展的物质之本。山庄既为园林而有别于一般庄园,不能没有可供娱情悦性的审美景境。衡王题额的"涌翠亭"便是观景建筑,登其上,可见秦和武山"浮岚暖翠","如波涛汹涌,上薄霄汉",周遭"山水盘回,原隰平旷",俱收眼底。山庄之内,辟"洗砚池",架"演清桥","百泉涓涓,会而为溪","汪洋澄澈,可濯可湘",令人耳目心神俱清。

《吴氏西庄记》,载金幼孜《金文靖集》卷八。幼孜(1368—1431年),名善,以字行,江西新淦(淦今作干)人。建文二年(1400年)进士,授户部给事中,洪熙初拜礼部尚书,兼武英殿大学士。吴氏西庄在今吉安峡江玉笥山麓,为北京吏部员外郎吴嘉靖世居之地。其它山川奇秀,"前后峰峦秀拔,岩谷杳密";植被茂密,"长松巨柏,森耸霄汉,修竹茂林,蔽亏烟日";鸣禽群集,"禽鸟上下,鸣声互答"。吴氏居此,四时享有山水之乐。"而又田有稻秫,林有桑麻,圃有菜茹,池有菱芡藕,场有鸡犬牛羊,溪有鱼是凫鸭,可以给衣食赋税,为宾祭之奉。"生活都有保障,无饥寒之忧,也不愁官府追赋之扰。吴氏为地方巨族世家,"自唐成宋元以迄于今,盖千百年于此矣"。"其间文献之相续,世泽之相承,子孙系序是相传,绵绵延延,致久远而不坠",究其原因，"实由先世积累之深，诗书福泽，有以沾溉于其后者如此耳"。世德不修，诗书不讲，虽有山水之胜，田园之乐，亭台之美，终不能传之久永。环境、土地、人文，三者对构建山庄是最要紧的，园中泉石布景、亭榭建筑乃属第二义，此记无一笔描述庄内人工造景盖缘于此。

《学士庄记》，载丘濬《重编琼台稿》卷一九。濬(1418—1495年)，字仲深，广东琼山(今海南省海口市)人。景泰五年(1454年)进士，授编修，进翰林学士，弘治间累官文渊阁大学士，参与机务。邱氏世居城中，郭外有祖田，成化初以母丧解官归里，与兄邱源字伯清规划庄园，划田为三，其二仍为耕地，岁有所获，其一为园墅。凿沟引水，缭绕入庄，叠石为三小山，山下有亭，环种野花。又开方塘，塘心砌石为"钓台"，台前积土为圆堆名"小鳌峰"。环庄皆种竹，杂莳花果草木。中构堂三间，翼以两室，前为圆亭，有九曲之渠绕之。其外门曰"学士庄"。此其大概，因地制宜，简朴有致。丘濬有题山水画诗云："居山不见山中佳，厌饫林壑轻烟霞。一朝别山出城市，黑风黄日昏尘沙。广庭曲巷通幽处，垒石栽花修胜具。眼中仿佛虽逼真，毕竟人为靡天趣。回思旧隐隔世间，欲一见之千万难。"(《重编琼台稿》卷二《题山水图》，)自幼居山中，看惯了林壑烟霞，不觉其佳，及来京为官，遇到沙尘暴雾霾天，但见"黑风黄日"，这才觉得家乡青山绿水之可爱。城中人家在幽曲中叠石造园，虽然逼真，但总乏"天趣"。丘濬回到故郊野营构山庄，尽量利用原来的溪水田陇特点叠山凿池，砌屋构堂，不仅节省人力物力，又自然环境相协调，而含"天趣"。"天趣"也是当时山庄园林所共有的审美法则，不独学士庄为然。

丘濬服母丧三年期满，即回京复旧职，此后二十年间一直怀念着故乡琼州，怀念着学士庄。《风入松·学士庄》词云：

琼城西畔小瀛洲，景到十分幽。玉堂天上仙凡隔，人归也，带得风流。占断丹山碧水，移来玉宇琼楼。

冬檐暑簟趣休休，暂乐此林丘。虽云绝岛穷荒地，清高处，不减中州。不自承恩归老，那时任意优游。①

可是没有获得皇帝的恩准，放他归山，晚处"以疾卧家，连章乞致仕，优诏不允"，"薨于城东之私第"②。"私第"指丘濬在北京的第宅。史称："濬廉介，所居邸第极湫隘，四十年不易。性嗜学，既老，右目失明，犹披览不辍"③这样清廉的宰相令人钦仰。丘濬历仕四朝，颇受器重，官阶逐级上升，并随时准备退出政坛，"预为归老之计"，他五十岁时构筑的学士庄便是拟将归田之地。他认为出仕者当明出处进退之理，知其时，循乎礼，"出处有其时，而进退当以礼，苟知进而不知退，有以进之而无可以退之地，以是而事君则昧"。他筑学士庄还基于对士与农、仕与耕相互

---

① 丘濬：《重编琼台稿》卷六。
② 何乔新：《椒邱文集》卷三○《文庄丘公墓志铭》。
③ 《明史》卷六九《丘濬列传》。

关系的深刻认识。就其家族而论,有仕者,有不仕者。"世业虽以士,而率亦未尝废农,盖仕者其暂,而耕者其欤?"就绝大多数家族而论也未尝不是如此,其族人出仕为官者,总是少数,而务农则占多数。因此,仕者为其暂,而耕者为其常,仕而不忘耕,进而不忘退,乃为有识之士,不明此理则昧矣。

丘濬辟建学士庄,详述学士庄,还出于对家乡琼州的深厚情感,学士庄的构建及其主人的情思是和整个海南岛联系在一起的。登上学士庄制高点"钓点"和"小三山"环顾,庄之近景与庄之远景,琼山一城之景与琼州一郡之景,"莫不毕会于斯"。近观琼州城市,"雉堞连云,楼阁倚空,衢道之交互,屋瓦之栉比,阛阓之还杂还",一派繁盛景象。远眺城外群山诸水,气象万千,而海景尤其壮观奇丽。"汪洋浩渺之间,山微微如一线,舟杳杳如寸苇。晨昏蜃气,结成楼台。峰岫千态万状,日光射之,错杂如锦绣,光耀如珠玑。真天下奇观,昔人所谓绝冠其乎生,信非虚语矣。""凡吾一郡人物邑居之繁,山水登临之美,皆可于此一寓目而尽得。"学士庄成了观览海南全岛自然山水景观和历史人文景观的一个窗口,这大大丰富了它的文化内涵,突破了一庄一园的狭小范围。庄主的爱园爱家情怀和爱乡爱国思想是交融在一起的。《学士庄记》全文近二千字,篇幅宏大,旨意遥深,风格雄浑壮丽,是古代庄园记之上乘之作。作者撰述此文的目的,不仅在于"以示后之人",还要"使天下四方知吾穷荒绝岛之间有此奇伟秀绝之景"。

《东庄记》,载《李东阳集》第二卷[①]。东阳(1447—1516 年),字宾之,号西涯,湖南茶陵人。天顺八年(1464 年)进士,授编修,弘治间累进文渊阁大学士。庄在苏州葑门内,占地六十亩,在人口和建筑密度双高的繁华都市,像这样面积广大的庄园是很少见的。更难得的是,虽为城中园,却具郊野田园风光。庄东有菱濠,西有西溪,引二水入园,可通舟艇。内有稻畦、麦丘、果园、菜圃,主人"谨其封浚,课其耕艺",勤于农事,未尝废其本业。人工堆凿以供观赏的假山、小池、曲桥之类甚少,可举者唯"振衣冈"、"鹤峒"、"桃花池"、"折桂桥"而已。人居憩息之所也很少,如"续古堂"、"拙修庵"、"耕息轩"、"知乐亭",玩味这些建筑的名称,可窥主人古朴淡泊的情性。李东阳表彰其人,"遵道畏法,虽处富贵,泊然与韦布者类",生活俭朴,却热心济贫,"积而能散,衣寒食饿,汲汲若不暇"。他还用自己的勤劳和智慧在五代钱氏早已荒废的别墅"东圃"旧址上,经过数十年整治,"垦恓劬瘁",在苏州城内建起一座别具风味的山庄式园林。

园主吴融(1399—1475 年),字孟融,长洲(今江苏苏州)人。世居城东葑门内,其先世自高祖以下"代有隐德",似未有出仕为官者,"父曰寿宗,尤以淳笃称,生值元季,逮国初能晦匿自全"。孟融幼而"端确","兼多智识","性至孝","稍长即善治生","年甫十四,自顾无他兄弟,卓然以门户自任"。"当是时,所居城东遭世多故,邻之死徙者殆尽"(愚以为,"死徙者",谓死于迁徙者,此是明初迁户令造成社会惨象

————————————————

① 李东阳:《李东阳集》第二卷,周宾寅点校,岳麓分社,1985。

的又一事证）。吴氏故宅旧园"既荒落不可居"，乃徙他处而依姑父顾氏。"顾方以赀雄里中，久而家渐衰"，又见其诸子"鲜克承家"，病中垂危之际，托付孟融代理其家业。经他长年打理，"以勤俭谨畏拓家以大"，而于城东祖居旧业，"未尝一日敢忘"，"晚岁益种树结屋，为终老之图，因自号东庄翁"。后以其子翰林修撰吴宽赠封儒林郎，命下之日已遘病，旋卒，年七十有七。① 综观吴孟融生平大略，可知他是平民百姓中的一位仁者、智者、勇者，他耕田种菜，似曾经商，治家理财，都精明有方。又以数十年之功经营庄园，"岁拓时葺"，兢兢业业，终于在繁华昌盛园林相望的苏州建造一座占地数十亩具有田园风光的山庄别墅，这是他生涯的一大创造。常言道，文如其人。园林艺术亦然。东庄古朴本色的建筑特色，稻畦菜圃的田园风味，不就是庄主孟融的精神品格和审美情趣的写照吗？

　　孟融之子吴宽(1435—1504 年)，字原博，号匏庵。成化八年(1472 年)进士，状元及第，授修撰，弘治间为翰林院学士，升礼部尚书。《明史》本传称："宽行履高洁，不为激矫，而自守以正。于书无不读，诗文有典则，兼工书法。有田数顷，尝以周亲故之贫者。"同郡友人、大学士王鏊则称："公好古力学，至老不倦，于权势荣利则退避如畏然。在翰林时于所居之东，治园亭，杂莳花木，退朝执一卷日哦其间。"② 吴宽位高声隆，而端确恬淡不改父风。他长期在京任职，常常惦念故园东庄，一草一木皆关心。尝闻园中其父手植冬青树死于风雪寒冻，自己幼年所种木犀两株也遭摧折，不胜伤感，有诗记之："我家冬青树百株，先子手种东庄上。年深郁郁丈余高，能与东庄作屏障。我家木犀树两株，亦复团团高丈余。少时我种东园里，犹忆此地称山庄。家僮寄书来报说，园林遭厄家家同。去岁何期大风雪，冬青根远犹且痒。木犀叶落仍不发，其余橘柚与篁竹。畏冷固宜难尽活，吴中三月春已残。生意萧条如十月，嗟哉气候何如斯！"③东庄竹树茂树，品种亦多，有些为园主亲植，吴宽少时也曾参加植树的劳动，对东庄是很有感情的。其侄吴奎取东庄竹田为号，喜其"不忘旧业"，赋诗一首赠之："断桥流水接村墟，中有修篁一亩余。附郭久为先世业，筑场宜共此君居。斫萌不断留嘉种，结实能收助宿储。幸免输租同岁晚，子孙常愿把犁锄。"④吴宽及其子侄没有忘本，没有因为已经富贵忘记先世数十年辛苦创立的东庄"旧业"；其间不仅凝结着先人的"悬悃劬瘁"，还映现出吴氏家族的高尚德行和清逸情志，尤其是恬居田园的所谓"隐德"。吴宽这位为千千万万家庭所荣羡的状元，竟期许子孙扛锄头做农民，就是其家族世教隐德的传承。在苏州，在江南，不少人家都有这样的观念，甚至把不出仕立为家训、家规，如吴宽好友、大画家沈周家族便有此传统，"盖沈氏自征士(周祖父澄)以高节自持，不乐仕进，子孙以为家法"⑤。吴中

---

① 吴宽：《家藏集》卷六一《先考封儒林郎翰林院修撰府君墓志》。
② 王鏊：《震泽集》卷二二《文定吴公神道碑》。
③ 吴宽：《家藏集》卷二八《闻家园树为去岁风雪冻死》。
④ 吴宽：《家藏集》卷二八《竹田东庄诸景中之一也长侄奎取以为号》。
⑤ 吴宽：《家藏集》卷七〇《隆池阡表》。

多科第仕宦显盛之门,亦不乏栖居林下高隐之家,两类家族可以互相共存,同一个家族在不同时期的位置可以互易,而淡泊荣利,风韵高逸,则为"吴人称慕"。吴宽及其子孙为了继承前代旧业和家风,保留家世美好的记忆,没有对东庄折旧翻新,进行豪华的装修,而是尽量保持原貌旧观,唯增建"看云"、"临渚"二亭,是另一从子吴奕所为,以待叔父"归休与诸老同游"。吴宽闻报,喜而赋诗一首,末二句云:"只忧步履作轻便,更欲池边置小舟。"①届时只怕年老体衰,足力不济,行动不便,故托侄备小舟一艘,以为游具,回归东庄之心怦然跃动。当时与吴宽同朝高官闻孟融翁之贤与东庄之胜,或作文,或题诗,吴门名士如沈周、文征明等也有题咏。文诗云:"渺然城郭见江乡,十里清阴护草堂。'知乐'漫追池上迹,'振衣'还上竹边冈。东郊春色初啼鸟,前辈风流风夕阳。有约明朝泛新水,菱濠堪着野人航。"②时吴文定公已下世,而东庄"十里清阴"、"匝地绿阴三十亩"的绿色环境③,吴氏"前辈风流"的文化底蕴,给世人留下无限景慕的情思。

沈周西溪图

三、山庄别墅农耕文化与审美功能

山庄园林早期形态为郊野田间草舍简屋,即所谓"田庐"。金幼孜云:"予谓墅者,田庐也。古者田中有庐,以为耕者之所憩息,后世大家巨族往往即山林幽绝之处,作为陂池亭榭,以为游观临眺之所,谓之别墅。"④起初在田间建屋,只是为了农

---

① 《家藏集》卷二八《奕侄构停于东庄》。
② 《文征明集》卷九《游吴氏东庄题赠嗣业》,上海古籍出版社,1987,第205页。
③ 《文征明集》卷一〇《过吴文定公东庄》,上海古籍出版社,1987,第225页。
④ 《全文靖集》卷八《归田别墅记》。

耕的需要,使耕者有个休憩之所,后来对园田池塘进行整治,又建起亭榭等建筑物,以供"游观临眺",于是田庐便成了别墅,兼具生产与审美的双重功能。此类山庄别墅在东汉魏晋时期有了长足的发展。据汉末仲长统描述,"使居有良田广宅,背山临流,沟池环币,竹木周布,场圃筑前,果园树后";"嘉时吉日,则烹羔豚以奉之,蹰躇畦苑,游戏平林,濯清水,追凉风,钓游鲤,弋高鸿,讽于舞雩之下,咏归高堂之上"①。山庄营造了一种可耕可稼、可蔬可种、可渔可牧、可居可游的人居环境,最为心存退隐的士大夫们所向往。诗人谢灵运借其祖业在始宁(今浙江上虞、嵊县一带)建有大规模山庄别墅,《宋书》本传云:"修营别墅,傍山带江,尽幽居之美。"其山居既有良田美池,提供了丰厚的农林牧渔产品,保证了物质生活需求,而山林之秀梁栋之美则满足于幽居之适。"夫衣食,生之所资;山水,性之所适。"②衣食所资,性情所爱,物质与精神的需求,都得到满足,这是山庄别墅的基本功能,也是文人士大夫所钟情的理想人居。诗人陶渊明《桃花源记》所描绘的和美诱人境界就是以时人所建山庄实景和美好想象为素材的。其中桃花林,"夹岸数百步,中无杂树,芳草鲜美,落英缤纷","土地平旷,屋舍俨然,有良田、美池、桑竹之属,阡陌交通,鸡犬相闻"。农耕治生所需,林溪游观所适,山庄的这两个基本要素和两种主要功能,桃花源大致上具备了。后世山庄园林均据此要素和功能进行营构,明初山庄也不例外。

明初山庄一般都占有较多的田地、山林和陂池。如前所举江西新淦吴氏山庄,有田,有林,有圃,有池,有场,有溪,农林牧渔所出,应有尽有,衣食不愁,纳粮完税也有保障。琼山丘濬学士庄将庄园的三分之二的土地划分为耕地,每年收获颇丰。虽城中庄园也留有大块土地,以供耕作、种植,苏城吴氏东庄有稻田、麦田、果园、菜园,主人"谨其封浚,课其耕艺",后虽富贵,不忘稼穑之艰。庐陵(今江西泰和)刘氏又溪山庄,"平原沃壤,可稼可蔬",主人导其子弟"躬勤耕稼,寒暑旦暮之需缘有所出,公赋力役之征各有所任"③。江西万安谢氏庄,"山水围抱,奇秀明悦","而弥望皆沃壤,高者宜麦菽,下者宜禾稼",主人"每鸡鸣凤兴,率子姓僮仆载畚锸,具耒耜,咸往力田"④,山庄人居与农业生产密不可分,反映了古人对农耕的高度重视。农耕不但是诸业之本,治生之本,而且是育才之本,治国之本。正统间吏部尚书王直(1370—1462年)云:"夫农非鄙事也,古之大贤君子多出此焉。惇本尚实,以养其良心,而学以益之,德由是进,才是由充,而治天下之本立矣。"⑤他描述江西泰和梁氏长溪别墅也侧重土地之宜、出产之丰和主人耕稼之勤:

> 别墅据溪流始发处,溪旁多良田,皆其故业。叔干(主人梁林之字)朝夕课僮奴

① 《全汉文》卷八九《人中长统》。
② 谢灵运:《游名山志》,《谢灵运集校注》,顾绍伯校注,中州古籍出版社,1987。
③ 《东里续集》卷四《双溪清趣轩记》,景印文渊阁《四库全书》本。
④ 《东里续集》卷三《谢氏耕读轩记》,景印文渊阁《四库全书》本。
⑤ 《抑庵文后集》卷五《长溪别墅记》,景印文渊阁《四库全书》本。

致力焉,稉秫菽麦黍稷诸种皆树艺。溪有芰蒲荇藻,溪之外,山麓多美荐,马驴牛羊、鱼鳖鹅鸭之类,纵饲其间,皆博硕肥腯,生育而不穷。凡祭祀宾客、养老慈幼、冠婚庆吊诸用,不外求而足。①

农业是衣食、赋税的来源,也是延续宗祧、敦睦亲友的依靠,山庄作为永久居留处所,祖业根基所在,不能不考虑置田耕稼以保证生存和传宗的基本需求。再则,世人出仕做官的只是少数,务农者总是绝大多数。即使官宦人家,世代为官也不多见,所谓君子之泽五世而斩,因此为长远计,虽世族也不废农。正如丘濬所言,"仕者其暂,而耕者其常",这是中国古代农耕社会的一种常态。这也决定了山庄必须置田,不脱离耕稼种植。

山庄别墅并非单纯的农业生产场所,它还具有园林的风貌和特质,不但要提供物质生活所需,还要满足居者的审美需要,精神愉悦。金幼孜云:"享其土地之宜,乐其山水之胜。"②王直云,"有田园之利","有江流之胜"③。杨士奇也并举土地田园之利与山水林泉之适,来赞美泰和梅溪山庄的:"其山水环抱明秀,其原田广衍,弥望皆沃壤,处乎是者,皆有以厚其生而适其意,无幕外之累"④。"厚生"与"适意",点出了山庄别墅的特质与功能。

山庄之设必择溪山环绕、林木苍蔚之地,生态环境绝佳,宜居宜体,赏心悦目。明初金幼孜等江西籍大臣记载家乡多处山庄别墅,皆赏其自然山川之美,环境之幽。如泰和杨氏山庄,鹿峰与金鱼峰崭绝秀耸;峰下涧为"清泠可爱,其声淙淙;佳木茂林,阴森蔽日;禽鸟上下,鸣声相答;白云烟光,蔽亏朝夕。诚幽绝奇胜之所萃"。⑤吉水胡氏山庄,"环山四傍,川原林壑,远近映带,而烟云风日,变态之状,四时朝暮,粲然呈露,无不可赏而可爱者"⑥。又新干萧氏山庄:"上距玉峡,下接湄湘,前瞻玉笥、羊角诸峰之秀,后据百丈均山、鹤峰之胜。其地夷旷饶沃,居远近皆竹树桑麻,缘江多兰芷,鱼雁凫鸥,游泳上下。风帆浪舶,往来蔽亏,水光云影,浮动太空。而四时之间,凡可以供临眺者,举出于履舄之下"。⑦此类记载还可以举出许多。山庄别墅处于广大辽阔、清洁幽美的生态空间,丰富多样、朝夕变幻的自然山水环抱之中,其所具得天独厚的环境,所对天地山河之大观,其独特的审美价值,是其他诸类园林难以提供的。

田园和农作物早已成为中国文人的审美对象,田园诗与山水诗并为中国古典诗歌王国的重要领地。山庄一般都有大片土地和水面,以供各种农作物的种植、栽

① 《抑庵文后集》卷五《长溪别墅记》,景印文渊阁《四库全书》本。
② 《金文靖集》卷八《沂江八景记》,景印文渊阁《四库全书》本。
③ 《抑庵文后集》卷三《南园别墅记》,景印文渊阁《四库全书》本。
④ 《东里文集》卷一《杨溪书室记》,景印文渊阁《四库全书》本。
⑤ 《金文靖集》卷八《南麓斋记》,景印文渊阁《四库全书》本。
⑥ 《金文靖集》卷七《胡氏山居八景诗序》,景印文渊阁《四库全书》本。
⑦ 《金文靖集》卷八《象江八景记》,景印文渊阁《四库全书》本。

培和生长,如对田园、场圃、溪流、陂地加以适当的规划、布置、修治、养护,也可成为审美对象,山庄园林的一大美景。丘濬家琼山有位名叫王才的同学,家住城郊,庭院园圃较大。其人怀有园林的乐趣和造园的才艺,对土地进行规划、整治,不用来种庄稼,而种蔬果、花药、竹木,修饰剪剔,灌溉施肥,辛勤细心照看料理,几年下来,收获甚丰,"乃大有所成就",扩大了日用来源,增加了家庭收入。不仅如此,原来不起眼的园子如今竟成了一座诱人的美丽花园:"远而望之,蔚然而成林;近而即之,井然有条理,粲然相错杂。竹树列而浓阴,野花发而幽香,真人间胜景也!"①在此基础上,凿池构亭,添加了些许建筑,俨然园林矣:

> 乃引山泉,仿兰亭遗制,为曲水,以为流觞乐客之所。又于曲水之旁,凿为深池,池之中构亭以避暑,池之上辟为园,杂莳百花,开轩其间,题曰"适意"。暇日与客徜徉园中,日以成趣,倚轩以畅幽怀,登亭以避烦嚣。兴阑而倦,则据石而坐草,泛羽觞于曲水中,一觞一咏,以乐其自然之天。②

长东居的规模较一般山庄别墅要小,其庄田也不种稻麦菽粟等庄稼,更不养家禽家畜,而植果蔬、花药、竹树等经济类林木,乃重资生之利。同时又引山泉,为曲水,凿深池,莳百花,构亭开轩,则完全出于流憩玩赏的审美需要。因此,称其山庄别墅,可以;叫它私家花园,亦可。王氏长乐居还透露了这样一个文化心理信息:当明初叶与中叶之交,即天顺、成化之际,在文士中已有人把构建和欣赏园林作为人生价值的追求,作为生命的寄托和终生的乐趣。地处中华版图"天涯海角"的琼州尚且如此,更不用说繁盛的苏州和江南地区了。这是推进明代中后期园林走向全盛的内在驱动力。

山庄别墅历史文化积淀深厚,其主人多出自当地望族、文献世家、书香门第。其家大都重视孝悌忠信中国传统道德的涵育,诗书礼仪文化的传承,以积德行善、勤劳俭朴持家传宗,唯其如此,方能保其子孙绵绵不绝,长有其山庄园墅而不致衰败或落于他姓。山庄别墅的记述者们总是语重心长地反复申明此意。杨士奇记江西安成彭氏山庄,不仅称其"山水之胜"与田园之利,又表彰其地风俗之淳与其家道德之厚:"安成之民多俊爽魁杰,尚气节,其俗之善,家诗书,户礼义,而代有闻人,所从来远矣。"③又赞美萧氏山庄主人五代以画艺传家,愈传愈精,而其人品皆高洁可诵,"恂恂谨愿","温靖恭逊","磊落疏畅,超然尘表",指出"凡世之矜其富贵驰骋快意而不务德者,未必可恃,而静者有常不变者,可以持久也"④。家族以及其庄园之久暂皆要看其人道德之修洁与否。杨士奇又以安成地区园林兴废的实历和古今园林史沉重告诫:"吾四五十年前,尝经其地,于是其旁,近贵者有焉,富者有焉,而一

---

① 《重编琼台稿》卷一八《长乐居记》,景印文渊阁《四库全书》本。
② 同上。
③ 《东里文集》卷八《中溪八景诗序》,景印文渊阁《四库全书》本。
④ 《东里续集》卷一《萧氏林泉居记》,景印文渊阁《四库全书》本。

转目之顷,贵者固不可常恃,富者亦多消落匮竭,甚者其子孙渐尽,其居第不为瓦砾之墟,则或数数易主,可胜慨哉!"[1]家族、子孙尚且不保,又况其居其园乎? 也有宗族绵延千百年,山庄田园历久而不废,长享山水园池之乐的人家,江西新淦吴氏山庄便是一例:

> 天下山水奇胜之区,所以娱乐极耳目之欲者何限,曾不转瞬鞠为草莽,无复遗响者有之。吴氏自唐历宋元以迄于今,盖千百年于此矣,其间文献之相续,世泽之相承,子孙系序之相传,绵绵延延,致久远而不坠者,岂偶然之故哉? 实由先世积累之深,诗书福泽,有以沾溉于其后者如此耳。[2]

决定园林的兴废有主客两种因素。客观因素是社会历史的安定与否,主观因素则是主人家族的贤良与否。昔人特别看重园林的人文积淀,家族的德泽流传。如果说山水楼台属于园林的外观设置营构,那么历史人文则属于园林的内在长久积淀,二者密切相关,相辅相成。人文是园林艺术的灵魂、命脉。

① 《东里续集》卷一《萧氏林泉居记》,景印文渊阁《四库全书》本。
② 《金文靖节》卷八《吴氏西庄记》,景印文渊阁《四库全书》本。

第三章　明中期园林审美之振兴

明代中叶自成化以来,由于经济的发展,程朱理学的退潮,阳明心学的崛起,人心士习渐趋活泼,因而园林文化生活需求也随之增长。官僚、名士、商贾多喜造园、游园。文人画士与园林的关系尤其密切。或直接参与园林的设计布局,对工匠进行指导;或以园林为题材进行艺术创作,园记、园诗、园曲、园赋和园画层出不穷;或作出园林审美评价,抒发审美体验,提出叠石凿池的见解,从而上升为园林美学理论。这一时期园林美学资料远较前期丰富,园林美学思想日趋活泼繁荣,与前期那种沉寂状态渐行渐远。

第一节　王鏊、顾璘诸家园论

一、借奇观　因故有

明代中期私家园林以苏州和吴中地区最称繁盛,其地湖山佳丽,人文美盛,是构建园林的理想环境。苏州官宦缙绅文人画士往往拥有宅园或别墅,吴门画派名家人皆有园,沈周之有竹居,文征明之停云馆,唐寅之桃花坞,王宠之越溪庄,陈淳之五湖田舍。或在城市,或在城郊,或临水,或近山,规模都不大,大多由其人亲自设计区画,故其园小而精雅,饶具逸致。王鏊咏唐寅小墅:"清溪诘曲频回棹,矮屋虚明浅送杯。生计城东三亩菜,吟怀墙角一株梅。"[①]弯弯的清溪,三亩菜地,屋矮而透亮,一株梅花秀出墙角。园虽小而饶有佳致。王鏊(1450—1524年),字济之,号守溪,吴县(今属苏州)东山人。成化十年(1474年)乡试第一,明年会试复第一,廷试第三,授翰林编修,正德初累进户部尚书兼文渊阁大学士,以忤权珰刘瑾坚疏乞去,优游林泉,终不复仕。"平生未尝干人所私,人亦不敢以私意干之。立朝四十年,权门利路,不一错足,班资下上,未尝出口。"[②]王鏊及其家族聚居于东山陆巷,那时东山和西山都在太湖中,东山还没有与湖岸连成一块,其乡村民宅多得湖山之胜。王氏家族雅爱园林,王鏊在北京为官时,曾建小适园,后归里建真适园,其伯兄警之构安隐园,仲兄涤之构壑舟园,其弟秉之构且适园,其侄学始建从适园。真适园为陆巷故居宅后别墅,其他诸园也在东山湖滨。王鏊婿徐缙,字子容,号崦西,吴县人。弘治十八年(1505年)进士,官至吏部侍郎。他也爱好园亭,辞官后在故里太湖西山营构薜荔园,一时名公文人题咏颇多。这些园林有一个共同的特点,都注重借取太湖两山胜景,使简朴雅致的小园与太湖烟波群峰翠色融成一片。加之在园中依高地建造楼阁亭台,登之可将湖山景色尽收眼底。

王鏊记其陆巷园居静观楼所见胜景:

---

① 王鏊:《震泽集》卷五《过子畏别业》,景印文渊阁《四库全书》本。
② 文征明:《文征明集》卷二八《太傅王文恪公传》,上海古籍出版社,1987。

楼在山之下,湖之上,又尽得湖山之胜焉。山自莫厘(东山主峰)起伏逦迤,有若巨象奔逸,骧首还顾,遂分为二:一转而南,为寒山,郁然深秀,楼枕其坳;一转而北,复起双峰,亭亭如盖,末如长蛇,天矫蜿蜒西逝。西洞庭偃然如屏障列其前,湖中诸山或远或近,出没于波涛之间,烟霏开合,顷刻万状。登斯楼也,亦可谓天下之奇矣![1]

又记其弟秉之且适园东望楼之胜:

北望则横山、灵岩若奔云停雾。西望则穹窿、长沙隐现出没,若与波升降。东望则洞庭一峰,秀整娟静,松楸郁郁,若可掇而有也。或郊原霁雨,草树有辉,或墟落斜阳,烟云变态。于是弟劝兄酬,举酒相属曰:"乐哉游乎!"[2]

园林小小天地,却能广揽天地山川万千气象生动气韵,"天下之奇观","若可掇而有",而为我园中之物,这是妙用借景的美学效果。王鏊又有怡老园,为其子延哲所筑,以娱父致政养老之地。园在苏州阊、胥两门之间,旁枕夏驾湖,临流筑台,雉堞环其前,有"清荫看竹"、"玄修芳草"、"撷芳笑春"、"抚松采霞"、"阆风水云"诸胜。[3] 此为城中园,也有景可借,而具野趣。文徵明诗云:"名园诘曲带城闉,积水居然见远津。"[4]园中池水与"远津"指运河相通,河水流光远影也是引借远景而入园。

崇尚自然的造园审美理念,不仅体现于"借景",收摄天地山川之景使园内狭小空间与园外山水巨观对接;而且体现"构景",根据园林划定范围内的地形地貌地势地物以至地质条件,叠石累山,凿泉引水,构屋架楼,充分利用原有的地理优胜来规划、营建园林景观。这种造园构景方法省力省钱,又保留了景观的本来面貌而存天趣,符合亲近自然、顺乎天然的美学观念。

福建延平多佳山水,萧九成之园特占其胜,园景皆据其地山泉形貌态势构之,"因其故为之"。"故"者,本来也。园有十景:

园东抵东山,山之麓青壁数仞,苍翠巉绝,有岩岩之气象,是为"石壁"。石壁之下,巨石坡陀,平衍可坐数人,曰"盘石"。泉出山下,自南流入,旱涝不见盈涸,曰"源泉"。源泉瀺灂,西北诘屈流,导为流觞,曰"曲水"。曲水流数十步,潴以大池,广可数亩,曰"方池"。水自池下流,日夜不息,作碓其旁,其机自动,不烦人力,曰"水碓"。水抵北复南,折为大溪,有石临之,曰"钓矶"。石壁之左,有窟如屋,相传昔人炼丹于此,曰"丹穴"。曲水分支西流,有轩瞰其上,曰"漱清"。缘溪作亭,溪外诸山隐隐可见,曰"仰高"。山之松竹杉桂,四时苍翠郁然,名花彙列,怪石骈峙,皆可以供游观者。[5]

① 王鏊:《震泽集》卷一五《静观楼记》,景印文渊阁《四库全书》本。
② 王鏊:《震泽集》卷一六《东望楼记》。
③ 徐崧,张大纯:《百城烟水》卷二《吴县》,江苏古籍出版社,1999。
④ 文徵明:《文徵明集》卷一〇《侍守溪先生西园游集》。
⑤ 王鏊:《震泽集》卷一七《天趣园记》,景印文渊阁《四库全书》本。

萧氏园十景,全依天然山泉构成。有些景点几乎全然不施人工斧凿,仅题命而已,如"石壁"、"盘石"、"源泉"、"钓矶"、"丹穴";有些稍加人工疏导即成,如"曲水"、"方池";有些人造农具、景物,如水碓,也用自然界水力推动机关,"不烦人力",这比当今许多人造景观水碓高明多了;园内建筑仅有两座,"漱清轩"与"仰高亭",皆缘溪临流而建,一俯瞰清流,一远观诸山,构思巧妙,意在山水之间,非求建筑之华丽。园林主人和园记作者对这座园林作了很好的诠释。萧九成云:"凡游观胜概,以人力为之则费且劳,因其故焉则省且佚;吾之有是园也,吾无作焉①。"建园是为了"游观",寻求佚乐,倘不自量力,"则费且劳",而失游观之旨,也无乐趣可言。王鏊进一步指出:"予以为今之事游观者,绝涧壑,隳丘垄,披灌莽,疲极人力,甚者如李卫公平泉之为,其亦劳且费矣,然求兹园之天趣不可得也。"当时也有造园的人家做法与萧氏完全相反,不是因地兴作,而是破坏自然生态,截断水源泉脉,铲挖山岗,毁坏林木植被,不但劳民伤财,自然美丧失殆尽。王鏊从成功与失败两种事例,指明遵从"天趣"造园美学准则的重要意义。

福建莆田柯奇征石庄也是一座饶含天趣的园林。莆田有乌石山,"在城东北隅,城西北有梅山,与乌石山相连,两山之间有小西湖"。②柯氏读书山下,寻得"异境","辟其翳以为圃,导其流以为池,据其岩以为亭。亭成,前后左右皆奇石也,蹲者,立者,仰者,俯者,奔者,翔者,啄者,攫者,皆若来效于前,因名曰石庄"。③主人对此非常得意,以为较之唐代名宦牛僧孺、李德裕等爱石构园,"穷万夫之力以供耳目之玩","易代之后,云散鸟逝,或为豪强所夺",而己之石庄"不劳一夫,不破寸壤,不为豪右所嗜,而常为吾有乎④",其胜牛、李之徒远矣。"不劳一夫,不破寸壤",尽量不动原来的山石泉壤,更不能毁坏,也不大兴土木,构建豪华的亭馆,以保存山水景观原貌,表现了园主对地理生态的尊重和对人力物力的珍惜,而非构园时真的不费一钱一工,不加任何修饰,不增任何兴建,关键在于不失天趣。

二、保物性 存天趣

顾璘(1476—1545 年),字华玉,号东桥居士,上元(今南京)人,祖籍苏州吴县。弘治九年(1496 年)进士,仕至南京刑部尚书,少负才名,擅诗文,璘与同里陈沂、王韦,号"金陵三俊"。晚罢归,构息园,宾客常满。园在南京城东,清溪附近,顾璘居室之后。此城中小园,"袤五十步,广半损之,中取纤径通步,余尽莳植以延丛绿,修竹后挺,嘉木前列,周除芳卉美草,期四时可娱"。有"爱日亭"、"谋斋"、"促膝轩"、"缘率室"等建筑。狭小逼仄,似乎无景可借了,而与园紧邻的竟是数百亩旷野,此地原

---

① 王鏊:《震泽集》卷一七《天趣园记》,景印文渊阁《四库全书》本。
② 顾祖禹:《读史方舆纪要》卷九六《福建二》,光绪二十五年图书集成本。
③ 王鏊:《震泽集》卷一七《石庄记》。
④ 同上。

来是南朝谢尚、江总故宅,早已化为废墟,民户散居于此,"有广圃连数十顷,颇杂池沼,屋庐其中,达于清溪",仍然保持着荒野景象,生态环境绝佳,与息园仅一墙一篱之隔,开门即可直达其径:

> 柽榆蒲苇,掩映森蔚。风静鸟鸣,音变巧慧。夏莺好飞移往来,择荫暂息,倏尔逝去。鹭散立青苍中,皎若积雪,时惊起翻回水上,久乃复下。居人多莳蔬养鱼,杂治生业,或星散居,皆有径可往。吾园开户向之,笼取其胜,时与二三子曳履周游,无异深林穷谷之趣。①

这片旷野,水域、植被、鸟类构成良好生境,居民人数少,又散各处,生产生活都与环境协调。息园虽小,而与这片广阔的"生态园"相邻,主人得以"笼取其胜",获得无穷的乐趣。构建"城市山林"、"山水城市",保留荒野哪怕几块也是非常重要的。顾璘认为造园者对自然山水、泉石胡乱开凿填埋,是违背自然规律、戕害物性的行为,也损害自然美、园林美。"负物性而损天趣,故绝意不为。"②

明代中叶诸家关于造园的"天然"、"天胜"、"天趣"、"天巧"的许多话语,汲取古人尊崇天地山川的观念和情怀,加强和凸显以尊重自然为核心的造园总体思想和理论基础。徐献忠有一段专论,可补充、发明以上诸家思想。徐献忠(1483—1559年),字伯臣,号长谷、九灵山长,松江华亭(今上海市松江区)人。嘉靖四年(1525年)举人,授奉化县令,有政绩,寻弃官寓居吴兴,乐其土风,晏然安之,作《吴兴掌故集》十七卷。其中《名园》一卷,摘抄宋末周密《癸辛杂志》稍作增补而成,末尾跋语可视为园林专论:

> 予谓丘壑必以本来面目为胜,天然林麓,而下有泉池,虽一无点画,亦足为好。若徒采缀为奇,则既失其本意,而劳神损力,亦非达士所堪也。其在吴兴尤不宜为此。若具一艇,逍遥容与于烟波之上,四顾岩壑,献奇竞秀,惟吾意所适,不必登崇踏峻,自有天然之乐;一二良朋,赞啸分衷,竟日忘归,更为佳绝。不然则平泉水石,虽有遗诫所及,祗取智者一笑而已。③

这段话是从事物本原、最高理想上发论,以为人们观赏山水终究以未经人类改造自然界丘壑为最胜,以得天然之趣为最乐。至于园林中泉石,经过人力人工雕饰,"点画""采缀",已失自然山水"本来面目"、天然意趣。自然界原生态山水使带有人工痕迹的山水相形见绌,"第二自然"毕竟逊色于"第一自然",更不用说像唐代名臣李德裕耗神竭力营造平泉山庄,还告诫子孙谨守此园不得转落他姓了。其心贪痴,故为"智者一笑"。即使要造园,也应以保存山水泉石本真、本意为则。徐献忠不是反对造园,而是强调造园必须遵循自然规律,谨守尊天的美学法则。

---

① 《顾华玉集》,《息园存稿文》卷四,景印文渊阁《四库全书》。
② 同上。
③ 《吴兴掌故集》卷八《名园》。

第二节　陆深、杨循吉诸家园论

一、寄情托志

自晋宋缙绅士夫私家园林兴起以来,园林的抒情意味、个性色彩渐浓,园林主人借园以寄山水之性,高隐之志、终老之乐,其高贤才士、文人墨客更是如此,构园总是力求合乎自己情志所尚、审美趣味。北周诗人庾信作《小园赋》,谓其居小园,如处"一枝"、"一壶",而寄易安之情,"闲居之乐"。唐代大诗人白居易在洛阳城东南隅履道里得故散骑常侍杨凭宅改建新园,以寄主人知足常乐,"如鸟择木,姑务巢安,如蛙居坎,不知海宽"的思想情感①。北宋洛阳,名园相望。神宗熙宁四年(1067年),司马光因与王安石政见不合,上疏自劾乞致仕,归洛造独乐园。洛中诸园,是园最为简素,"卑小不可与他园班"②。"逍遥徜徉,唯意所适"③。王鏊在朝四十年,正德间进户部尚书文渊阁大学士,虽居清要,但受巨珰刘瑾嫉恨排挤,"时瑾日益骄横,疾视文臣如仇"④,因此这首相做得并不如意,遂坚疏乞去。之前,曾在京邸构筑小园,名"小适园",以慰宦情乡思。偶见小园花开花落,发为小唱:"鱼鳞满地雪斑斑,蝶怨蜂愁鹤惨颜。只有道人心似水,花开花落总如闲。"⑤及由内阁告归,乃于故里东山筑真适园,实现了初志。鏊自云:"予于世无所好,独观山水园林花竹鱼鸟,予乐也。昔官京师作园焉,曰小适,今自内阁告归,又作园焉,曰真适,盖自是始足吾好焉耳。"何谓"适"?"穷达、进退、迟速,一委诸天,而不以概于中,是其所以为适也。"⑥也就是说,不戚戚于贫贱,不汲汲于富贵,穷达进退任其自然,乐其情志所好如山水园林花竹鱼鸟,此即所谓"适",或曰"自适"。

其时吴人在北京居官为清要者,每于宅第旁构小园,除王鏊小适园外,吴宽于所居崇文街第辟亦乐园,有海月庵、玉延亭、春草池、醉眠桥、冷淡泉、养鹤阑诸景⑦。陆深居第有高楼,改葺为园。陆深(1477—1544年),字子渊,号俨山,上海人。弘治十八年(1505年)进士,授翰林编修,正德初因忤宦官刘瑾,出为南京主事。瑾诛,复官编修,历国子司业、祭酒。嘉靖间忤权臣,谪福建延平同知,升山西提学副使,改

---

①　白居易:《白居易集》卷六九《池上篇并序》,中华书局,1979。
②　李格非:《洛阳名园记》,载陈植、张公驰选注《中国历代名园记选注》,安徽科学技术出版社,1983。
③　司马光:《独乐园记》,转引自《中国历代名园记选注》。
④　文征明:《文征明集》卷二八《太傅王文恪公传》。
⑤　王鏊:《震泽集》卷二《花落又作》。
⑥　王鏊:《震泽集》卷一六《且适园记》。
⑦　吴长元:《宸垣识略》卷五《内城一》,北京古籍出版社,1982。

浙江,迁四川左布政使,召为太常卿兼侍读学士。弘治间任翰林院编修时,母吴氏多病,乃迎养于京,就楼居辟园。主人有记云:

> 陆子卜居长安,爰得高楼,硕柱劲梁,下为三室,悉牖其南,高明静虚,是故夏凉而冬暖也,以奉吾母。

> 吾母喜深退,而亦喜登兹楼以望焉。面临广园,南风徐来,城堞蜿蜒自东直趋,而正阳、宣武二门卓立相向,若两山然。西山隐起半空,弯环奔斗,吐抹云雨,变态立异。回睇崇文,若孤峰插霄,平睨则绿城卉木,高低隐映,万瓦鳞次,如陈几案,都城之异境也。背负巨槐,团栾扶疏,寿可百岁,偃覆檐除。每朝暾初起,则浮绿满楼,动摇不散,因摘古诗"绿槐疏雨"之句,命之曰"绿雨",盖将于此息焉。

> 楼既高爽,又洞中含风,于燕处不宜,乃障其东偏一楹,覆以承尘,饰以越楮,既具而纯白焉。纯白曰素,素存而天下之变具矣。传曰:"素位而行。"故命之曰"素轩"。又障其后为小室,启一户与轩通,中设木榻一,棐几一,古琴一,铜香鼎一,左居图,右架史,正覆槐处也。北为两窗,槐翰肖龙,每欲闯窗而入,烦暑时,于是读书纳凉。盖楼至此穷矣,有潜之义焉,故命之曰"潜室"。又启一户,折而西通中溜,榜曰"书窟"。广可五尺,长丈有咫,穴北壁以取明,杂藏书三千卷。斯楼之大观云。素轩之东二楹,可娱宾时享,窗之外有露台,可眺,可坐,可玩月,或二三良友可觞咏。有阑可箕踞而凭其下,有枣当离离时,可撷而啖也。吾之取于兹楼备矣。

> 夫"雨",及时也;"素",正行也;"潜",毓德也;"窟",厚蓄也。尚冀无负于兹楼焉。①

此园主要由"绿雨楼"、"素轩"、"潜室"、"书窟"四座建筑构成。楼盖原有之物,为全园主建筑,其余轩、室、窟三处建筑均在楼下,经园主稍加改制装饰,顿改旧观,不但宜居,而且赋予新的内涵。园小而密,构造紧凑,却"高明静虚",登楼可近眺京师城阙的壮丽,远见西山峰峦烟云,展示了广阔高迥的空间,正所谓"都城之异境也"。园中"露台"也腾出了空间,可供主人栖息坐观,或与二三良友雅集,饶有生活情趣。园主还保留了楼旁百年巨槐,"浮绿满楼",覆荫轩室,绿色带来满园生机,虽庭中枣树也风味悠然。京城阛阓密匝之地,竟有这样一座优雅的小园,全赖园主陆深的匠心巧构。又园内每一座建筑设施,楼、轩、室、窟,都寄托着主人自勉自励之意,表现出他的品格情志。

嘉靖三年(1524年),陆深父丧服满,又多病,遂有退隐之意,拓旧居建园,地在今上海浦东陆家嘴一带,有"后乐堂"、"澄怀阁"、"小沧浪"、"四友亭"、"江东山楼"、"小康山径"、"柱石坞"诸景,总名"俨山精舍"。与友人书云:"近筑一隐居,当三江之合流,颇有竹树泉石之胜。又累三山,遇清霁景候,可以望海。"②"小康山径"与"柱

---

① 《俨山集》卷五三《绿雨楼记》,景印文渊阁《四库全书》本。
② 《俨山集》卷九三《答张君玉》。

石坞"并有记,《柱石坞记》略云:

俨山西偏澄怀阁之下,小沧浪之上,复以暇日,周施栏槛,用备临观徒倚之适。有川石者三:高可丈许,并类削成,有奇观焉,因错树之为三峰。中峰苍润如玉,弹窝圆莹,丰上而锐下,藉以盆石,有端人正士之象,却而望之,擎空干云,邈焉寡群,岂八柱之遗非耶?题曰"锦柱"。傍赘两台,其左曰"龙鳞",石苍碧相晕,比次成文,俨然鳞甲之状,森耸而欲化也。其右石首嫩婧,而婀娜拱揖,有掀舞之意,名曰"舞花虬"。合而名之曰"柱石坞"。曲径其下,以通往来。每当朝日始升,夕阳初下,曳杖徘徊,聊以寄吾孤岸之气。时时赋王右丞五言短篇,或歌陶彭泽《归来辞》一两解,俯槛观游鱼,为之一笑,意甚乐也。①

　　俨山园中三奇石,在园主观照下,成为拟人拟物的形象,或如"端人正士",乃"八柱"(天地赖以支撑)之遗,或如神奇的虬龙,三石都是园主理想人格、"孤岸之气"的外化。俨山园其他景观的营构、命名也都寄托着主人的情志。中国私家园林不是亭台楼阁、假山水池、花草树木纯客观的堆砌、构筑、布置,而是造园者(包括规划、设计、施工等成员)因地宜、依材料进行艺术创作的结果,其间不但蕴含着匠师的巧思,还包含谙熟园艺的主人及其友人、顾问的意图、情趣和创意,在主体意识高扬,以园寄志、以园显艺的明代中后期尤其如此。园林作为艺术之一种,既有自身的艺术规律,亦必契合心与境、意与象、情与景交融的艺术通则。许榖论市隐园:"景缘情会,象与意谐。"又谓情性超朗虚恬者乃得园林真乐:"景自外得,乐由内生,苟中罕超朗之襟,性匪虚恬之秉,虽青苍迭睹,何益凡惊。"②顾璘论徐天赐东园:"故妙用裁乎幽抱,徒物不足以名世。"③仅有充裕的物质条件,而乏构园人的"幽抱",还是不能成就名园。在同等的物质下,襟抱情性各异的造园者其所构便有高下之别。常有这样的情况,其情怀高逸者虽财力、物力、人力较弱,却能建起高品位的园林。陆深俨山园便是一例:"役数夫之力,假旦夕之工,高卑以陈,动静以位,清浊以判,治忽以区,夷险以奠,不曰俭操而博取乎?"④

　　南京市隐园规模不大,而建制精雅,虽位于市声嘈杂的油坊巷,紧邻繁华绮丽的秦淮河,却清幽脱俗,俨然城市山林。主人姚涞,字符白,号秋涧,南京上元人。弱冠入太学,仕为鸿胪郎,不久谢去。其人"性颖异,美风仪,笃学嗜古,侠宕好士,神游翰墨,兼写梅枝。辟地为园,名曰市隐,回塘曲槛,水竹之盛,甲于都下"。⑤ 嘉靖、隆庆间许多名士官员都曾游市隐园,题咏甚多。姚涞同乡好友、南京尚宝卿许榖作《市隐园十八韵》,序云:

---

① 《俨山集》卷五四《柱石坞记》。
② 《归田稿》卷一〇《市隐园十八咏序》。
③ 《息园存稿文集》卷一《东园雅集诗序》。
④ 《俨山集》卷五四《柱石坞记》。
⑤ 《无声诗史》卷三《姚涞》,于安澜编《画史丛书》第三册,上海人民美术出版社,1982。

吾乡姚元白辟园于秦淮之东。东桥顾尚书(顾璘)题曰"市隐",盖取大隐隐朝市之义,厥趣远矣。余与元白投分最久,暇尝游衍其中。乃其结构则茵阁与文轩竞爽;树艺则椅桐与莞柳齐芳;山水咸得之目前,鱼鸟总呈于槛外。盖地当廛井之间,而寓目殊远,躬处喧嚣之境,而抒兴称幽,城市丘樊。此其独盛者矣。①

"结构"云云,指楼阁堂轩等建筑物的参差交错;"树艺"云云,指梧桐、杨柳、花竹等植物的配置互映;"山水"云云,指矶石清池等人工山水的堆叠疏凿;都是讲同一类要素间纷繁多样的因子组合。市隐园有十八景,每一景都有寓意,又共同体现整个园林的主题:市隐。如"玉林"云:"檀栾千挺竹,色比青琅玕。散发坐林下,清风生昼寒。""中林堂"云:"陪京胜名园,岂不恣延赏。何如此堂中,开帘见泱漭。""青雨畦"云:"春雨满平畦,蔬甲总抽绿。登盘有余清,早厌庙堂肉。""秋影亭"云:"凉月散梧阴,空亭人复静。伫立候携琴,乍觉衣裳泠。"一踏进市隐园,赏对十八景所营造的氛围、意境,便能感受到主人的幽情高致:"禅蜕污泽之中,鸿翔廖阔之表,盖内观取足游方之外者也,以故散睇怡颜,放歌招隐,此焉永日。"

二、匠心独运

园林构成要素主要有三项,即山水、花木和建筑,三者缺一不可。园中山水、花木半出于天然,半出于人工,至于建筑设施则全出于人工,三者都倾注着人的劳力和巧思。园林又非三者之简单堆砌、拼凑,而是按照艺术规律,对三者进行巧妙配置的空间艺术,天之巧构与人之匠心妙合天成,此即明代中叶人士提出的"全胜"园林美学概念。造园离不开人的创造,明代中后期园主的参与意识更强了,他们不光是出资役工,待完工后被动地从园师那里接受一座园林,还要力求将自己的造园意图和心中蓝图告知园师,甚至亲自参与设计、布局和造景,以体现其情志意向、造园理念、艺术趣味,越是精通园林艺术的主人越是如此。这对促使园林个性化的发展,提高园林的审美价值,有着积极意义。明代中叶人士构园评园,不仅求外观之美,尤重内情之幽,惟其主与客、人与物、意与象、情与景达到完美统一,方臻园林艺术之上乘。

浙江吴兴(今湖州)山水清远,南宋时偏安一隅,士大夫之家多好造园,园池之胜盛行一时,遗民周密摭其地园池三十六所。独称俞氏园"假山之奇,甲于天下"。主人俞澄字子清,号且轩,吴兴人。尝官侍郎,能作竹石,有文全、苏轼遗意,又擅山水,又以画意叠石累山。周密云:"盖子清胸中自有丘壑,又善画,故能出心匠之巧。峰大小凡百余,高者至二三丈,皆不事饾饤,而犀株玉树,森列旁午,俨如群玉之圃,奇奇怪怪,不可名状。"②周密和李格非都提出"心匠"的概念,强调造园要有艺术匠心,胸具丘壑,旁通画艺。中国私家园林从它兴起之初,就和文人士大夫结下不解

---

① 《许太常归田稿》卷一〇《市隐园十八咏》,《四库全书存目丛书》本。
② 周密:《癸辛杂识》前集《假山》,中华书局,1988。

之缘,他们是园林的欣赏者、拥有者,还是园林的规划者、设计者、创建者。园林主人还有贵戚显宦、富商大贾,其人构园也要取听文人雅士的意见,若真想提高园林的艺术品位。园林建筑蓝图的实施最后还要落实到技艺精湛的匠师身上,高明的匠师也通规划设计。随着对园林文化需求的增长,士群游园造园风气的日盛,并把造园视为一种特殊的值得投入甚至为之竭尽心智的艺术创作,而不仅仅是把园林当作权且栖息游乐之地,其间还包含对艺术创作、艺术价值的新认识。明代中叶,这一园林美学价值观已为不少文人所接受。

三、得全胜合自然

园林由山水、草木、建筑物三者组成,或者说,是构成园的三要素,基本的必备的条件,缺一不可。三者俱备,并按照美的规律加以配置、组合,才能称为园林艺术。此即杨循吉说的"全胜",得"全胜"须具"匠心"。

杨循吉(1458—1546年),字君谦,号南峰,吴县(今属苏州)人。成化二十年(1484年)进士,授礼部主事,弘治初即致士归,与吴门文人画士沈周、文征明、祝允明等过从甚密。他以苏州周氏园林为例,阐述其园林构成论即"全胜"的美学思想:

有名园而无水,是尘土犹未涤也。有水而无临观之亭,亦弃水耳。所谓园者,林木一胜,水二胜也,有是二胜,又必亭馆点饰,而后可游。植亦易植,水亦易浚,亭馆亦易构,但使苍郁成林,回绕成流,照映成境,难耳。

周君亭宪治园在吴中,闲旷清远,植杂树百余本,开沼为回抱之势,周匝相通,水亘馆下。乃作一亭,跨于绿流之上,群窗洞开,可以鉴游鳞,阅卧藻。微浪之因风,随云之在汉,波皆可得而鉴也。余欲名之,莫得其似,总名之曰"池亭"。周君之园,可谓足乎林木,饶乎水,侈乎亭馆者矣。

大凡胸次不高,虽顿赏一树一石,必不得其地。若兹园之水、木、亭馆皆以匠心出天巧,合乎自然,而有此全胜也。好游者可不至哉?①

水石、林木、亭馆建筑三者还只是构建园林的不可或缺条件、构件,得此三者并不难,难的是要将每种物件、材料做成艺术。比如水池要有"回抱之势,周匝相通",林木要使"苍郁成林",种植搭配得当,亭馆之类的式样、位置也要恰到好处。仅仅孤立地处理三者,即使做得很精致,仍然算不得艺术,唯有将这些部分艺术地组合成有机整体,营构出一种艺术境界,"照映成境",而且"合乎自然",如此始臻园林之美。关键在于园林的设计者、建造者"胸次"要高,怀抱"闲旷清远"之意,且能"匠心"独运,如出"天巧"。"全胜"的园林美学概念即包括这几层意思。其他赏园、论园者虽然没有明确标举"全胜"这一概念,却也心存此念,有类似的看法。

嘉靖间,山人陈鹤所构九山草堂,规模也不大,却是一座经过精心营构而能得

---

① 《松筹堂集》卷三《周氏池亭记》,《四库全书存目丛书》本。

"全胜"的园林。主人陈鹤,字九皋,号鸣轩,别号海樵山人,山阴(今属绍兴)人。嘉靖举人,弃官着山人服,所作古文、诗歌、词曲,能出己意,工赡绝伦,又善草书、图画。一时名声大噪,四方之人日造其庭,以得山人片墨为幸。[1] 陈氏九山草堂为城中之园,在绍兴东南,主人自为记。

越城东南有隙地焉,广不百步,蔓草交芜,败垣四穿。余爱其市远而径偏,人烟不邻,惟前傍畎亩,后临古河,危桥修木,远近映带,往来延伫,宛然一村落也。乃就其中浚池二百余丈,为三曲,若困龙屈蟠,水波澄深。即池之西累土为山,周栽花树,蓊郁披靡,每至林日半含,则山影在水,上下摇漾。故名之曰"曲池山"。山下丛竹森立,若覆若罗,支筇而入,不异高岩穷谷之中,阴寒袭人,万虑俱远,遂名曰"竹墅"。池中有堤二带,傍植柳树数百株,春至则条叶舒青,丝垂堤上,望之菁然,乃名曰"柳堤"。引堤道为池梁,西穿山麓,绕梁有老梅双峙,时则淡香霏微,疏影横月,其名曰"探梅桥"。桥通小轩,开轩见池,容至轩际,鱼游萍间,往来不惊,浮沉相乐,若忘于客也。因扁曰"拟濠轩"。轩后复左,循一坡乃会于山路,而上直蹑其巅,有亭兀然,仰见霄汉,平临秦望、天柱诸峰,星月之所照耀,云霞之所吐吞,扪危瞩远,莫可穷际。梁溪王仲山闻而寄其题曰"太虚亭"。而北数十步,构堂三楹,弱楣曲梁,任其野朴,木门土槛,仅可栖迟。郡守江村沈侯、通政甬江赵公访予坐堂上,网鱼为黍,摘柑荐筋,乃顾其山而言"佳哉是山!嶂若天产,排拱中附,列八山而俱也。甬江手书扁曰"九山草堂"。[2]

九山草堂有七处景点,"曲池山"、"竹墅"、"柳堤"、"探梅桥"四景,以自然山水、竹树为主,"拟濠轩"、"太虚亭"、"九山草堂"三景,以人工建筑为主。每一景点都极富特色,饶含意境,景与景之间又互相映带照应。由水池和土山构成的"曲池山"是全园的主体、骨架,其他景点皆依附于此,或为此延伸。水长二百丈,却曲折有致,"若困龙屈蟠"。山由土堆成,却花树蓊郁,赋予土石以苍润和生命,非土堆死物。山静水动,而当"林日半含,则山影在水,上下摇漾",令人神怡。"竹墅"、"柳堤"、"探梅桥"三景皆以植物取胜,所植地点不同,株数疏密也不一样,意趣迥异。山下竹林茂密,挂杖而入,"不异高岩穷谷之中,阴寒袭人,万虑俱远",境界幽深清冷。柳植长堤,达数百株,"条叶舒青,丝垂堤上,望之菁然",呈现出一种柔曼之美。桥畔老梅仅两株,将人带入诗人林逋所咏"疏影横斜水清浅,暗香浮动月黄昏"的如梦如醉般的意境。轩、亭、堂三座建筑营造了三种各别的境界,轩的位置在低处,临池,人与鱼相乐,得庄子濠上之趣。亭在山巅,位于全园最高处,可以触摸到绍兴秦望、天柱诸峰,仰观霄汉云物,远瞻无穷的天际,顿时令人如临天虚,脱乎尘寰。堂为主建筑,也是主人会客之处,建制力求"野朴","弱楣曲梁","木门土槛",招待贵宾的食物

---

① 《无声诗史》卷三《陈鹤》,于安澜编《画史丛书》第三册,上海人民美术出版社,1982。
② 《海樵先生文集》卷一七《山水园记》,《四库全书存目丛书》本。

有鱼有秣有柑,皆农家常品,或即园中所产,一切都显得那么自然、朴素,天机盎然。绍兴城中有八山,现在又增加了一座山,就是陈氏所累人造山丘,"嶙若天产",如出自然,"列八山而俱",故称"九山草堂"。最终还是要归之于"天",使小园融入大自然。画家海樵山人化腐朽为神奇,变荒地为佳园,对园中每一个景点都精心设计布置,连细节也不忽略,处处精雕细刻,一笔不苟,一笔不多,一笔不少,意趣隽永,宛若天成,简淡而精致,野朴而高雅,体现尚自然、贵天真的美学宗旨。

第三节　汪道昆说徽州园林

一、徽园之人文与自然背景

成化以来,徽州园林也日渐兴盛。其时徽州地区商业资本发达,商人队伍庞大,实力雄厚,足迹"几遍禹内","山陬海涯,无所不至"。他们在外打拼,历尽艰险苦难,积攒了大量钱财,其巨贾辄"藏镪百万",及归故土,便广置田产,大兴土木,建豪宅,构园林。成化间徽商汪明德,经商半世,大获所归。"晚年于所居之旁,围一圃,辟一轩,凿一塘,以为燕息之所。决渠灌花,临水观鱼,或觞或咏,或游或奕。盖由田连阡陌,囊有赢余,而又有子能继其志,而后乐斯乐也。"① 正德、嘉靖间休宁巨贾吴继佐字用良,"两世以巨万倾县,出贾江淮吴越,以盐策刀布倾东南"。其宅后有园名"玄圃","居常艺花卉,树竹箭,畜鱼鸟,充牣其中。每得拳石巉岩,蟠根诘曲,不啻珊瑚木难。"客居杭州,又于吴山下建园,"竹石亭榭,视玄圃有加。""在扬州也有别业,比在杭州更奢华"。"盖息跰(歇脚)者三。"② 正、嘉间吴鹤秋住徽州西溪南镇,建"果园",据传为吴门书画才士祝允明、唐寅所设计规划,"原有一大塘,一小塘,树有柿、枇杷、花红、梨、枣、杨柳,花有芙蓉、蔷薇、梅、橘、石榴、牡丹、海棠、桂,惟白玉簪高约三丈,此特别之花也。其景有六:仙人洞、观花台、石塔岩、牡丹台、仙人桥、芭蕉台"。③ 族人吴南高作图,祝允明作《溪南八景诗》,曰《祖祠乔木》、《梅溪草堂》、《南山翠屏》、《东畴绿绕》、《清溪涵月》、《竹鸣凤鸣》、《山原春涨》、《西垄藏云》。④ 两种记载所标景名、景数不同,又祝允明所作八景诗不见于其《怀星堂集》,盖为佚诗。安徽园林多为商人所建,也有官宦缙绅构筑者,仍与商人有关。明代中叶,儒与贾、士与商的社会身份的区别已不像从前那么清楚严格,二者之间互相转换已成常态,在徽州尤其如此。商人是建造园林的社会主体,发达的商业资本是推进徽州园林

---

① 张海鹏、王廷元主编《明清徽商资料选编》,黄山书社,1985,第292页。
② 汪道昆:《太函集》卷五二《明故太学生吴用良墓志铭》,胡益民、俞国庆点校,黄山书社,2004,第二册第1104页。
③ 《江淮论坛》编辑部编《徽商研究论文集》,安徽人民出版社,1985,第409页。
④ 许承尧:《歙事闲谭》,李明回、彭超、张爱琴校点,黄山书社,2001,第36~38页。

发展的主要动力。

徽州地区峰峦叠翠,清溪见底,黄山、白岳(齐云山)名扬海内,新安江横贯东西,丰乐水、徽溪发源于黄山,由北向南流入新安江。山下水边分布大大小小的村落,一年四季风景如画,吴士奇记云:"春雨则蒙蒙濛濛,烟波隐现;夏则岫浓翠合,洪涨绿畴;秋则黄云丹叶,掩映晴江,湍縠生纹;冬则寒陵竞涌,风濑清浅,寸鳞米石,洞视无碍。日入则金竺倒影中流,如捧员峤;夜则渔火连绵,如星河秋而烂,昭昭其未央;至于雪之霁,月之夕,长风之寥寥,无一而非趣者。"清末歙人许承尧(1874—1946年)赞叹"歙西各村,村村入画","明时吾歙之盛如此"①。风景如画的山水为构建园林提供了清美的自然生态环境。其地又盛产优质木材,附近名窑可供应建筑所需砖瓦瓷器,歙、黟、婺源诸县又产叠山所需石材。徽州建筑业发达,从事土、木、瓦、石诸作的匠人甚多,其中不乏能工巧匠,尤其是木雕艺术精工细作,玲珑剔透,名闻天下。徽州文化积淀深厚,是朱熹的故里,儒学盛行,称"东南邹鲁"。

徽俗尊祖敬宗,村民皆聚族而居,立宗祠,行祭礼,修家谱,故其地多旧家世族,"千年之家,不动一抔;千丁之族,未尝散处;千载谱系,丝毫不紊"。"家多故旧,自六朝、唐宋以来,千百世系年,比比皆是。重宗谊,修世好,村落家构祖祠,岁时合族以祭。"②每家有谱,诸族有祠。

徽商的生存之道和生活方式,徽地的自然环境和人文风习,乃至建筑材料的供给和建筑匠师的工艺,都是影响本地区及周边地区园林文化内涵、建筑格局和艺术风貌的重要因素,从而形成了与吴地园林相同又相异具有独特审美价值的徽派园林艺术。

嘉、隆间名士汪道昆深悉徽州文化和园林,记载了多个徽州名园,从这些记载可以了解徽派园林的文化风貌和汪道昆的园林美学思想。汪道昆(1525—1593年),字伯玉,号太函、南明(一作南溟),徽州歙县千秋里人。出身商人家庭,祖父守义以盐业起家,挟资巨万,父良彬亦业贾,兼行医。道昆举嘉靖二十六(1547年)进士,与张居正、王世贞同年,晚年官兵部左侍郎,文主复古,简而有法,与王世贞齐名。有《太函集》。集中《曲水园记》、《季园记》、《遂园记》、《荆园记》、《遵晦园记》等,记述诸徽州名园颇详。汪道昆评诸园云:"遂园约矣,取其蜕于市嚣;曲水沉沉,取其都雅;季园巨丽,庶几盖州;七盘(休宁园名)夹道有筎,曲折而有直体;乃若荆园之费不訾(通赀),一窬则皆上睫,靓而疏,迂而遒,纡而无邪,亦一奇也。"③各具特色,而以曲水园、季园为深邃("沉沉")宏丽。

二、吴氏曲水园之巨丽

曲水园在歙县溪南里,发源于黄山的丰乐水流经其地,"水浸深广",溉田千亩,

---

① 《歙事闲谭》卷四《丰南溪山记》。
② 张海鹏、王廷元主编《明清徽商资料选编》,黄山书社,1985,第30页。
③ 汪道昆:《太函集》卷七七《荆园记》。

"其上则诸吴千室之聚",其东即曲水园,占地十亩。主人吴屿每年以余钱用以购园,每年费金"十镒",用工百人,"积二十岁乃成,故力不诎而赢"①。徽州地区多山少水,"新都(徽州古称)什九山也,水几一焉,游者浮慕江湖,辄病其山赢而水诎"②。曲水园之优胜处在于充分利用丰乐水这一得天独厚的自然条件,引水入园,开渠凿池,营构优美的水景。如汪记所云:"疏甽(同畎)为涧道,经垣内外,如隍其中。凿池坼南北,如天堑。甽入涧道,涧道入池,句(同勾)如规,桥如盘。故曰曲水垣。"曲水园也因此得名。沿曲水架桥,建亭,垒石,为鱼防,钓矶,又筑堤,堤上构水榭。榭三面临水,"东望池畔,楼台花鸟,相与沉浮";"西望群山在门,若良史出绘事,盖山水一都会也"。设计构置精巧,园内景观互相瞻顾,园外景观远眺如画。曲水园也讲究叠石,其石运自苏州太湖。"聚美石为山,震泽产也。辟山大者岳立,小者林立,疏茂相属,其高下有差。高则为仞者三,下则为仞者半。石如雕几,如枯株,如垂天云,如月满魄,如轩,如跱,如喙,如伏兔,如翔凤,如姑射神人,如举袖,如舞腰,如荷戟。"供人游息居住的建筑,有"十二楼"、"藏书楼"、"青莲阁"、"清凉室"、"水竹居"、"四宜堂"、"高阳馆"等,一应俱全。高阳馆南,"为垣屋,阖户以居",全家都居住在园中有围墙分隔的房屋里面,这和主要供游憩的一般园林别墅不同,曲水诸园除供游憩外,还有生活起居,甚至生产的功能。此园近旁有四五亩,种庄稼,有田舍、"饁舍"(给农夫送饭处)。"主人就舍明农饷力作者"。园中建造了许多楼台亭阁,"诸所建置备游观者",还有成片的住宅,但园内仍留有很大的空间。植物丰茂,鱼鸟成群,天机活泼,"垣以内,花数十百品,木千章,鸣鸟千群,涧道芙蓉千茎,鱼千石",堪称徽派园林的代表作。近人许承尧称赏汪道昆《曲水园记》,"此文如画图,爱不忍节",全文照录于《歙事闲谭》。其实文之美,源于园之美。许氏曾游其遗址,"惟奇石与一方池存耳"③,恐今汪氏曰"奇石"、"方池"也湮灭无存了。

三、汪氏遂园之淡逸

遂园在徽州府城东汪氏问政山之支脉下,近市街曲巷,园依山而建,幽而旷。主人汪氏,为汪道昆族兄,曾出仕,既归,乃拓祖居之地为园,修广约二百步。"园以内,为客坐,为楼,为房,为室,为洞,为桥各二,为台,为阁,为庵,为便坐,为井,为浮屠各一,为亭者五,为径者三。其费殆千缗,伯力单(同殚)矣。"投入很大,所费不赀,堂、室、楼、阁、亭、台诸类建筑比较齐全,且同一类建筑而形制装饰各异。同样是亭,"杨枚亭"以方舟,"蒒泽亭"翼然出莲池上,台上之亭则剪茅为之,又有结柏为亭者。墙垣,或编竹,或树柏。因为是"就山为园",又用旁借艺术方法,使邻山为我所有,故登台即可触及西南之斗山,东之华屏山,主人自署曰"手扪屏斗","勒之石而

---

① 《太函集》卷七二《曲水园记》。
② 《太函集》卷七四《水嬉记》。
③ 《歙事闲谭》卷五《溪南曲水园》。

卧之”，因此未花大气力运石叠石。此园似缺水，有池，池上建水榭，有阁，“壁为绮疏，有潴水当牖下”，有“蓬池”、“菊渚”，含惜水之意。虽铺地树石也具水意，“北攒黟石数峰，宛在洞庭之渚，密布石卵，为地黑白成文”。得一井也甚贵之，“池东得美井一，碑曰灵露泉”。入园，随处可见古树名花，布置山石池水、亭台楼阁之间，“当楼群木林林”；“长春陌”西边隙地，“什七树桃，什二树梨，什一则山茶也”；“绕台而树者，为芍药，为古梅，为绯桃”；“绕亭而树者，为玉兰，为红梅，为辛夷，为绛桃，为素桃，为雪球，多名卉”。仿佛一座植物园。

主人汪氏为何要造园？他自言喜佚，园能使他安乐，成为他的归隐之地（“菟裘”）；他喜放，园能使他“放而不羁”；他喜“高视”，园能使他登高纵目，蜕然脱乎尘俗市嚣。也就是说，为了实现自我，“不失故吾”，寻求和满足个性的自适，个体的乐趣，反映了明代中后期文人个性意识的觉醒，并渗透于造园的动机目的。汪氏造园不仅在于满足一己之乐，追求自适自遂，尤其可贵的是，还有“乐与人同”、“各遂其遂”的思想，也唯其如此，个人方能获得真正的乐趣。因此其园常开，任客自由进出。

自遂则傲，傲则凶，遂人则偕，偕则乐。且也百鸟遗音，朝隮夕月，天之章也，莫非我也，则亦莫非人也；松筠弥望，众卉代兴，地之章也，莫非我也，则亦莫非人也；亭榭台池，曲房飞观，大块假我以人官之能，莫非我也，则亦莫非人也。与其为夜壑，吾宁为春台。是故客翛然来，应门者入之。吾何敢拒？客翛然去，应门者出之，吾何敢留？宁讵乐与人同，陶陶然各遂其遂而已。①

汪氏用古代哲人关于天文、地文、人文的思想来阐释园林的美学构成要素和园林的归属，既属园主个人，也属于天下众人。天之文如日月，地之文如松竹，本属于天地，人之文如亭台楼阁以及人之审美官能也是大地所赋予，园林集天文、地文、人文于一炉，自应与众人共享，而不可独自享用。汪氏为人胸襟和园林思想深得汪道昆的赞赏：“大哉恢恢乎！”

四、园林美学之“中度”说

不少徽州园林往往承载着太多的功能。有居住的功能，甚至合家聚居一处，就要建造许多住房和有关生活设施，季园主人吴氏举九子，造九间房，庐列于主建筑“石壁山堂”之侧。有既耕且读的功能，园侧置田亩场圃，筑农舍，园中有书房、藏书楼。徽俗盛行尊祖敬宗，宗有宗祠，家有家庙，园林主人为追念祖先、垂教后人，也建纪念性质的祠堂之类建筑，季园有“承恩祠”，遂园有“思初祠”、“荫堂”。徽人笃信儒学，尊重朱子，遵晦园立朱文公祠，尊道也，为后世师。主人们也礼佛，敬道教，以祈福祉，季园东为“众香阁”，“以奉瞿昙”（释迦牟尼）。季园主人则合儒法道三家，各有建置，其“古佛庵”以供观音大士，“玄玄室”以奉玄武大帝，道旁间植卢橘、丛桂则

---

① 《太函集》卷七七《遂园记》。

"若七十子之引孔辙"。此园包容儒法道三家,"其象函三,万法一矣",可见主人思想的融通。徽州园林承载的功能多,相关建筑也多,加之楼阁亭台等景观建筑种类繁、密度高,这样势必挤压园林的空间,削弱游观审美功能,显得厚重富丽有余,轻灵淡雅不足,人工较重,天趣略乏。

对徽州某些园林的不足之处,汪道昆已有所察觉,他曾比较过吴、徽两地园林:"夫吴会以名园盖当世,则山诎而水赢。新都保界群山,水诎矣;其不诎者,皆人力也,卒莫能胜天。是园都山水之间,殆天胜矣。"①吴地园林得天独厚的地理条件是水多,故其园多以水胜。惟山少耳,然太湖石闻名天下,吴人也善叠山。徽州多山,出产奇石,故其地名园常以借山景叠假山取胜。又由于少水,每每多用人力挖沟凿池,其胜终不及天然之水,"皆人力也,卒莫能胜天"。但也有例外,如季园"都山水之间,殆天胜也"。汪道昆论造园,评徽州园林,未尝轻视人工、人力,更注重山水天胜,包括自然山水和人造山水。他在论及园林的华朴、文质、天人关系时,还提出"中度"、"中制"的美学准则。通常简朴的园林或"俭于文",即文采不足;华美的园林或"害于雅",即有伤大雅。吴氏曲水园"乃得中制",有可取之处,"有足术者"②。又称吴氏季园兼得人力与天胜,"其制最为中度"。又以"人不胜天、文不灭质"来评价、赞许蒋氏黄山祺中之园③。汪道昆根据古代天人和合、文质彬彬、华朴兼美的哲学和美学思想,并结合自身"周游四方"、观赏各地园林特别是徽州园林的审美经验,提出"中制"、"中度"的园林美学观,很有见地,对造园实践也有指导意义。

---

① 《太函集》卷七四《季园记》。
② 《太函集》卷七二《曲水园记》。
③ 《太函集》卷七二《祺中记》。

第四章 散曲名家咏园

园与曲这对姐妹艺术相辅互辉。楼台水榭，画堂曲栏，花前月下，树荫石畔，园林为歌喉丝竹提供最优美的演奏环境，在幽美的画境中奏乐，其声越发悦耳动听。中国园林建筑作为一种视觉艺术，尤具听觉艺术的美感，有空间结构的节奏感，又有山泉风雨树木禽虫天籁之音，故在造型艺术中我国园林艺术最具音乐美。园林幽境宜歌宜舞，"凤楼中几度吹箫，牡丹亭歌彻清平调"，"花雾中银筝斜抱，粉香中檀板敲"①，人籁与天籁相和，幽静的佳境多了几分乐感，增添画外之音和欢乐气氛。善曲者多好园，反之亦然。明中叶散曲兴盛，园林也处在振兴期，其时散曲名家康海、王九思、夏言、金銮、冯惟敏等都雅爱园林，并建有自家园林。他们都谱写了不少以园林为题材的散曲作品，开辟了曲苑的新生命，他们对园林的精鉴雅赏，丰富了园林美学思想。

第一节　康海、王九思咏园

一、关中学术　文章与园林

明代中叶成化、弘治、正德、嘉靖四朝，园林发展欣欣向荣，繁华的江南自不必说，他如齐、鲁、山、陕、皖、赣、湘、鄂、闽、粤、滇、蜀等南北广大地域都有兴建。西北园林当数西安最盛。西安古称长安，周、秦、汉、隋、唐皆建都于此，每个朝代都大兴土木，建造规模宏大的皇家园林，如周之灵台、灵囿、灵沼，秦之上林苑、咸阳宫、阿房宫，汉之未央宫、甘泉宫、建章宫，隋之大兴宫、芙蓉园，唐之大明宫、兴庆宫、三苑、曲江池、华清宫。唐代王公贵戚，将相显要，每在都城置宅园，如岐阳公主、长宁公主、太平公主之园池，宰相李林甫、杨国忠，名将郭子仪、马璘、李晟之亭馆，皆极豪奢靡丽。其显贵及名士又在郊野风景区选胜辟园，别业精舍相接，"公卿近郊皆有园池，以至樊杜数十里间，泉石占胜，布满川陆"②。"樊"指樊川，"杜"指杜曲。樊川在长安城南二十里，清流逶迤如带。水之曲处，为韦、杜二巨族世居之地，称"韦曲"、"杜曲"，并称"韦杜"，二氏皆有庄园亭池。《长安图志》载："韦杜二氏，轩冕相望，园池栉比。"其时俗谚云："城南韦杜，去天尺五。"③言其贵盛，近傍皇城，深得天子恩宠。樊川杜氏家族最显赫最知名的人物莫过于宰相、史家杜佑及其孙诗人杜牧了，《新唐书》卷一六六杜佑本传云："朱坡、樊川，颇治亭观林苑，凿山股泉，与宾客置酒为乐。子孙皆奉朝请，贵盛为一时冠。"韦曲则有唐中宗韦后宗人所置，宋之问《春游宴兵部韦员外韦曲庄序》云："万株果树，色杂云霞，千亩竹林，气含烟雾。

---

① 金銮：《早春西园宴集赠徐王孙》，谢伯阳编《全明散曲》，齐鲁书社，1994。
② 清雍正《陕西通志》卷九三《艺文九》。
③ 周云庵：《陕西园林史》，三秦出版社，1997，第 158 页。

激樊川而萦碧濑,浸以成陂;望太乙(终南山)而邻少微,森然逼座。"①都城西南郊蓝田县溪谷间有王维辋川别业,东郊浐、灞二水之间也是官僚和文人别墅闲居会集之地。唐代长安私家园林盛极一时,五代之际,战乱频仍,赵宋以还,都城迁移,政治之隆替,经济之升降,文化之兴衰,都发生巨大改变,汉家宫殿,唐代苑囿及众多城市宅园和郊野别业,大都毁灭不存或埋于荒原,而宋元以来关中私家园林的数量、规模、美学效果很难与汉唐时代匹敌。经过一千多年衰微期,到明代中叶正德、嘉靖间,西安园林渐露复兴的气象,与江南园林的繁荣几乎同步,或稍晚于后者。这一文化现象值得注意。

明代中叶西安园林的复兴和其时其地文化学术的昌盛密切相关。明代关中学术源于明初大儒薛瑄(1386—1464年)。瑄字德温,号敬轩,山西河津人。永乐进士,天顺间拜礼部右侍郎兼翰林院学士,入阁预机务。其学一本程、朱,又重践履,居家八年,从学者甚众,在西北诸省影响很大,陕西人张鼎、段坚、薛敬之、李锦等皆其传人。薛敬之,字显示,号思庵,西安渭南人。成化初,以岁贡生入国学,与同舍陈献章并有盛名。其门人吕柟最著。吕柟(1479—1542年),字仲木,号泾野,西安高陵人。正德进士,授翰林修撰,官至南京礼部右侍郎。《明史》本传云:"柟受业渭南薛敬之,接河东薛瑄之传,学以穷理实践为主。官南都,与湛若水、邹守益共主讲席。仕三十余年,家无长物,终身未尝有惰容。时天下言学者,不归王守仁,则归湛若水,独守程、朱不变者,惟柟与罗钦顺云。"他在学界与重量级人物王、湛等齐名,平生好讲学,几十年不疲,在南京做官时,吴楚闽粤之士从学者百余人。西安士子也纷纷从学,如泾阳吴潜、张节、郭郛,咸宁李挺,皆著录于《明史·儒林传》,泾阳、咸宁二县均属西安府。黄宗羲评泾野学派云:"正、嘉间诸生,从泾野学,孤直不随时俯仰。"②关中泾野之学为明初薛瑄河东学派支脉,也有自身的地域特点。

关中学术又有"三原"一派,开创者是明代前期与中期交替之际名臣王恕(1416—1508年)。恕字宗实,号介庵,晚又号石渠,西安三原人。正统进士,弘治间进吏部尚书,正德三年(1508年)卒,年九十三,谥端毅。《明史》本传赞誉其人品与政绩:"恕扬历中外四十余年,刚正清严,始终一致。"又好学不倦,在家闲居,编辑《历代名臣谏议录》百余卷,年八十四而著《石渠意见》,八十六为《拾遗》,八十八为《补缺》,"其耄而好学如此"③。其少子承裕,字天宇,号平川,弘治进士,嘉靖六年累官南京户部尚书,帝手书"清平正直"褒之。"登第后,侍父归,讲学于弘道书院,弟子至不能容。冠婚丧祭,必率礼而行,三原士风民俗为之一变"④。平川能承家学。其弟子马理,字伯循,号溪田,亦三原人。曾游太学,与吕柟、崔铣相切磋,名震都

---

① 李浩:《唐代园林别业考录》,上海古籍出版社,2005,第35页。
② 黄宗羲:《明儒学案》卷八《河东学案下》,中华书局,1986。
③ 黄宗羲:《明儒学案》卷九《三原学案》,中华书局,1986。
④ 同上。

下，高丽、安南使者慕之重之，举正德九年进士，以事归，教授生徒，从游者众。马理"学行纯笃"，"与吕柟并为关中学者所宗"①。还有朝邑人韩邦奇、富平人杨爵、蓝田人王之士，三县皆属西安府，又同属三原学派。此派与薛氏河东学派有渊源关系，黄宗羲云："关学大概宗薛氏，三原又其别派也。其门下多以气节著，风土之厚，而又加之学问者也。"②

　　弘治、正德年间，文学复古思潮流行，推动了文学的发展。康海云："我明文章之盛，莫盛于弘治时。所以反古俗而变流靡者，惟时有六人焉，北地李献吉、信阳何仲默、鄠杜王敬夫、仪封王子衡、吴兴徐昌谷、济南边庭实，金辉玉映，光照宇内，而予亦幸窃附于诸公之间。"③李梦阳、何景明、王九思、王廷相、徐祯卿、边贡六人，以及康海本人，时称"七才子"，亦即"前七子"，以别于后来王世贞、李攀龙等"后七子"。李、何七子除徐祯卿是南人(江苏苏州)，其余六子皆北人，其中二人武功康海和鄠县王九思并为陕之西安府人氏。七子有其二，已见关中文学在当时的重要地位了。康、王二子周围尚有韩邦奇及其弟邦靖(人称"关中二韩")，康海之甥张炼，又与杨武、张治道等同乡均有唱和。治道，字孟独，长安人。正德进士，官刑部主事，与部僚薛蕙、胡侍、刘储秀为诗社，都下号称"西翰林"。以病乞归，与康海、王九思"遨游中南、鄠杜间，唱和无虚日"④。康、王二子早年以诗文得名，及斥逐罢归，"沪东、鄠杜之间，相与过从谈宴，征歌度曲，以相娱乐"⑤，遂为北方散曲"领军人物"。康海与当时名宦、名士、名儒如杨一清、陆深、湛若水、李开先等都有交谊，至于七子之间关系更密切了。康海和王九思还受到吴地青年才俊白悦的景仰追捧。白悦(1498—1551年)，字贞夫，号洛原，常州武进人。出身世家名门，大父昂，刑部尚书，父圻，都察院右副都御史，并有惠政功德。悦少负俊才，善文词，举嘉靖十一年(1532年)进士，授户部主事。为人恢廓豪爽，好接交海内名士，素仰康、王文名，乃入关谒之，"两公见白公与语，大惊喜，皆留其家数十日乃发"⑥。别时，康海作《送白贞夫序》，王九思咏《送白贞夫八首》，三人共同谱写了一段文坛佳话。康海、王九思与同郡名儒吕柟、马理也有乡谊。康海【北中吕·普天乐】《有怀十君子词》称颂吕柟"千人器宇，绝代豪贤"，赞美马理"关西凤羽，世上真儒"。一代名臣杨一清对吕柟、马理、康海三人学问文章十分赞赏："康生之文，马生、吕生之经学，皆天下士也。"⑦吕柟、马理、康海及王九思，是关中学术、文章和文化昌盛的标志，也是正、嘉之世影响及于海内乃至外裔的人士。关中园林艺术正是在上述文化环境的催生下发展起来的。

①　《明史》卷二八二《儒林一》。
②　黄宗羲：《明儒学案》卷九《三原学案》，中华书局，1986。
③　《对山集》卷一〇《渼陂先生集序》，《四库全书存目丛书》本。
④　钱谦益：《列朝诗集小传》丙集《张主事治道》，上海古籍出版社，1959。
⑤　钱谦益：《列朝诗集小传》丙集《王寿州九思》，上海古籍出版社，1959。
⑥　王维桢：《尚宝司丞洛原白公悦墓碑铭》，景印《献征录》卷七七，上海书店出版社，1986。
⑦　《明史》卷二八二《儒林一》。

明代中叶学者多好讲学授徒，蔚成风气，而园林则是静修研学、传道授业的最佳场所。吕柟"所至讲学"，"正德末，家居筑东郭别墅，以会四方学者，别墅不能容，又筑东林书屋"①。马理恬于仕进，屡进屡退，"每出不一二年即归，归必十数年而后起"②，一生居林下之日多，小园花下亦得其乐。马先生六十六诞辰，康海作散曲【双调·新水令】《寿溪田先生》贺之，句云："山堂近水村，花坞开新酝。同予闲散人，共遣风流蕴。"风雅之士尤爱选胜筑园，诗酒歌舞，以寄闲情逸致，旷怀幽愦。康海之浒西、浒东二园，王九思之春雨、碧山二亭为其典型。其亲朋中文士也往往有自家园池，如张潜之东谷草堂，东汉之渭川精舍，马应祥之公顺园，吕氏之北泉精舍，符氏之浒园，康海从弟康浩之南川园，海之甥曲家张铢亦有园，其【北双调·河西六娘子】《饮中四首》其三前二句云："十亩园林万种花，翠云亭不近繁华。"这一座座私家园林点缀于鄠杜、浒东一带青山绿水之间，路程相去不远，分布相当密集，建筑格调野而文、朴而雅，颇似江南郊园风致，难怪康海要自矜自赏其园了，"这其间瞧破俺，小园林不说江南"③。其园主人多为学者文人，而非显贵豪强，体貌远不及汉唐宅园别墅宏大奢华，却有天然之韵。跨越约八百年历程，迨至明代正、嘉间，关中私家园林这才显现复苏振兴的气象。

二、小园亭游息胸襟大④

康海(1475—1541年)，字德涵，号对山，别号浒东渔父、浒西山人，陕西武功人。弘治十五年(1502年)殿试第一，授修撰。正德三年(1508年)⑤，为救李梦阳坐党附刘瑾落职，永不复起，放归三十余载卒。居官时，与李梦阳等倡言复古，称七才子，及斥逐田里，每与王九思等相聚浒东、鄠杜间，征歌制曲，以山水园亭、声伎自娱自乐。有诗文集《对山集》、散曲集《浒东乐府》、《浒东乐府后录》、杂剧二种，又纂《武功县志》。

康海浒西、浒东二园，在武功城南郊约五里，皆临水而构。县志载浒西庄："浒西，漆水之西也，为康太史对山别业，因自号浒西山人。其地去县南五里，今土人皆称其旁村落为浒西庄。"又载浒东庄："浒东，在漳水东岸，有草堂曰杏花亭，为浒西别舍，故康公又号浒东渔父。明启、祯间贼乱，与浒西俱毁。"⑥浒西庄是康海经常栖居之园。散曲集《浒东乐府》以此园为题者甚多，如《浒西即事》、《浒西小集》、《步过浒西作》、《浒西赏花》、《浒西喜诸老过访》、《再缮浒西》、《重缮浒西别业》等，尝经多

---

① 《明儒学案》卷八《河东学案下》。
② 薛应旂：《南京光禄寺卿溪田马公理传》，《献征录》卷七一。
③ 陈巘沅编校、孙崇涛审定，《康海散曲集校笺》，浙江古籍出版社，2011，第117页。
④ 《浒东乐府后录》下卷【中吕·醉高歌】《春游有感》，陈巘沅编校、孙崇涛审定，《康海散曲集校笺》，浙江古籍出版社，2001。以下所引康海散曲俱见此书。
⑤ 《对山集》卷一三《浒东灵药记序》："予自戊辰归田。"戊辰即正德三年。
⑥ 清雍正《武功县志》卷一《地理》，景印《中国地方志集成》本。

次修缮，一直伴随着他到老，度过三十多年逐归田里的生涯，《六十五作》自寿曲云，“浒西庄日日盟鸥鹭。”此庄属郊野园林，规模小，主人自称“小园林”、“小园亭”，“小庭”、“小池”，茅屋数间（自云半间，极言其小），屋内轩窗小，蒲团小，床亦小，“过园林坐小床”，书籍却不少，“满架牙籤”。园内园外植物品种繁多，如松、竹、梅、槐、桃、杏、菊、荷、牡丹、荼蘼、海棠、石榴等等。中辟草径，隔以花栏，园虽小而有层次，有幽深感，而不见局促填塞。疏篱为墙，屋绕绿水，门对青山，“青山映门水绕除”，“青山绿水绕柴扉”，“万里平芜，一望绿色”，环境绝佳。在西北地区竟出现酷似江南的私家园林——较之江南园林更见平远清旷，令人惊叹。试举几首康海散曲以见浒西庄之美与主人园居之乐。小令【正宫·醉太平】《浒西即事》四首云：

许多时困苦，那里讨欢娱？匆匆节序又春余，恰归来此庐。雏鹰远远啼深树，修篁叆叆遮茅屋。重门款款歇肩舆，请渔翁坐语。

看千章夏木，映万里平芜。南城一望绿模糊，似王维画图。有山有水无拘束，宜歌宜舞无忧虑。不丰不俭好规模，请先生自睹。

翠嵬嵬碧山，绿渺渺柔澜。半生唯有这其间，尽持杯换盏。游丝万缕垂杨岸，香风十里桃花涧，轻蓑一笛晚云湾，这逍遥是罕。

醉时节放歌，醒已后评跋。百年身世渐无多，且随时过活。浇花种竹闲功课，烹鸡漉酒权安乐，铺眉扇眼强开阖，甚名缰利锁。

这四支曲对园林本身仅点出“茅屋”而已，而对园之周遭环境景色则详加描绘，层层渲染。此园位于城南郊外，平芜万里，绿色弥望，层林森耸，远山近水，垂杨岸，桃花涧，深树莺语，修篁掩屋，如一幅王维山水画，园只占其中小小一角。由此可以想见茅屋中人定非凡庸之士。作者正是用画家的艺术方法来处理这座小园的。散曲还抒写园主人即作者的园居生活和恬静的心情。他被逐不久，“恰归来此庐”，摆脱了“名缰利锁”的束缚，尽情享受家乡“碧山”“柔澜”之美，无拘无束无忧无虑地度过后“半生”了。【水仙子】《水居》二首也是写浒西庄的：

一溪流水一重山，万缕云烟万顷滩。四时花柳佳无限，许东君随意拣。小蒲团不够三间。石鼎黄鸡馔，青篱紫芋栏，又何须画戟朱幡。

小桥西岸野人家，十里垂杨数亩瓜。春来帧出王维画，那般儿不俊杀。灿疏篱几点桃花，门对青山下，园围绿水涯，窗屯竹丹霞。

浒西别业从建筑设施看其实很简陋，没有楼台亭阁，只有茅屋三间，但它又何尝不是一座别致的园林呢？这个“野人家”与一望无际的田野平芜山水滩涂，与十里垂杨数亩瓜田的环境非常融洽，清佳的自然环境是建构郊野园林的基础。有优美的自然环境作依托，稍加拾掇打理便能建起一座颇具品味的园林。康海只在篱落、门向、窗户和溪流的设置、引导方面作了一些设计，使门对青山，园围绿水，疏篱上点缀几枝桃花，窗户掩映翠竹与丹霞，美丽极了，“那般儿俊杀”，巧用匠心，顺乎天然，充分表现了郊野园林的清远简朴之美。主人居其间，尝不到玉盘珍馐，但有农家"黄鸡"、"紫芋"下酒,也满足了,体会到临画戟乘朱轮的权贵是不值得艳羡的,这是园居生活带给他的好心情。

浒东草堂又称南庄,在浒西别业附近。【满庭芳】《浒东自饮作》四首,其第一云:

君门谢宠,幽林卜筑,茅舍潜踪。牙章紫绶难陪奉,质本疏庸。界道泉金喷玉涌,当门岫翠裹烟浓,好鸟风前弄,看山杖筇,人在画图中。

园址也选在山水秀美之地,此处泉水"金喷玉涌",远望岫岚缭青纡白,又闻林鸟弄音,主人则倚仗看山,此又是一幅山水图画。第三首说"开小池籨泉种藕",第四首说"一间茅屋,万点苍苔",关于此园屋宇的交代仅此而已,笔墨所注仍重在园外山水环境和主人园居生活体验。作者自言,"趣远心疏"、"情舒意解",心情挺好。明明是遭朝廷废黜,却说"质本疏庸",还要感谢君王放他归山,卜筑幽林,从此成了"无荣无辱闲人物",表述委婉,所谓怨而不怒也。此亦山水园林抚慰所致,使人的心灵趋于平静恬淡。【双调·新水令】《九日同六甥于浒东集》尾曲云:"玉山颓休把眉峰控,草堂宽且把心君纵。落木匆匆,潭水溶溶。唱道迳满金铺,岩添翠耸。橘绿橙黄,渐渐把年光送,觑了这老圃秋容,合趁取画帧里园亭约知音将闷怀哨。"碧潭翠岩,橘绿橙黄,园亭草堂,这如图如画的环境,是能够驱散愁绪闷怀,疗治人的心病而获得健康的。

康海观照、描绘山水园林,重在凸显其洁净、清彻、宁静,以反衬朝廷政治环境的浑浊、恶劣、凶险。在康海咏一年四季景色散曲中,以秋为题者独多,如《秋望》、《秋兴》、《中秋》、《新秋》、《秋日》、《秋感》、《九日》、《初秋》、《秋日即事》等。历代潦倒失志的文人逢到萧瑟肃杀的季节,每每发为愁苦之词,宋玉当为悲秋之祖了。荣获状元桂冠,登上科举功名极顶的康海,竟被蒙上阿附宦官权奸刘瑾的罪名和奇耻大辱,而被削夺一切官职,废为平民,此后再也没有复起,遭受的政治打击是沉重的,按常理揣之,逢秋免不了要触景伤情而发悲苦之音,可是他没有。他写秋景秋容秋声秋色,带有褪去浓华粉饰的淡远清真之美。【水仙子】《中秋》云:"碧空如洗晚云消,素魄当秋桂景摇。"【南吕·一枝花】《秋兴》云:"波澄木叶飞,秋老山云淡","坐崇峦天阔烟微,临曲沼荷枯茭减。"【正宫·端正好】《秋兴次湙陂先生韵》首句云:"霜降水收痕,木落山缄绿,淡烟衰草横铺。黄花烂漫梧桐坞,掩映着西岩路。"【越调·斗鹌鹑】《中秋》云:"溽暑初消,金风渐老,珠斗宫移,瑶宫翳扫。雨歇丹霄,波涵翠沼。"又云:"光辉澄彻,魄象沉寥,气骨森萧。才度疏林又小桥,是何绰约,堪赋堪题,难画难描。"身临其境,只觉得秋色无限美,"是何绰约",虽木落霜降,草衰荷枯,亦美。中秋之夜,他豪情大发,"纵豪吟举杯看太空,怕秦娥玉箫惊凤",不见愁容惨淡,不发长吁短叹。人道春色短暂,他劝人赶紧欣赏秋光,"趁秋光目尽酣","休直待秋色暮天昏地暗,且看篱边黄菊,户外晴岚"。小令【红绣鞋】《秋望》仅六句:

扑翠色秋山如靛,涌寒波秋水连天。西风黄叶满秋川,秋唤起天边雁。秋折尽水中莲,秋添出阶下藓。

秋山、秋水、西风黄叶、天边飞雁、池上枯荷、阶下绿苔，一句一景，由远而近，由空而陆，由秋山翠色而秋水寒波，由天上禽鸟而园中花草，组合成一幅关中原上山水园林秋色图，高远苍老，精细深秀，如其地北宋画师李成、范宽笔墨丹青。康海写冬景同样兴致很高，景致也美，并无暗沉苦寒之象，而具光明鲜亮之色。【水仙子】《冬日作》："冻云催雪起山腰，衰草迎风茸兔毫，茅檐醉舞山妻笑。"莽莽原上，山腰冻云密布，大雪将至，连天衰草，柔弱纤细如兔毫，随风起伏，茅檐下，男主人公对景醉舞，其妻见状也觉好笑。三句皆白描，笔笔如画，表现了作者的豪情快意和独特的审美观照。康海爱赏雪景，此时天地改容，上下一白，洁净光明，如神仙世界。【中吕·粉蝶儿】《立冬》："地涌出琼瑶林谷，山藏了翡翠旗纛，想天工变幻果谁如？佛氏玻璃境，仙客水云居，有尘氛能近否？"他赞美造化"天工"的神奇，人巧画手难以描摹。【越调·斗鹌鹑】《雪》："天工化育本幽微，腾六空（空疑作宗）传字。映物侵眸偶然事，枉思惟，光明参爽灵致。承风偃欹，当曦狼藉，是谁能摹写半星儿。"漫天飞雪，遍地狼藉，作者兴致高涨，"雪愈急，兴愈驰"，敞开浒西山园柴扉，饮酒吟诗，看小儿堆雪人，刻雪狮："小酌向闲亭浒西，微吟在种菊疏篱。稚子当阶刻小狮。斟桑落（酒名），敞园扉，堪怡。"康海散曲歌咏春天的更新气象、鲜艳物色，赞颂大自然的运化神工。【南吕·一枝花】《春赏》首曲：

　　和风动碧天，淑气回春峤。长堤翻嫩柳，深涧点天桃。暖律初交，已显鸿钧造，谁知大化饶。遍天涯芳草葱菁，满园陬浓华窈窕。

将春天的美丽归结为"大化"、"鸿钧"的运作，立意高远，赞赏天地之大美。既然大自然将如此美景赐予人类，那就应该好好享受，莫错过了大好光景，辜负了天地的一片美意。尾曲云：

　　也待要护春园不许东风虐，怎禁他赶暮景频将花片抛，绿暗红稀百忙闹。黄莺声恁娇，绿杨烟恁好，错过了如此春光兀的不可惜了。

与一般词人叹息无可奈何花落去的哀伤情调不同，此曲着重劝人力挽加勉，情绪是积极向上的。康海也赏爱暑夏光景。【南吕·一枝花】《夏赏》凡三曲，以园林为背景，描绘花木之繁盛，禽鸟之欢快，铺陈夏日园居种种乐事，全无怕热畏暑之色，首曲云：

　　新荷点绿钱，浓柳团苍盖。朱樱云外摘，白鹭水边来。芍药方开，帘卷葵榴色，歌移莺燕猜。望层台灌木阴阴，看曲沼纤蒲蔼蔼。

园内植物繁茂，远的、近的，有陆生、有水生，形形式式，水边白鹭飞翔，树上莺歌燕语，这清凉世界，暑气不侵，怎不令人愉悦赏爱？这也是可亲可爱的自然生命造就的呀。次曲铺写园居种种情事，淋漓尽致，欢快跳跃，水亭边唱歌跳舞，"闲调《金缕》，笑引鸾钗"，庭院中举杯痛饮，"雄吞碧碗，醉舞苍苔"，又做各类游戏，"戏鞠藏阄"，"打马铺牌"，"有时节小桥边趁清波微歌欸乃，有时节疏篱外借凉阴俯视谈谐"。生态良好的地方即使在暑夏季节也能给人带来凉爽和快乐，故作者劝人应当珍惜这黄金难买的"美景良辰"。尾曲云：

> 虽不似流金铄石三伏届，怎生他翠绕红围一字排，美景良辰好宁耐。有花香月色，有佳人俊才，似这等着紧光阴便有那万两黄金向谁买。

总之，一年四季好光景，都值得游赏。【越调·斗鹌鹑】《雪》尾声云："四时好景劳君记，雪月风花是已，上上品照乾坤，千千年瑞家园。"风花雪月，四时好景，是大美，"上上品"，显示了天地的灵奇，千年万载永远是家园祥瑞的征验。自然生境、山水草木与审美活动乃至家园祥和都有关联，所以四时好景须要人们热爱它、品赏它、保护它。这种生态意识和审美意识在康海散曲中已有所表现了。

康海咏园散曲展现了两个世界：一个是关中莽原上的自然世界，一个是他自身的心灵世界。他以今日之我与昨日之我两相比照，来表明他的人生态度，其中反思、自省、感悟、觉醒颇多。【越调·斗鹌鹑】《重缮浒西别业》：

> 堂寝重新，垣墉再起。座榻生辉，阶墀就理。卉木呈妍，川原抱碧。列仙庐，处士室。炼药弹琴，耘云钓水。　　【紫花儿序】一任他花开花落，物换星移，腊去春回。则晓的闲观南浦，散步西溪，纵目前陂。四体逍遥万虑毕，甚繁华相干系。啸傲羲皇，将息么微。　　【小桃红】少时豪气与天齐，觑魏、霍如儿戏。紧自投闲便忘世，行检暗中亏。疏狂放浪无巴臂。只知恁的，诓思今日，自将勋业路儿迷。
>
> 【秃厮儿】因此上将错变美，因此上借景腾辉。肆意安心斝酒杯，无妄想，省惊疑，安栖。　　【圣药王】脚步儿实，魂梦儿喜，四时风月紧相随。翠筱中，芳树底，夕阳西下笑扶藜，似身葱御香归。　　【尾声】瑶池弱水人空觅，得尽老于斯足矣。每日家开户牖见南山，恰便似坐丹青迎角里。

经过休整的浒西别业，里外鲜洁，面貌一新，洋溢着一派喜气。主人优游其间，或出门散步赏景，动静咸宜，无往不适，连走路也踏实，做梦也喜悦，认定这就是他的终老之地，"得尽老于斯足矣"，生活在无忧无虑如图画般的天地里已十分满足了。追悔少年时豪气冲天，自以为博取"魏、霍"（卫青与霍去病，魏当作卫）卿相有如儿戏，到头来又如何呢？及罢归乃觉昔时行检有亏，"自将勋业路儿迷"。然而遭此跌挫又安知非因祸得福，"将错变美"。康海经过一番内心痛苦交战、认真反思，始觉悟到今是昨非，人生观起了大变化。他庆幸自己脱离了"龙争虎斗"、追名逐利之场，"蜗名蝇利何须道，蜂屯蚁聚由他闹"；勘破功名富贵的虚幻，"富贵如飘瓦"，"荣华似电逐"，即使身致青云也不踏实，更不自由，"提心吊胆为卿相"，"石狮子不可骑，铁馒头休便吃"。这些刻骨镂心之谈包含作者深切的体验，对深陷科举功名泥潭而不能自拔的士子不啻是一帖清凉剂、醒酒方。回归故庐，他非常珍惜家庭天伦之乐，以及邻里间那种纯洁天真的情谊，这就是他品尝不尽的所谓"天然味"。【中吕·朝天子】《遣兴》四首之二："杖藜，步畦，不作功名计。青山绿水绕柴扉，日与儿曹戏。问柳寻花，谈天说地，无一事萦胸臆。丑妻，布衣，自有天然味。"【中吕·醉高歌】《浒西即事》叙说邻里之情:"又管甚村南村北,庄前庄后,溪左溪西,他来我去无回避,衡一味喜笑欢怡。"这才是人间的真情纯情,扫除了污垢和伪装,回复到人性的本真。回想当年在朝为官,蒙受不白之冤,使远在家乡的妻子也感到大祸临头,焦急万分,柔肠寸断。【中吕·粉蝶儿】《己亥元日》回忆当年情景:"忆年时,歪情况。山妻伏枕,巫觋盈堂。惊惶十二时,风浪三千丈,似醉如痴言难状,那里讨喜笑徜徉。孤衾短床,神劳梦想,泪眼愁肠。"康海伉俪情笃,悬想出事那年妻子惊恐万状、忧愁百端情态跃然纸上,摹山水,写人情,都是白描手。今昔对比,倍觉家庭的温暖,天伦之乐的珍贵。【越调·寨儿令】《漫兴》又云:

> 虽是穷,煞英雄,长啸一声天地空。禄享千锺,位至三公,半霎过檐风。马儿上才会峥嵘,局儿里早被牢笼。青山排户阔,绿树绕垣墉。风,潇洒月明中。

> 南亩田,北溪园,荷锄带蓑心自便。晚照晴原,翠竹鸣泉,随处尽堪怜。喜山妻酿酒能甜,爱痴儿诵曲成篇。也何须红袖舞,也不索大官筵。仙,快乐任年年。

作者鲜明地表现了他的人生态度,以为富贵爵禄不可羡不足恋,它瞬息即逝有如"过檐风",又吉凶难卜,才显峥嵘即入牢笼;唯有与青山绿水为伴,与荆妻稚子欢聚,最安适最长久,才是人生之归宿。二曲豪情洋溢,好恶分明,笔调铿锵有力,诙谐有趣。曲之末句,"风,潇洒月明中",是光风霁月胸襟的写照;"仙,快乐任年年",是逍遥自在风度的表露。这便是康海屡屡自许的"粗豪",一个关西汉子的气魄和性格。

康海将他描绘的山水世界比作图画,比作"王维辋川",此类比喻频频出现。说明他对山水的一片深情,也说明关中山水确实很美。他又说奇丽的山水难描难画,用语言文字和笔墨丹青都难传神写照,但他还是出色地承担起为家乡山川风物写真的职分,成为曲坛描绘山水的一大家、白描手,与其同乡先贤李成和范宽用画笔摹写北方山水均可载之史册。康海对于自我心灵世界,重在抒发摆脱功名富贵束缚,享受山水之乐、天伦之乐的愉悦感、自由感,也是他经常提及的一个"仙"字,"看山玩水兴悠然,这情闲似仙","便是活神仙","名园优游便是仙"。两个世界,山水与自我,境与心,画与仙,"人在图画中","人似画中仙"二者交融一体。连接画与人、境与心两个世界的中介便是园。园虽然在山水巨幅中只占小小一点、一角,却拥抱广袤山河,并为居中人提供一个"安乐窝",激发他胸中万种风情,康海【中吕·醉高歌】《春游有感》尾声吟道:"小园亭游息胸襟大。"这大胸襟气吞江河云山,情关世事人生,小园亭而寄寓大胸襟之人,故园小而实大。山水、园林、主人,三位一体,相辅相成,以之标示康海山水观、园林观、人生观之一端,也未尝不可。

三、坐小园四时佳兴美相连①

王九思(1468—1551年),字敬夫,号渼陂,别署碧山野叟、紫阁山人,陕西鄠县

---

① 王九思:【南仙吕·傍妆台】《急煎煎》。谢伯阳编《全明散曲》,齐鲁书社,1994,以下所引王九思散曲俱见此书。

(今户县)人。弘治九年(1496年)进士,由庶吉士授检讨,寻调吏部,至郎中。亦以附刘瑾获罪,谪寿州同知,复勒致仕,时年四十五岁,后半生放浪声伎,纵意园亭,"年年行乐在锦亭侧"[①]。著有诗文集《渼陂集》、词集《碧山诗余》、杂剧《中山狼》、《杜甫游春》、散曲集《碧山乐府》、《乐府拾遗》、《南曲次韵》等。

九思居鄠县西域,其曲有云"春梦绕城西","远不出城西路",宅后有园,占地十亩许,曲所谓"老景迟回,十亩田园得早归",故称"十亩园"。县志载:"十亩园,即渼陂书院(盖为后世所改),内有春雨亭,康对山为之记,又有且坐亭、紫阁峰。"[②]这是明代关中地区一座典型的县城文人宅园,研究陕西园林史者鲜有论及。春雨亭为此园主景,也最有名,主人散曲常常歌咏它。此亭始建于嘉靖二年(1523年),由弘治十二年(1499年)进士,右副都御使陕西巡抚王珝助建(珝后升为兵部右侍郎)[③]。康海记云:

渼陂子宅后有园几十余亩,近宅百步,为场以纳禾稼,场以后皆园也。列植花木,蓊翳蓬勃,琦瑰逶迤,其后又有修竹万竿。及场西望,邈若丰林,城市之中,能若此者,其亦鲜矣。亭趾,虽筑楹栋,未树,每至则坐此而忘归焉。嘉靖癸未夏四月,湾江公(王珝字汝温,号湾江,河北永平人)巡抚过鄠,访渼陂于衍庆之堂,民事既询,倡酬斯作。于是携榼至园,卉木荣欣,好鸟群至,公忻然自适,不知逸兴之所自也,辄已诗成数首,击缶征歌,若将神游八极之表,地虽有然,而公之胸次亦可知矣。于是以廪余畀知县黄生,曰:"我为作亭于园,永为渼陂夫子之所憩游。"[④]

早在二十年前,即弘治十七年(1504年),王九思即欲构斯亭,其后坐废,事亦止,幸得王公赞助,遂了多年的心愿。亭名"春雨",是因为初营十亩园时,"适有春雨";及亭成,九思已罢归,"返耕于鄠,其所以致力于稼穑之间者,惟是赖耳"。亭之命名含有双重寓意。建亭者王公,记亭者前状元,风风雨雨二十载,对王九思来说春雨亭非常值得珍重纪念,故歌咏之曲特多。

十亩园前有场圃,"以纳禾稼",用以屯庄稼,或打谷晒粮。近处有水田,"水田十数亩,茅屋两三家","桑麻坞,水竹村"。园与场与田虽有分隔,仍属一个人居整体,颇具农耕风味,也是鄠县城中一景。园之四周,绿水环绕,南对青山,"草堂南对碧山高","山屏正对草亭前","山当户,水绕村,青山绿水一闲人"。郊园春色最可赏:"微雨喜晓山青,和风摆春波绿,韶光染锦绣平铺。""鸟声弄出笙簧谱,山色堆成金碧图。"同样写关中山川风物,王九思之曲柔淡华丽,康海之词深秀苍劲,且带莽原荒寒之美,二人思想气质、审美情趣有别,词曲风格色调亦异。康、王都歌颂天地自然之美,大化神工之妙。王九思【南仙吕·傍妆台】"草芊芊"一曲云:"草芊芊,正

①　【南仙吕·傍妆台】《草堂四时行乐词》。
②　清乾隆《鄠县新志》卷一《地理》,景印《中国地方志集成》本。
③　《献征录》卷四〇《兵部右侍郎王珝传》。
④　《对山集》卷一四《春雨亭记》。

当雨过午风前。春来翠色不择地,生意总由天。梦回灵运吟诗日,思入濂溪讲道年。叶合扁,茎尽圆,无心造化自周全。"此吟春草之曲,翠色无边,生意欣欣,又叶扁而茎圆,皆由天生,造化孕育万物虽无心而"周全",只是未脱道学气味。"濂溪"者北宋理学大儒周敦颐也。康海则以原野银妆素裹的雪景为描写对象,赞叹"天工变幻"之神奇,"天工化育"之"幽微",二家之曲气象阔狭、思致深浅区以别矣。

康海身处小园,而纵情放眼园外天地山河万千气象,视野寥廓,雄浑奇丽,似巨幅青绿山水,如云:"看千章夏木,映万里平芜","万里垂杨,十里桃花","秋水共长天一色,淡云与衰草同回","一溪流水一重山,万里云烟万顷滩",又云"天涯芳草","云外玄鹤","芦花十里锦模糊","天边月色照帘疏","万里同云,千里褪碧"。虽小园精致,亦具远意,"一间茅屋,万点苍苔"。王九思歌咏山野川原的散曲作品显然比康海少得多,又大都比较简略,更不见如康海浓墨重彩之作。他的兴致主要在园内景色。王氏十亩园,竹木花卉茂盛绮丽,老树古木为其先世所遗,如百年古柏即其父王儒手植,"柏森森,先公种向小亭阴"。可知此为王氏故园,经过九思的修葺增饰较先前更美了。园内建筑除春雨亭外,还有碧山亭、舫斋,以及楼、堂、轩、阁,类型比较齐全,相当精致,主人常用"画"字来修饰,如"画堂"、"画楼"、"画阁"、"画屏"、"画阁雕栏,翠竹红梅"云云。亭前养鹤,会鸣会舞,"有时节小亭前看一会玄鹤舞","千万朵花枝似锦,三五个玄鹤成阵",成双成对,非止一羽。这园子也够精致华美的了。【南仙吕·一封书】《春雨亭四时曲》,其第二曲咏夏日风光:

> 芳亭日影长,绿阴浓树几行,闲谁共纳凉。忆吹箫引凤凰,水晶帘动微风起,一架蔷薇满院香。倚花窗,坐胡床,绝胜仙家白玉堂。

王九思削职归田四十余载,优游于十亩园间,对园林之美和生活之趣体验良多,对园林景观掩映美、意境美的观照和表现精细入微。【南商调·黄莺儿】《春日睡起作》:"杨花扑帘,梨花绕檐"。【南北双调合套】《园亭避暑》:"颤巍巍翠色竹摇窗,暗沉沉绿影槐当户。"【北正宫·醉太平】:"纸窗半掩梧桐月,粉墙斜卷芭蕉叶。"竹木花卉与屋宇外围设施如墙垣、门窗、栏干、庭阶等,形成动静相宜、色彩交叠的园景,又与月露风霜、虫音鸟声、天象天籁相融合,便营造出一种丰富多彩、生意盎然的园林意境。【北正宫·醉太平】:"疏帘半捲芳亭日,飞花乱点苍苔地,流莺低啭小窗西。"套数《归兴》:"碧莎长夜雨鸣蛙,绿槐高晓月啼鸦,风吹绽芭蕉两叉,露滴湿蔷薇一架。"有时也把笔触伸向园外溪山平芜,而与园内风景对接,如云"门对寒流雪满山","夕阳远树,烟霭平芜","绕柴门山色横斜,扫香阶花影重叠","倚楼遥望,云淡淡,草萋萋"。【北越调·寨儿令】《夏日即事》不像以上作品在曲中插入写园外山川云烟景色的句子,而是以整支曲写景,园内园外打成一片:

> 豆角儿香,麦索儿长,响嘶喇茧车儿风外扬。青杏儿才黄,小鸭儿成双,雏燕语雕梁。红石榴花满西窗,黄蜀葵扫东墙。泥金团扇影,香玉紫纱囊,将佳节遇端阳。

这支小令由园田豆、麦、茧车写到树果、小鸭、雏燕,再由梁燕过渡到园林中西窗石榴、东墙蜀葵(即向日葵),以及园中人所执泥金团扇,所佩玉饰香囊,结尾点出端阳佳节的来临。小曲色泽鲜妍,间闻"嘶啷"车声,所咏之物都是活泼泼的。曲词所举"豆角"五物,皆农家寻常所见,又每物缀以"儿"字,见得更爱、可喜、可赏。此曲似田园画、风俗画,亦园林画。将田园品物和节日民俗写进咏园散曲,清新鲜活。园林审美意识掺入俗情,园林审美史之雅俗问题,尚须深入探讨研究。王九思详绘园外风景的散曲毕竟少见,还有一首也是例外,此曲非咏自家十亩园,而写文友至交康海浒西庄冬天雪景。曲名【南双调·锁南枝】《次对山四时行乐》,其四云:

> 寒空净,乌鹊飞,白雪青山图画奇。松竹影参差,枝叶缀琼蕤,掩映着层宵月辉。纸帐蒲团,一种真风味。载鼓琴,载咏梅,浒西仙怎招致。

浒西环境与高士气格,人与地合一,境界清空高奇,索其精魂即是"真风味",近乎康海所称"天然味"。小曲一改作者平素温婉之格而为清遒之调,他对乡邦青山绿水、贽友高情逸致还是向慕钦仰的。其《寿对山先生》一曲又赞美康海山园"图画天开,恰便似蓬莱囿","图画天开"云云与百年后园林理论大家计成名言"虽由人作,宛自天开",何其相似乃尔,观其美学意蕴的厚度和深度,前者诚不及后者,其间却存着继承发展关系。

王九思也把园林视为托身的安乐窝,寄情的载体,曲集《碧山乐府》与《南曲次韵》抒写园居生活的作品连篇累牍,内容大都围绕两个主题:一是讴歌园林之美,园居之乐;二是感叹功名富贵的无常易逝,可忧可怖。二者互相关联,形成今昔对比。他视园林乐地如"丹青画图,神仙洞府",竹树花草,鸟鸣虫吟,远山近水,草堂画阁,四时美景,享受不尽。"眼底都成趣","一日欢娱万虑轻","一日欢娱抵万春",这种乐趣千金难买,卿相不易。套数《春游》其三【叨叨令】云:"一会家吹龙笛、鸣鼍鼓、清风度,一会家转莺喉、系象板、行云住,一会家坐苍苔、眠芳草、攀红树,一会家杖青藜、临绿水、看白鹭,兀的不喜煞人也么哥!兀的不喜煞人也么哥!再休题紫罗襕、白象简、黄金铸。"字里行间洋溢着欢蹦活跳的喜悦之情,对园居和田间生活的得意,对佩金披紫荣显地位的不屑,"紫阁三公,黄金十万,老先生不挂眼",他对当下快乐的园居生活已经心满意足了。他也省悟到荣华富贵之如浮云飘瓦,官场宦海之险恶不可测,"高竿上弄巧,终久不坚牢","功名抱虎,光阴烂斧","云连着第宅,山堆着币帛,不久的都倾败","宦海阔眼波万顷,木天高栈道千层"。他尖锐讽刺堂堂相府迢迢仕途乃是虎狼窝,诱人坑人的泥潭,《春游》【上小楼】云:"想着那潭潭相府,迢迢官路。画戟朱门,大纛高牙,后拥前驱。彼丈夫,我丈夫,虎争狼顾。就里个嫌人坑有谁觉悟。"许多感悟都得之于自身痛切的人生体验。【南仙吕·傍妆台】为小令组曲,多达百首,集中了王九思书写人生感悟的作品,也包括咏园之曲,内多哲思箴言。如云:"风花满眼谁同赏,朋友知心岂在多。""虚名差比天来大,雅量还须海样洪。""觉来一枕黄粱梦,跳出千层黑海波。""逢人都念善菩萨,谁知心似斑烂虎。""明白好似天边月,威怒还加雪上霜。""人为多事忙中错,物理须从静处观。""床头古典读难尽,天下名山走未周。""韶华欲买难酬价,山水贪游不害廉。""是非须信皆由我,毁誉何劳更向谁。""高悬心事天边月,看破浮名树底花。"自废归后,徜徉园亭,流连诗酒,人问其生涯如何,此老答曰:"赏月登楼,遇酒簪花,皓齿朱唇,轻歌妙舞,越女秦娃。"生活浪漫,未至于淫逸,还能保持清醒的头脑,以名教自检,对宋代理学大儒心存敬畏,又直接受到同乡理学名家马理(号溪田)的影响,赞颂他关中人杰祥瑞,《溪田先生七十寿词》称颂:"岐陌鸣瑞鸟,渭北产祥麟,天启斯文,有意生贤俊。"马理曾致书九思,规劝他作曲要合诗教,发乎情,止乎礼义。"乐府风情甚矣,《诗》不云乎,'善戏谑兮,不为虐兮',公其裁之。"王九思的回应是:"然予前此已有反正之渐矣,奉教以来,每有述作,辄加警惕,语虽未工,情则反诸正矣。"①时在嘉靖二十年(1541年),九思七十四岁,距归田已有二十九载。两位就王九思散曲作品("乐府")展开讨论,九思以为自己对于散曲创作的情感抒发是有所警惕约束的,务使情归于正。所谓"前此已有反正之渐矣",最迟不晚于嘉靖十二年(1533年),作者《碧山续稿自序》云:"然谪仙、少陵之诗,亦往往有艳曲焉,或兴激而语谑,或托之以寄意,大抵顺乎情性而已。敢窃附于二子以逭予罪。"②王九思的思想颇受理学家的影响,其曲学理论则主张"顺乎情性",又讲情当"反诸正",因此,碧山之曲有山水田园风光,艳歌曼舞声色,激愤戏谑话语,也有人生哲思,劝世箴言,要之逸乐与风规并存。

王九思对于荣华富贵尽管常常给予抨击、讽刺、笑骂、鄙弃,有时还表现出决绝斩截的态度,"一拳打脱凤凰笼,两脚蹬开虎豹丛,单身闯出麒麟洞","自住着春雨亭,再不听金门漏",但是果真如此吗?想起当年在朝为官时的荣耀华贵情景,就连朝服的式样、颜色也记得一清二楚。【北双调·水仙子】《忆昔》:

> 虎须雪纽彩丝绦,鹭翅云盘紫锦袍,象牙风动白银铰。想当年早退朝,三般儿落下青宵。绦儿长虹光连络,袍儿宽天香杳,�扇儿月影飘摇。

早朝归来,穿戴着精美的朝服佩饰,长绦、宽袍、羽扇这"三般儿",足以显示出朝贵的荣耀。他对这一切还是心向往之的,甚至做梦也回到了金殿之上,见"御炉香袅",闻"乐奏凤凰",又披示对朝廷和君王的一片忠心,不改其"葵藿性"、"犬马情"。不止一回做这样的梦,"几回夜梦神京"。废黜在野的王九思在思想感情上并没有同过去荣显的身份和生涯彻底切割,仍有丝丝缕缕的联系,藕断而丝不断。他心里有纠结,有矛盾。不能说他对昨日之我的自省反思,对富贵荣华的批判全是假话,基本上是真的,但未免带点矫情。他没有全盘抹杀昨日之我,过去的荣耀,又对今日之我,田园生活甚是满意。他后半生的心境总的来说,平和安怡,"心和而气和,形和而声和",制为曲则和雅温润,"沨沨乎太和之遗诗"③。

明代曲论家评康海、王九思二家散曲,多扬王抑康,称王"秀丽"、"蕴藉",讥康

---

① 王九思:《碧山新稿自序》《碧山续稿自序》,《全明散曲》第997页。
② 同上。
③ 吴孟祺:《叙碧山新稿》,《全明散曲》第997页。

"喜生造,喜堆积,喜多用老生语,不得与王并驱"。当今曲论家赵义山先生指出这种批评是"以词绳曲","混淆了词曲的体式区别,实不足取"[①]。晚明大地理学家王士性根据人地关系理论,认为关中人的气质、性格与其地水土涵育有关,"盖关中土厚水深","故其人禀者,博大劲直而无委曲之态"[②]。康、王二人均受关中水土滋养,而个性有别。康海性格粗豪,所制散曲本色雄健,沉郁悲壮,气魄大,境界阔,生造中蕴含新奇,沙砾不掩其精金美玉。衡之康、王二人,谁更能体现关中人的文化性格? 当然是康海。二人性格的差别也影响到他们的园林审美趣味,康取雄秀简朴,王重婉丽精细,康主于外景,王偏于内观。大致如此。

第二节　夏言、金銮、冯惟敏咏园

一、园林风月无边好

夏言(1482—1548 年),字公瑾,号桂洲,江西贵溪人。正德十二年(1517 年)进士,嘉靖间为兵科给事中,升吏部尚书,入内阁,位居首辅。后渐失帝意,为严嵩所挤,以请复河套事败,论斩西市。有《桂洲文集》。诗文宏整而平易,擅词曲,合刊为《鸥园新曲》。夏言在内阁,数入数罢。嘉靖二十一年罢官归里,二十四年复召入阁,归里三年间,构"白鸥园"、"后乐园",制小令二十八首,套数七篇,都以园林为题材,除咏"后乐园"、"东园"、"水东山庄"外,其余皆咏"白鸥园"。以嘉靖十五年入阁参机务,十七年为首辅,荣宠至极,却不曾提防严嵩之辈媒孽其间,因失帝宠,二十年被斥,旋又召入,及明年严嵩入阁,言乃致仕归田。这才感到宦海浮沉无定,人生无常,套数《癸卯元夕宴丹桂堂》云:"人间万事真飘瓦,风波宦海无涯。"[③]甚至产生四大皆空的幻灭想法,套数《夏日白鸥园泛舟》云:"万法归空,神仙那有?"间或流露出对朝廷群小的愤懑和自己环抱孤忠而不见用的不满情绪,但对皇帝还是感激涕零的。小令《后乐园独酌》云:"怀抱向谁开,十年旧事和雨上心来。愧迂儒难用世,蒙圣主独怜才。孤忠自许神明鉴,拙直宜招时辈猜。"又表明,自己已罢官归田,不在中枢主政,也免被人猜忌中伤了:"花下一尊开,自殇自咏不许俗人来。且放下调羹手,那里有济川才? 天边倦鸟宜归早,海上轻鸥莫浪猜。"

这三年斥放故里的园居生活,使他感受到家乡山水风物的清丽,"山水爱吾乡","风景胜仙乡";小园柴门竹径的平静悠闲,"清风明月可徘徊","身世外无妄想";心灵获得了慰藉和恬适,"兴味萧然","情兴悠然";从此,再也不用受人猜忌、受

---

① 赵义山:《明清散曲史》,人民出版社,2007,第 141 页。

② 吕景琳点校《广志绎》卷二《江北四首》,中华书局,1981。

③ 谢伯阳编《全明散曲》,齐鲁书社,1994。

官场恶斗困扰,可以安然怡然度过晚境了,"白头喜共松筠老,乌帽从教鸥鹭猜","俗虑尘缘,不向灵台起"。甚至有些后悔不该为功名利禄牵绕,走向仕途,居林下远比在朝做官快乐,"算来枉初利名牵","黄金印腰间懒挂","这林下逍遥,廊庙江湖自不同"。一个位极人臣的宰相下野后,能有这样的反省和感悟,由躁进热衷而复归平淡冷静,亦颇不易。但是夏言毕竟是在朝廷打拼二十多年,且得嘉靖帝宠幸步步高升的高官,经过这次政治打击并没有使他彻底清醒,他仍存冀望,也很自信,尤其当世宗对他已有不满,而瞩目严嵩的时候,仍然我行我素,正如《明史》本传所批评"而志骄气溢,卒为嵩所挤"。三年乡居,对世宗忠贞不渝,常怀感念。套数《癸卯元夕宴丹堂》云:"去年敕赐天闲马,锦袍侍宴天家。念微臣荣幸有加,圣恩浩荡无涯。"又《夏日白鸥园泛舟》云:"追者,位及三公,黄扉九载。"《小阁纳凉》曲凡四支,前二"夜凉如洗"与"池塘过雨"写当前白鸥园之蓬莱阁月夜清景,后二"琼楼玉宇"与"波澄太液"追忆当年陪驾游西苑的恩宠隆遇。"琼楼"指广寒殿,是面阔七间的大殿,位于北海琼华岛之巅。彼时夏言挥毫赋诗深得世宗赏悦。又乘龙舟,游太液池,池有玉石桥跨湖,东西两端各建华表,东曰"玉栋",西曰"金鳌"。这四支曲,前二支写当前清萧之景,后二支忆昔日恩荣之遇,两相对照,亦颇有味。对今日之罢归,夏言也感到荣耀,"老臣此日归田野,争看宰相还家",自信是"调羹手"、"济川才",仍想有一番作为,并没有"堪破繁华梦"。当世宗再召他入阁,即刻起程上任,又三年,竟被害弃市。

夏言《鸥园新曲》凡三十五首,首首皆咏园林,又大都与白鸥园有关,曲集即以白鸥园得名。此园有池塘,白鸥常来为伴,故名。园有"八角塘"、"蓬莱阁"、"环漪亭"、"水云轩"、"横翠亭"、"赐闲堂"、"丹桂堂"、"宝泽楼"、"晚节亭"、"明月榭"、"醉春台"、"宫恩庄"、"望宸楼"、"濯缨处"、"停桡处"等十多处景点①。由景名可略知园主命意所寄,一是对退居林下的心安理得,二是对皇上的感恩和眷念。白鸥园散曲还表现了夏言的园林审美情思。主人唱道:"园林风月无边好。"其园好在哪里,美在何处? 主人是如何观照、赏玩其园的?

白鸥园有蓬莱阁,夏言作【南仙吕入双调·玉交枝】《小阁纳凉》四首小令,前二曲云:

夜凉如洗,望长空银河渐低。树头凉吹萧萧起,阑干月影频移。流萤拂槛点点飞,石边流出泉声细。浑不觉炎天暑时,恍疑是蓬莱弱水。

池塘过雨,芰荷香兰舟晚移,蓬窗待月钩帘起。波光竹影依依,长空万里星斗稀。露华凉沁侵衣袂。

首曲写炎夏园中夜景和赏园感受。此刻园中夜凉如洗,暑气全消,倒有萧萧秋意,使夜游者恍然如置身仙乡,其境界与白日蒸烤令人难熬的气候如隔两重天,联

---

① 《桂洲文集》卷六《白鸥园自咏》,《四库全书存目丛书》本。

系作者由显赫的地位而被罢斥的境遇,情味不胜苦涩。园中之景,如移动的月影,流萤的闪光,石边流淌的泉声,幽而微,明而显,以动显静,以有声托无声,妙笔清趣,是词曲中逸响。此曲表现了园林的意境美和作者独特的园林审美感受。第二曲写月夜荡桨池塘。由近及远、由低而高地描绘园内园外景物和人的活动,充满动感。"芰荷"、"兰舟",写物之洁,亦寄人之品。"波光竹影"是池塘波光竹影交错晃动景色。"长空万里"由园池狭小空间拓展到无垠天宇。结句"露华凉沁侵衣袂"点明此曲意境,人与景,肤觉与心理,俱含纳其中。

【南仙侣·八声甘州】《初秋池上纳凉》也咏园池秋季夜色。录其首曲与第三曲:

金风送暑,顿凉生池阁。夜来新雨,芙蕖渐老,银塘半落红衣。墙头月上林影低,照见兰舟向晚移。金樽满,玉漏稀,留连欢饮夜忘归。云光敛,露霏霏,遥看大火已流西。

园林风露凄,听高城击柝。漏静人稀,轻雷过雨,西山爽气侵衣。风林叶动山鸟鸣,水冷池塘鸥鹭飞。秋霄好,凉思怡,绛纱笼烛夜深归。梧桐树,影渐低,楼头月转画阑西。

首曲以时间的转移来串连园池景色的变化。白天一阵秋风("金风")将暑气驱散,池阁顿生凉意,入夜又下了一场雨,池中荷花纷纷零落,"银塘半落红衣",凋残之景,亦足赏爱,"红衣"映"银塘",美哉!片刻雨止,月亮爬上墙头,树林影影绰绰,如此好光景怎可放过,主人乃放兰舟荡漾池上,酌金樽欢饮,不觉忘归。举首观天,见云光敛,月已降,大火星西流,夜深矣。作者完全陶醉在园林秋夜之中了,情绪是积极的。第三曲写月夜园中种种声响,击柝声,漏滴声,雷声,雨声,风林叶动声,池塘鸥鹭展飞声,有远有近,有高有下,有陆地,有水上,一并诉诸听觉,而含画意,渲染出"秋霄好,凉思怡"的主题。及夜深归来,忽见梧桐树影,楼头月光,依依不舍,难以入眠。夏言爱园,尤好秋色,夜色,月色,怡悦微寒清凉之意,"遍园林皆秋意,冰簟凉生苧衣,今夜里梦绕蓬山思欲飞"。饱经朝堂之炎热,倍感园林之清凉。

【南正宫·四边静】《闲游白鸥园》是一篇综咏白鸥之好和园居之乐的套曲,曲凡七首:

白鸥园上风光好。楼台傍池沼,玉树醉堂深,环漪坐亭小。鸳鸯颈交,芙蓉花笑。与客泛兰舟,一樽共倾倒。

赐闲堂上风光好。琴樽伴花鸟,苍径入林深,竹房傍池小。清风可招,明月自照。与客坐吟诗,挑灯到天晓。

蓬莱阁上风光好。风烟胜三岛,一水抱城隅,千峰出林表。青山可樵,绿波堪钓。无事独凭栏,沧溟望中小。

醉春堂上风光好。春来被花恼,桃李易成阴,径路多芳草。莺慵燕老,蜂喧蝶闹。无计可留春,闲情向谁道。

风光好处人难到,溪云山月有谁招。闲人古来少,福缘怎消。葛巾布袍,田翁野老,朝夕相从,农谈不了。

园林风月无边好,学诗呼酒任逍遥。青山共难老,岁月尽饶。

凭君莫话长安道,池上风烟堪画描,感谢君恩赐归早。

观此曲并及他曲,在夏言心目中白鸥园有以下诸好:其一,此园主要景观为"八角塘",池塘不大,清澈如银,故称"银塘",池虽小,而有沧浪烟波之意。池上白鸥翱翔,鸳鸯成行,可供兰舟画舫巡游。绝句《八角塘》云:"旁舍新开八角塘,往来身在水云乡。绿波剩有西湖意,与客时时泛一航。"[①]其二,环池建"蓬莱阁"、"环漪亭"、"水云轩"、"明月榭"、"停桡处",规制皆小巧。其他建构如堂,如楼,如庄,如竹房茅屋,柴门矮墙,蓬窗画帘,回廊曲径,大都简洁朴素,唯感念皇恩的"赐闲堂"、"望宸楼"略显华贵,朴中带华,小中寓巧,饶含雅趣。其三,园中花木茂盛,如松竹槐柳桃李,金桂芭蕉,水上时时送来荷风芰香,又闻莺啼燕语,蜂喧蝶闹。其四,白鸥园位于贵溪城一角,"一水抢城隅",偏离阛阓市嚣,构园者又注意留有空间,使此园与近水远山相接,"千峰出林表",收揽自然界无限风光,"青山可樵,绿波堪钓","青天白鸟影茫茫,四面遥山护短墙","引清风招皓月"。置身此间,特别是当月明星稀之夜,令人油然而生飘然飞升之想,"便乘鸾飞去从此上青霄","今夜里梦绕蓬山思欲飞"。这正是中国园林建筑以狭小空间含纳天地自然,以有限见无限的美学法则的妙用。

夏言咏园诸曲对园林美的观照和心理体验丰富而精细,艺术表现也是成功的。一位高踞相位而被逐田野的显贵,在三年园居生活中,抚今追昔,细味人生,体会到由炎而凉,由忙而闲,由闹而静,由进而退的许多滋味,觉得荣华富贵不过是过眼云烟,而优游林下,"赢得闲情玩物华",乃是一种"福缘",人生难得的人生价值,"风月真无价"。在当时,把园居快乐与人生幸福联系在一起的官绅文士还是不多见的,此与后来万历之世施绍莘等视园居为"清福"的体验实为同调。更难得的是,这位下野高官愿与百姓分享此福,"楼台灯影开图画,花月帘栊映彩霞,把阳春挽取散与江城百姓家"。

二、自然铺叙谁安排

金銮(1494—1583年),字左衡,号白屿,陇西(今属甘肃)人。随父侨居金陵,遂家焉。性俊朗,好游任侠,结交四方豪士,往来淮扬两浙。洞解音律,善填字谱曲,曲论家吕天成称"金白屿响振江南"。曲集名《萧爽斋乐府》。曾游金陵、淮扬等地名园,自建小园于南京青溪,溪发源钟山,入秦淮,逶迤九曲。【北仙侣·点绛唇】《八十自寿》:"试看取傍青溪萧爽斋。[②]""萧爽"是园名、斋名、曲集名。小令【南仙侣·一封书】《闲适》四首,每首第一句如"青溪畔小舟","青溪畔小堂","青溪畔小

① 《桂洲文集》卷六《八角塘》,《四库全书存目丛书》本。
② 谢伯阳编《全明散曲》,齐鲁书社,1994。

园”,“青溪畔小庵”,可知四首皆咏萧斋园。

金銮与市隐园主人姚淛友善,亦市隐园常客,且是词曲名家,不能没有题咏。套曲【北南吕·一枝花】《姚秋涧市隐园》(秋涧是姚淛别号)第二曲云:

我则见钟陵山千重翠霭,石头城万点苍烟,更和那清溪一带明如练。尽着他繁花耀日,老树参天,一群啼鸟,几处鸣蝉。绿杨如陶令门前,红莲似周子溪边。

作者先从市隐园的大环境、大背景落笔,“我则见”二句又仅表现出钟山和石城的雄胜,而且渲染出山上和城中层层绿色点点苍烟。如果说这是“面”和“点”滃染大片烟霭翠色,那么“更和那”句则用“线条”勾画出鲜明如练的“一带”青溪。钟陵山、石头城、青溪水都是市隐园诸名园附近标志性名胜,园林借此雄秀山水人文景观为背景,即便没有什么人工建造,已令人陶醉其中,此天造地设之可贵处。走进市隐园,但见“繁花耀日,老树参天”,花木繁茂绚烂,长势蓬勃向上;又闻“一群啼鸟,几处鸣蝉”,天籁声传响所到之处。及至市隐园门前,绿杨婆娑迎客,溪上红莲绽放,可爱喜人。“陶令”指陶渊明,“周子”指周敦颐,皆古之高士,暗譬市隐园主人姚淛。“尽着他”六句描绘市隐园小环境之优美,与前三句展现其大环境之雄丽,均显示出南京姚园所以成名的重要基点在于得地之胜,环境之佳,同时也与园主品格有关。

昔人论人地关系,高尚士与名胜地的关系,每每称人因地着,地以人胜,山水名胜与高人雅士的名声流布、历史影响乃至价值评价,关系密切,相辅相成,相得益彰。他们还举出许多历史例证,如王羲之与兰亭,王维与辋川,柳宗元与永州,苏轼与赤壁,等等。这一观点同样适用于园林美学。品评园林的美学价值要看多种因素,其中园林所处地区自然环境与社会状况(地的因素),园林主人品格与其园所含历史人文积淀(人的因素),就是两点重要的园林审美准则。关于主人的品格,《姚秋涧市隐园》之第二曲已点出秋涧之贤,其人“如陶令”、“似周子”,末曲再次吟唱姚氏之人品,“醉深不觉游人倦,乐极方知地主贤”。第二曲下半则着重歌咏市隐园人文之美盛:

早难道吹台高李白寻诗,习池佳山公醉酒,草堂幽扬子谈玄。比着那息园、快园,几十年文物人争羡,发扬深品题遍。得个王维画辋川,意趣天然。

姚氏之有市隐园堪追前贤之芳迹,如汉扬雄之与成都草玄堂,晋山涛之与襄阳习家池,唐李白之与开封吹台,更可媲美当时金陵诸多名园,如顾璘息园,徐霖快园,顾、徐并为嘉靖名士,且与姚淛友善。古今胜地园林皆因名贤踪迹和题咏传世扬名,而姚氏园得名流题咏者甚多,积淀了“几十年文物”,为时人羡美,有如王维辋川图为后世所宝。而“意趣天然”四字是点睛之笔,既评诸家题咏,兼美姚园高品。

金陵为明朝开国故都,王公贵族之园以徐达后裔徐天赐园最著名,园分东西,其西园陈沂有记云:“在凤凰台迤南,徐君天赐之别墅也。峦樾靓深,灵区幽邃。近台则有凤游堂,临流则有泳游阁,而芳亭华馆,层见叠出,故虽不出城市,而景物娱人,若在世外。至其莳花木以养风烟,纡丘壑以跻霄汉,叠峇岑以象蓬岛,骋目畅怀,境与神会。盖其征奇萃美,甲于南国,实前此所未有也。"①徐天赐慷慨好客,数宴雅士名流,金銮尝与其盛会,作套数【北黄钟·醉花阴】《早春西园宴集赠徐王孙》。此曲围绕"宴集"的主题,描写春色春信之降临,花朝月夕之美好,绣屏罗帏之华丽,琼林玉宴,艳歌曼舞,以及人才雅士之清词丽句,一派华贵富丽气象,与作者别记"峦樾靓深,灵区幽邃"云云,相去甚远。唯《四门子》一曲涉笔西园湖山:

> 夭桃艳李兼含笑,问春工何太巧,金樽莫惜频倾倒,赏芳时须及早。花拥着堤,柳拂着桥,指湖山远通云窦。小蜂阵儿,狂蝶翅儿,飘趁清波一双娇鸟。

桃李笑问,春工为何这等巧妙? 春色究竟在何处? 寻春赏芳当走出画堂绣房,来到湖山,这儿是西园的一部分,显现出这座华林绮苑另有清远疏淡的一面;特别是当早春时节,花堤柳桥,湖山一带,充满了万物生长自由活泼的气息。

金銮尝游吴氏丽春园,作套数《过吴七泉山居》,凡四支,其三、四云:

> 闲亭榭,小楼台,半亩方塘一鉴开。好山似画溪如带,妆点出烟霞寨。桃花流水遍天台,切莫招世人来。

> 尽着他春去秋来,雾锁云埋。吟天就杜陵诗,写不出王维画,赋不尽子云才。自然铺叙,谁与安排? 清风振丽泽堂,淡烟生水竹坞,明月满桂兰斋。

盖吴七泉是位隐士,久隔红尘,长住白云间,不愿与世人常相往来,而他打理的丽春园却小有名气,为金銮等骚人逸士所赏。此园面积小,半亩池塘,亭榭楼台,堂坞斋馆,具体而微,自然得体,又以远山近溪为背景,妆点如画,远看园林如"烟霞"一般。"自然铺叙,谁与安排",主人深得造园妙理,并付诸实践,"青松岭手亲栽,绿荷赏手亲栽",可见主人是亲自参与此园设计、打造的。金銮赞许吴七泉具有"别一个幽雅襟怀","玲珑剔透疏狂态"。有此等样人,便有此等样园。

又游仪征(今属江苏)蒋山卿休园。山卿号南泠,仪征人。正德九年(1514 年)进士,授工部主事,以谏武宗南巡被谪。嘉靖初复起,官至广西布政使参政。有《南泠集》。仪征辖扬州,南浜大江,蒋氏休园也临江。金銮两游其园,作套数《重过蒋南泠休园有怀》九首,有句云:"天开成绿野堂,门临着濯锦江。"其地又邻隋代运河堤,(沿河植柳)及古代宫苑,相传为晋代遗迹。故曲云:"淡濛濛烟锁垂杨,带隋堤,连晋苑,恍疑是习家池上。"视野开阔旷远,"放怀处天高地广,赏心时风清月朗",有潇湘清疏迥远之致。而园内布局精致,"翠竹轩窗","绿槐门巷"、"梨花院落"、"柳絮池塘","野塘新雨芰荷香";南楼月照,"卷帘时无限风光";路径狭长曲折,而其境却不显逼仄,"细路绕羊肠,福地从来萧爽"。建筑与花木匹配相宜,楼宇设置,乃至道路铺设,在在都见匠心。有明郑侠如家园亦名"休园",与蒋氏园名同而实异。又,

---

① 陈沂:《金陵世纪》卷三《后苑》,《四库全书存目丛书》本。

长江在今仪征、扬州一带,古称扬子江,江心之水谓之南泠(又作南零)水,相传以之煎茶,为水中第一。仪真人蒋山卿号南泠,由此而来。

三、恍疑似方丈蓬壶

冯惟敏(1511—1591年)[①],字汝行,号海浮,山东临朐人。嘉靖十六年(1537年)举人,屡试进士不第,至嘉靖四十一年始授直隶涞水知县,年已五十二岁,后历仕镇江府学教授、保定通判。隆庆六年(1572年)弃官归隐,寄情山水,终老田园。与兄惟键、惟重、弟惟讷并以才名传齐鲁间,称"临朐四冯"。惟敏尤擅散曲,有小令五百多首,套数五十篇,有人推为"明代散曲第一大作手",散曲集合刊为《海浮山堂词稿》四卷。

惟敏任下层官吏十载,其余漫长岁月都是在齐鲁大地度过的。他爱家乡,爱农村,爱山水,爱园亭。【朝天子】《自遣》:"此生,天赋与烟霞性,世间名利两无成,落得山中静。"[②]【商调·集贤宾】《归田自寿》:"俺子待怡情山水,寄傲乾坤,遁迹山林。"出仕前,即在家乡临朐建有两处别墅,一在冶源,一在东村。【黄钟·醉花阴】《仰高亭中自寿》小序:"半生酷爱山月间,齐南有别墅二,皆名胜之区,每去城市,恒居其中。"既出仕,也不变山水情,【双调·新水令】《又仰高亭自寿》:"出风尘改不了烟霞性,在江湖毁不了鹭鸥盟,傲乾坤阻不了山林兴。"建造别墅,栖游园亭,是"烟霞兴"、"鹭鸥盟"、"山林兴"的具体表现。

冶源,即熏冶泉、熏冶水。"在县南二十五里。《水经注》:'古冶官所在,因取名焉。'"[③]其水在海浮山麓,上有神祠,疏松数株,暖如碧云,下与水边密竹俯仰相映。冯惟敏因取号"海浮山人"。"熏冶水出海浮山下,汇为深潭,往往皆自平地突出,清泉矗沸直上,喷珠射空,平或竟亩,深可盈丈,湛澈见底。洲渚多茂竹古木,幽矶昶潄,如云蒸雾郁。邑人冯惟敏建亭其上,题云'即江南'。"[④]惟敏之父贵州按察副使及兄弟惟键等,在熏冶泉、海浮山一带又有"君子堂"、"娱晖亭"、"小蓬莱"、"云栖亭"、"旷如阁","皆冯氏一门临眺所寄,点缀泉石,藻绘云岚,冶源之胜遂甲一邑"[⑤]。冯惟敏之园亭及其宴游名声尤著,县志又云:"自免归,结茅熏冶水上,名其亭曰'即江南',与朋辈咏觞其中,自号海浮山人,每当天日清澄,风雪冥霭,时棹烟艇上下,自歌所北调新声,见者以为神仙中人。"[⑥]

冯惟敏歌咏冶园之曲,以【南仙吕·桂枝香】《冶源大十景》(一题《冶园别业》)

① 《海浮山堂词稿》卷二《归田小令·刘麦有感》,冯惟敏自称"八十岁老庄家",其寿当在八十以上,或疑其卒年约在1580年,未确。
② 《海浮山堂词稿》卷二《归田小令》,上海古籍出版社,1981,下引冯曲同此。
③ 《读史方舆纪要》卷三五《山东六临朐县》。
④ 清光绪《临朐县志》卷三《山水上》。景印《中国地方志集成》本。
⑤ 同上。
⑥ 清光绪《临朐县志》卷一四《先正上》。景印《中国地方志集成》本。

最为具体精详。曲凡十首,其首曲与第二曲云:

　　乾坤清气,林泉佳致,恍疑似方丈蓬壶,端的是洞天福地。暖溶溶玉池,暖溶溶玉池,源头活水,珍珠乱撒,一片琉璃。海山三山秀,人间万古奇。

　　浮山胜概,冶源烟霭,又不是香雾空蒙,又不是轻云暧逮。不移时闪开,不移时闪开,神仙世界,十洲三岛,阆苑蓬莱。天上黄金阙,壶中白玉台。

　　此二曲总写冶源玉泉喷洒晶莹闪烁烟雾蒸腾的奇丽景象,迭用譬喻,将最美好最奇瑰的神仙幻境,如海上仙山,天上金阙,洞天福地等,献给他最热爱的冶源。其三、四曲分写冶源潭边、龙湾景色和别墅湖山幽致:

　　白鸥轻漾,红鸳翻浪,恰才过捉马潭边,又早到小龙湾上。绿阴阴两行,绿阴阴两行,青丝飘荡,千条弱柳,万缕垂杨。好一似连环锁,牵人入醉香。

　　山居幽静,湖光相映,翠巍巍四面云屏,碧澄澄一轮银镜。听悠悠数声,听悠悠数声,禅林清磬,动人诗兴,信步闲行。雨过沙边路,风来水上亭。

　　“捉马潭”与“小龙湾”是冶源两处水景。水面上,“白鸥轻漾,红鸳翻浪”,色彩互映,物态各异,鲜明生动。两岸杨柳夹水,千条万缕,青丝飘荡成荫。“好一似连环锁”,极言柳树之浓密,使人不可解脱,而“醉乡”则形容柳荫诱人的魅力。及至“山居”,又是另一派风光。这里四面环山,下临澄湖,“翠巍巍四面云屏,碧澄澄一轮银镜”,以自然界高山为“云屏”,澄湖为“银镜”,来妆点“山居”,此种宏丽居处、天然图画,是市廛中狭隘的室庐所无法梦见的。又禅林悠悠钟磬声,动人清听诗兴,而沙路平铺,水亭竖立,疏淡景致,如画披目前,令人魂消。其五、六曲写冶源历史遗迹和有关景物:

　　冶官遗庙,千山环抱,铸剑池彻底澄清,飞云阁半空缥缈。柳阴中小桥,柳阴中小桥,渔樵径道,游人登眺,尽日逍遥。上到摩天岭,方知此处高。

　　堂开云岫,泉分石窦,倒坐着水月观音,生就的净瓶杨柳。有前朝古槐,有前朝古槐,千年依旧,龙蛇技斗,隐护灵湫。黑水洪洋峪,深藏景最幽。

　　冶源以古冶官得名,有祠庙祀之,又有深池,相传为古冶官铸剑处,凌空建阁,与池高下相对,巧构奇景,又有小桥、径道,可达摩天绝顶,所有景致皆堪入画。观音堂是另一座古祠庙,其位置、佛像均出自天然,亦一奇。特别提点堂前千年古槐和黑水灵湫,增添了景点的历史感、神奇感、幽深感。

　　七、八、九曲写冶源山居泛舟、宴饮、吟哦、禅悦种种乐趣。第十首总括冶源诸好:“秋来春去,四时成趣。家住翠竹丛中,人在白云深处。看天然图画,看天然图画。眼前诗句,水芹香稻,鲜酒活鱼。见说江南好,江南恐不如。”综观《冶源别业》十曲,景观描写注重灵泉澄湖、高岭青山、古槐垂柳、翠藻红莲、飞鸟水禽等等自然风物,有时也涉笔历史遗迹如铸剑池、飞云阁、冶官祠、香泉院,以及小桥曲径,而对人工建筑供居息游观的亭台楼阁之类并不留意,或一笔带过。其园林审美取向,在乎山水之间,即所谓"天然画图",而不在亭馆建筑之华构,这和当时文士评价园林推崇"自然"、"天然"、"天趣"、"天巧"如出一致。冯惟敏另一处别墅在东庄,靠近田野,"四围禾稼间桑麻",建有小楼,观稼,看山,会友,吟诗,饮酒,是"静养"、"潜修"的好去处。有小令【朝天】《东村楼成》赋其事。又为同乡好友北山翁作套数【商调·集贤宾】《题春园》,有句云:"青霭霭千林芳甸,锦重重十亩名园"。曲之《幺》云:"到春来碧桃开绿柳垂,到夏来海榴红翠荷展,到秋来芙蓉亭畔菊篱边,到冬来雪月风花细剪裁。落的个岁寒不变,总然是四时八节尽堪怜。"此园之胜在于花草树木,四季有景可观,皆堪赏爱。其园大可十亩,处于郊野"千林芳甸"包围之中,环境绝佳。堂室布置也很讲究,"群峰展画屏,拳石傍几筵,摆列着清奇古怪貌峨然。"称"名园"不虚也。又有套数【双调·新水令】《题市隐园十八景》,为金陵名士姚涮而作。主人哀集诸名家题咏数千百言,装裱成帙,且以示惟敏,并亲至其园,而赋此曲,在诸作中亦矫矫者。作者将市隐园十八景巧妙地分别嵌于诸曲之中,既切题,又形象。其《水仙子》之曲云:"中林堂美景一周遭,容与台平临望遥。观生处堪破千年调,柳浪堤春意好,芙蓉馆绝胜江皋。借眠庵黑甜一觉,思玄堂丹心未了,秋影亭黄叶飘飘。"此曲八句,每句含一景,景景切题,妙合情境,是散曲高手,园林行家。金銮《姚秋涧市隐园》之《感皇恩》《采茶歌》二曲也咏市隐园诸景,似在凑数,而乏情景意趣,逊于惟敏。冯惟敏咏园之作,开拓了散曲的新境界,提供了园史研究的新材料。

合观夏言、金銮、冯惟敏三位曲家观赏园林之美,或深心体会清凉萧疏的意境,以与朝廷炎热纷争的氛围相对,从中品尝退居湖山闲散恬适的"福缘";或尽情享受春华秋月园林内外无限风光,所触所感万物皆鲜活,"落花满地文章","锦绣园林见应少,尽千金一刻春宵,尚兀自赏不尽风光无限好";或沉浸于园亭青丽清幽的自然山水,如入"醉乡",如在"神仙世界","家住翠竹丛中,人在白云深处","四时成趣",朝朝暮暮可看"天然图画"。三人遭际、身份、情好不同,园林审美意趣也有差异。而都看重山川草木虫鸟之趣,天工之巧,园林尤其贵乎得地之胜,同时构园也要讲天然铺叙,人工安排要少,要合乎自然。

第五章 文化巨匠与园林艺术

文征明与王世贞,一为明中叶书画苑大师,一为明中后期历史过渡阶段文坛领袖,二人籍贯同属苏州府,而且相敬相亲,结为忘年之交。文氏王氏乃园林世家,衡山与弇州皆有自家私园,又广览吴中名园,也观北方园林。他们对园林嗜好甚深,深谙营构之道,并以此为题材创作了大量园林诗、园林记,文氏还绘制了多幅园林画,对园林史学和园林美学都有巨大贡献。文氏偏重于鉴赏,细微精妙,王氏注重园史的记录编纂和美学理论的探究,成就卓著,自明初以来迄于其身,当推第一人。

第一节　文征明之园林情结

一、艺术生命之依托

吴门画派杰出代表文征明,在他九十年生命长途中,大部分时光、精力都倾注于诗文书画的研习创作,以绘画、书法的成就最高,为有明一代艺坛宗匠。在艺术理论上,诗论、文论、书论、画论均有建树。文征明还深爱园林,精悉造园,平时多半栖居自家小园,每游吴中名园,自云"适意名园得屡遨"。园林既是他生活创作的场所,也是他寄托高尚情怀、汲取创作素材的佳境。他创作了许多以园林为题材的作品,包括诗歌、散文、书法、绘画诸艺,而以诗最多,盖有数百首,自少至老未辍吟园,在明代乃至历代诗人中是很少见的,反映了他对园林的殊好深情。其咏园、记园之作,含有丰富的园林审美体验和精湛的园林审美思想,代表了明代中叶突出的园林美学成绩,集中体现了园林艺术与绘画以及诗文书法诸艺的亲缘关系。

文征明画

文征明(1470—1559年),初名壁,字征明,后以字行,更字征仲,号衡山,长洲(今江苏苏州市人)。诸生,自弘治八年(1495年)二十六岁以迄嘉靖元年(1522年)五十三岁,十赴应天乡试,皆不中[①]。嘉靖二年以荐入朝,授翰林院待诏,与修《武宗实录》,五年上疏乞归,明年至家,时年五十八岁。早岁,学文于吴宽,学书于李应祯,学画于沈周,皆其父执友。又与祝允明、唐寅、徐祯卿齐名,称"吴中四才子"。主持吴门风雅三十余年,为画坛一代宗师,著有《甫田集》。

文征明的一生与园林结下不解之缘,他栖游于园,寄情于园,以园为艺术创作素材,咏园、记园、画园,园林是他艺术生涯的重要组成部分。研究文征明,如果舍其生活与艺术实践中园林部分,就不见其全人,不见一位完整的艺术大师。文征明的时代适逢苏州与江南园林繁荣期、吴门画派昌盛期,其家乡姑苏又处在艺术中心区位,文人画士、衣冠缙绅之家大都构置园墅,因此有条件遍游苏州园亭,至于师友之家园林更是经常光顾的乐地。据文征明诗文所提供的线索,所游苏州名士之家园林可略举者如:吴宽之东园,王鏊之真适园、怡老园,沈周之有竹居,顾荣夫之水竹庄,唐寅北庄,徐缙西山园,王献臣拙政园,沈天民浒溪草堂,陈钥姚城别业,钱同爱池亭,汤珍小隐堂,陈淳西斋,王庭东园,王宠越溪庄,等等。又常栖游于治平寺僧智晓石湖草堂,及大云庵、东禅寺、竹堂寺等寺庙园林。除吴门地区外,又游金陵徐天赐东园,江浦庄昶定山草堂,武进白悦园,无锡俞泰二宜园,宝应朱应登日涉园等。在北京任翰林院待诏期间,有幸游北京皇家园林西苑。文征明也有自家的园林,其停云馆名闻天下,辞官归里,于宅旁另辟玉磬山房,其园虽不宏丽,然而清雅有致,是他自己亲自设计,安顿此生,与胜友聚会的佳处。他还与另一位画师仇英设计、藻饰苏州名园徐墨川紫芝园。"紫芝园在阊门外上津桥,徐太学墨川园也,文待诏、仇十洲为之布画。后归项詹事煜,甲申为火毁。"[②]丰富的园林审美活动成为文征明艺术创作丰沛的活水源头之一,他以园林为题材创作的诗歌盖有数百十首,又创作长篇纪实园记《王氏拙政园记》、《玉女潭山居记》二篇名作。手绘园林图甚多,如《浒溪草堂图卷》、《句曲山房图卷》、《真赏斋图卷》、《金阊名园图卷》、《高人名园图轴》、《独乐园图》、《西苑图卷》、《游西苑诗画卷》、《拙政园诗画册》、《园亭图轴》等[③],皆存于世。尽管自魏晋以来中国文人雅士就与园林艺术结下不解之缘,但像文征明以园林为内容创构如此纷繁高雅之作,而且涉及诗文书画各个领域的艺术家,还是罕见的。这些作品抒发了这位艺术巨匠的旷怀幽情,表现了他的艺术趣味、美学观念、人生哲思和丰富精邃的园林审美体验与园林美学思想。大师的艺术生涯与个体生命是和园林艺术紧密地联系在一起的。

---

① 《文征明集》卷二五《谢李宫保书》:"凡十试有司,每试辄斥。"又《文征明集·附录三年表》为九试不售。

② 《长洲县志》卷一八《园亭》。

③ 刘纲纪:《文征明》附录《现存画目》,吉林美术出版社,1996。

二、小园幽居之乐

文氏停云馆为明代苏州名园。查《文征明集》,"停云馆"最早见于篇什者为卷七《停云馆燕坐有怀昌国》(昌国即作者友人徐祯卿,卿字昌国),题下标明写作年代"己未",为弘治十二年(1499年),作者时年三十岁。是年其父文林卒于温州知府任上,此馆是其父留下的遗产。"停云馆,在三条桥西北曹家巷。文温州林所构,子待诏征明亦居之,嘉靖间所勒帖谱十二卷盛行,其名益着。"[①]《文征明集》中又屡屡出现"西斋",卷九《岁暮重葺西斋》,一本题作"岁暮重葺停云馆",疑西斋即停云馆。集中又屡见"南楼",与停云馆处于同一园中。《丙戌十月致仕出京》:"玉兰堂下秋风早,幽竹黄花不负余。"玉兰堂也是园中一景。此园因是祖业,年久失修而致倒塌碎为瓦砾,"不堪岁晏撤吾庐,愁对西风瓦砾墟"[②]。撤而复建,屡破屡葺。主人诗云:"偶葺南荣佚此身,也堪展席对嘉宾。窗光落几盈盈水,檐隙封泥盎盎春。如复高明离故处,依然俭陋本先人。堆床更有图书在,岁晚相看不当贫。"[③]晚年,辞翰林院待诏,至家,于宅东构玉磬山房,"树两桐于庭,日徘徊啸咏其中"[④]。其形制中曲如玉磬,故名。文林为官清正廉洁,征明雅有父风,年三十奔父丧,温州吏民赠千金以为丧仪,不受,为修却金亭旌其事,一时传为美谈。征明平生久享大名,其家并不富裕,而安于斗室蜗居,停云、玉磬二园也显寒伧,"小园"、"小斋"、"小楼"、"小室"、"小窗"、"小砌"、"小山"、"小池",其园种种都不离一个"小"字。主人却心安理得、安贫乐道,又善于在狭小的空间经营布置,营造出一片艺术天地,"小阁疏窗,位置都雅"。其诗云:"横窗偃曲带修垣,一室都来斗样宽。谁言曲肱能自乐,我知容膝易为安。春风薙草通幽径,夜雨编篱护药栏。笑杀杜陵常寄泊,却思广厦庇人寒。"[⑤]另一首七律也是咏玉磬山房的:"小斋如翼两楹分,矩折分明玉磬陈。蹈海要非平世事,过门谁识有心人。屋头日出乌栖晓,檐隙泥香燕垒春。手种双桐才数尺,浓荫已见绿匀匀。"[⑥]

文征明是怎样禀承"俭陋"家风,利用位于老旧的里巷中一处湫隘的故居,来营构他的小园呢? 又体现他什么造园理趣呢? 首先,尽量保留空间,珍惜每寸土地,不使有填塞之病。建筑设景少之又少,一斋一楼一山一池而已,体量又极小。室内陈设装饰也很简单俭朴,竹榻竹几、书案,此外别无其他家什用具了。茅檐短墙,空地留给了庭院天井和草木。文氏小园的设计和布局充分体现了中华艺术虚器留白的美学理念。其咏园诗与题画诗时见"虚窗"、"虚亭"、"虚阁"、"虚庑"、"虚明"、"空

---

① 《百城烟水》卷二《吴县》,江苏古籍出版社,1999。
② 《文征明集》补辑卷六《岁暮撤停云馆有作》。
③ 《文征明集》卷九《岁暮重葺西斋》。
④ 文嘉《先君行略》,见《文征明集》附录。
⑤ 《文征明集》卷一二《玉磬山房》。
⑥ 《文征明集》补辑卷一〇《缺题》。

虚"等词汇,还特地写了一首题为《虚窗》的七律:

> 疏棂斜启带檐牙,雅称空明照碧纱。静里隙光行野马,夜深月色弄梅花。此心寂久还生白,万籁听来自不哗。却是读书声未散,隔松遥入野人家。①

疏棂斜启,让阳光映照在碧绿的窗帘上,室中人透过一隙之光可窥见外面如游丝一般飘浮的云气("野马"),深野则能领略到月色与梅影交辉互映的幽致。此际人心亦虚,清空一白,不留渣滓,不觉视听之迷乱嘈杂。这是虚窗疏棂的妙用。岂止一窗,园中一切建构若善用虚,皆能产生美感。虚则通透,气息流贯,面面俱应,景象皆活,迎纳自然界万千气象和附近人文景观,丰富而蕴藉,情趣无限。造园讲虚实并用,虚更难办也。尤其是小园狭窄的空间易为各种建筑景观所挤占,产生堆砌填塞的弊病,故更要讲究用虚留白。文征明的停云馆与玉磬山房便是范例。

其次,腾出的地块主要用于有选择地种植树木花草。其品种大多是受历代文人士大夫所喜爱,可供观赏又可比拟人之美德的那些植物,如松、竹、梅、菊、兰、荷花、桂花、梧桐,还有杨柳、海棠、橘柚等。种植地点的选择也很有讲究,如窗竹、梅坡、井梧、檐柳、篱菊,海棠植于阶下,蔷薇种于墙根,桂树面对斋前,各得其宜,这是园艺家们的经验,也要看园主人的巧妙运用。园中花草树木包括碧草青苔,与茅檐、短墙、虚窗、空庭相互衬托掩映,这一切又和自然界经常发生变化的气象物候,朗日霁月、雨雪风霜以及鸟鸣虫吟,交错互参,透过艺术家的眼光,小园会产生种种奇幻美妙的景象。例如《雪后庭中梅花》:"和月上窗寒影薄,吹香入梦晓魂清。"《答陈道济》:"茗碗清风深破睡,松窗落日淡摇春。"《次韵陈道济》:"茅屋雨声灯照梦,芙蓉秋冷月关情。"《八月十六夜对月》:"倚阑凉飔芙蓉露,满院秋风桂树烟。"《初春书事》:"流云冉冉度湘帘,绿映轻衫草色鲜。"《南楼》:"膏雨一番苏弱柳,春风几处啭新莺。"《冬夜》:"凉声度竹风如雨,碎影摇窗月在松。"《岁暮重葺西斋》:"窗光落几盈盈水,檐隙封泥盎盎春。"《秋夜》:"半窗凉影双桐月,一榻秋声四壁虫。"此类佳句不胜枚举。日照夕辉,月色星光,风雨云烟,莺啼虫鸣,透过虚窗、竹帘、檐隙、矮墙,化作光影声色香气诸般妙相,直令此中人觉得心醉魂消,睡梦亦香。片片飘落在青苔上的桐叶也能点出秋庭幽境。《斋居即事》:"风搅青桐叶渐摧,时飘一片点苍苔。山童不识林亭(一作堂)趣,却并松枝尽扫开。"童子不识庭院清趣,将落叶与松枝一并扫去,其事亦趣,清寂中透出活气。七言古诗"明河垂空秋耿耿"写玉磬山房中庭月光与碧梧交映景色,诗前小序云:

> 十月十三夜,与客小醉,起步中庭,月色如昼。时碧梧萧疏,流影在地,人境俱寂。顾视欣然,因命童子(一本作山童)烹苦茗啜之。还坐风檐,不觉至丙夜。东坡

① 《文征明集》卷一〇《虚窗为陈秋官赋》。

云,何夕无月,何处无竹柏影,但无我辈闲适耳。嘉靖壬辰征明识。①

当年苏东坡谪居黄州,偕友人张怀民夜游承天寺,步于中庭,见"庭下如积水空明,水中藻荇交横,盖竹柏影也",遂发其闲情逸致,"何夜无月,何处无竹柏,但少闲人如吾两人者耳"。四百五十年后,时年六十三岁的文征明在自辟小园玉磬山房所遇月下桐影仿佛当年东坡所见承天寺夜景,二人闲情亦同。惟东坡有友人相陪,征明则无,仅有一童子侍侧,然而其景寥廓空蒙,其兴雄奇飞扬,"更阑斗转天苍然,满庭夜月霏寒烟;蓬莱何处亿万里,紫云飞堕栏杆前"。如此清空之境,遄飞之兴,皆生于小小园庭,亦主人清思妙构所致。

其三,文氏旧园即所谓"停云馆"或西斋建有小楼,即征明诗中常常提及的"南楼",登斯楼可俯瞰城中千门万户,远眺西郊青山,这样就把"穷巷"、"陋巷"中的一座小小园林和外面的大千世界联系起来。登楼凭栏,成了主人生活起居不可或缺的一件事情。他在楼上清楚地见到苏城繁华锦绣气象,自然界四时景色、欣欣生意。《南楼》:"西山开晚霁,返照落窗中。"《病起试笔》:"碧云千里目,黄叶四檐声。"《春日雨中》:"野色送青山半出,暖痕回绿草先知。"《南楼雨后》:"徙倚南楼酒半醺,新晴物色总欣欣。烟中万瓦初斜日,天末孤飞有断云。江燕差池先社至,林花狼藉过春分。一般寂寂啼山鸟,不及横塘树底闻。"又《南楼》:"南楼三月尽,飞絮满江城。野色烟中断,斜阳雨外明。绕檐风燕燕,千树暖莺莺。岁有伤春感,兼兹白发生。"穷巷小园倘无此楼,焉能见西山晚霁、千里碧云、万瓦斜阳、满城飞絮,以及林花、野色、江燕、群莺种种景象,最先感知物候之新变、动植之生意。登此楼有时会触发忧国忧民天下之情,而非斤斤于伤叹自身困厄穷愁一己之情。《南楼》:"烟色葱茏万瓦流,夕阳如锦下城头。满城饥困人皆死,高处那知地上愁?"繁华的苏州因遭饥荒,死者枕藉,满城凄惨景象。时在弘治五年(1492年),作者二十三岁。史载弘治四年秋八月,"苏、松、浙江水",又"南京地震",至五年水未退,秋七月,"振南京、浙江、山东饥","停苏、松、浙江额外织造,召督造官还"②。诗盖实录,有感而发。《登楼》:"万里新寒袭敝裘,故人何在独登楼。江山摇落愁无际,鸿鹄哀鸣去有求。北首长安云日暮,西风边徼戍尘秋。谁怀杞国千年虑,目断碧天空自流。"正德、嘉靖间,蒙古部落小王子占据河套一带,成为西北边患,"数入寇","出没寇西北边","数扰边"③,文诗"边徼戍尘"云云,盖指此,时年盖五十余岁。又《南楼》云:"狂搔白发倚南楼,落日边声入暮愁。万里长风谁破浪,一时沧海遂横流。敢言多垒非吾耻,空复崩天负杞忧。安得甘霖洗兵马,浮云明灭思悠悠。"作者时年八十四岁。文征明长期过着闲适的园居生活,沉潜书画诗文创作,但自少至老都未尝忘怀民瘼时病,这种忧患意识常常是在登临南楼时触发的。

① 《文征明集》补辑卷三。
② 《明史》卷一五《孝宗本纪》。
③ 《明史》卷二一五《外国传·鞑靼》。

文征明一生与园相伴,他的生命与园息息相关。在北京任翰林院待诏三年,见朝政混乱,"然居恒邑邑不自得"①,屡上疏乞归。期间,思乡情切,作《秋夜不寐枕上口占五首》,首先想到的是自己栖止寝食其间的小园,是停云馆、玉兰堂,"中夜无眠思故乡,梦成刚在玉兰堂","中夜思归梦不迷,停云馆在玉兰西",较之朝廷"虎豹场",自家小园却有"幽居乐"、"幽斋乐"。文征明的前半生由于家业不丰,科举九试不中,贫与困、病与愁,每每发诸诗歌。幸而祖上留给他一座小园,经过亲自打理,获得了一个幽静优雅的家居,一个小小的艺术天地,能够在其中安度一生,沉潜于文学艺术创作,难怪他对"停云馆"、"玉兰堂"怀有深深的情愫,视为乐居、乐斋了。辞官抵家在嘉靖六年(1527年),他已经五十八岁了,生活似较以前宽舒。归家第一件事就是修葺停云馆,诗云:"京尘两月暗征衫,此日停云一解颜。道路何如故乡好,琴书能待主人还。已过壮岁悲华发,敢负明时向碧山。百事不营惟美睡,黄花时节雨班班。"②随后又新筑玉磬山房。其弟子书画名家陈淳来访,作《新秋扣玉磬山房获观秘籍书画》:"秋暑殊未解,言向城北隅。爱登君子堂,如坐冰玉壶。纵观《循吏传》,载展《醉仙图》。如恐襜襦讥,此意真成孤。"③玉磬山房与停云馆相邻,在苏州城内西北角。山房内收藏古书秘籍、法书名画甚丰。

从青年到暮年都和园居生活密不可分,长期受到园林美的熏陶,这对文征明的精神世界和审美心理浸润殊深。他体悟到,这幽美的小园比起那纷纷扰扰的市朝,特别是朝廷险恶的"虎豹场",要洁净、宁静、清纯、美丽千百倍,深感陶渊明"环堵萧然,不蔽风雨","闲静少言,不慕荣利","倚南窗以寄傲,审容膝之易安",其所叙所咏之味深。文征明也屡有吟咏,如《答陈道济》云:"平生容膝无余念。"《答吴次明》:"席门环堵心如水。"《答钱孔周》:"元亮平生难适俗,尧夫一室自藏春。"元亮,陶渊明之字。尧夫,北宋理学家邵雍之字。《十月九日辱次明九逵道复及履约兄弟过饮》云:"浮世自知闲有味,贫家聊以淡为欢。"清适的小园,如蜗的居室,乃使主人贫而能乐,淡而有味,心境如水,扫除尘缘的污染,心灵得到净化,进入最佳审美心理状态。文征明赞赏苏轼所画竹石"清雅奇古,无一点尘俗气"④,又自称"推脱尘缘意绪佳"⑤,而"尘缘"、"尘俗气",如功名杂念、利欲熏心等,则是审美活动、艺术创作的障碍。在园中空庭或透过室内虚窗,或登上南楼,可以观听长空玉宇、朝晖夕月、春风冬雪、莺啼虫鸣、草木竹树,接触天象地景、动植万汇,感受自然生命的盎然生意。"生意"一词频频见于文征明诗作中,如《次韵孔周岁除之作》:"花竹渐看生意动,安排诗句庆吾庐。"《五月十三日种竹》:"分得亭亭绿玉枝,雨余生意满阶除。"又失题七律:"见说近来生意足,一庭草色映帘明。"意涵相近的词还有"欣欣"、"物华"、"岁

---

① 王世贞:《文先生传》,见《文征明集》附录。
② 《文征明集》卷一〇《初归检理停云馆有感》。
③ 《文征明集》附录。
④ 《文征明集》补辑卷三《题东坡画竹》。
⑤ 《文征明集》卷一〇《同王履约过道复东堂》。

华"等,如《南楼雨后》:"新晴物色总欣欣"。《饮王敬止园池》:"春去依然有物华。"《初春书事》:"疏帘掩映物华鲜。"《同王履约过道复东堂》:"绿树黄鹂有岁华。"天地自然生命与主体自我生命之生意融合无间,由是形成审美意象,创为"气韵生动"的艺术。这一审美活动、审美心理对文征明而言,往往发生在园林这个特定空间。嘉靖十一年(1532年)十月十三夜,月色如昼,征明适在其玉磬山房,乃起步中庭,"时碧梧萧疏,流影在地,人境俱寂,顾视欣然",作七言古诗一首:

> 明河垂空秋耿耿,碧瓦飞霜夜堂冷。幽人无眠月窥户,一笑临轩酒初醒。庭空无人万籁沉,惟有碧树交清影。褰衣径起踏流水,拄杖荦确警栖禽。风檐石鼎燃湘竹,夜久香浮乳花熟。银杯和月泻金波,洗我胸中尘百斛。更阑斗转天苍然,满庭夜色霏寒烟。蓬莱何处亿万里,紫云飞堕栏干前。何人为唤李谪仙,明月万古人千年。人千年,月犹昔,赏心且对樽前客。愿得长闲似此时,不愁明月无今夕。①

玉磬山房在皓月映照下,现出一个别样的世界,空明、寂静、清幽、奇妙,其间事事物物无一不美,乃至茶具、茶汤、茶色也奇丽异常。幽人置身其境,心灵净化了,如经一番清洗,胸中百斛尘埃尽除,而且超越了时空,超越了人神界域。这正是审美活动、艺术创作与欣赏活动的心理特征,园林艺术亦然,文征明的体验特多,丰富而深细。

三、吴中名园赏评

文征明平生好园,饱览苏州园林,足涉江南名园。"驾言求友生,名园欣独往"②,"病身憔悴困青袍,适意名园得屡遨"③。留下了许多咏园诗,也有长篇园林记,其中王献臣拙政园、王鏊真适园、徐缙西山园及史际玉阳山房,是其重点歌咏、记叙对象,也是研探文征明园林美学思想的生动资料。

王献臣,字敬止,号槐雨,吴县人。弘治六年(1493年)进士,授行人,擢御史,为东厂所诬,谪福建上杭丞,广东驿丞,武宗立,迁永嘉知县。后解官家处,筑室种树,自谓"此亦拙者之为政也",因名拙政园。文征明与王献臣有通家之好,"直躬殉道"而被斥,又幸其优游余生,享园居之乐二十余年。于嘉靖十年(1531年)作拙政园诗三十一首,十二年增诗一首,同年又作《王氏拙政园记》。

拙政园在苏州城内东北,原为唐陆龟蒙故宅,虽在城市,而有山林深寂之趣。元代废为寺。明正德间,王献臣解官归里,购得之,"居多隙地,有积水亘其中,稍加浚治,环以林木","凡为堂一,楼一,为亭六,轩、槛、池、台、坞、涧之属二十有三,总三十有一"④。拙政园首先以水取胜。主要水景"小沧浪","横亘数亩","洸漾渺沵,望

---

① 《文征明集》补辑卷三《十月十三夜与客小醉起步中庭》。
② 《文征明集》卷三《人日王氏东园小集》。
③ 《文征明集》卷八《孔周池亭小集》。
④ 《文征明集》补辑卷二〇《王氏拙政园记》。

若湖泊"。又水体形态多样,有湖、塘、池、泉种种,或涓涓细流,或浩浩碧波,水流或显或伏,或急速而清驶,或平缓而渟蓄。这在繁华的都会尤其难得,也是营造城市山林的基本条件。其次广植竹木繁花。尤多美竹,"倚玉轩"旁"碧玉万竿","深净亭"周围"修竹环匝","湘筠坞"前"种竹绕平冈,冈回竹成坞","竹涧"夹岸美竹千挺,"回波漱寒玉,清吹杂鸣球"。文征明曾移拙政园绿竹于自家停云馆前,"远移高竹种前楹,珍重王猷属我情"。"王猷",晋王徽之号子猷,有竹癖,此借指王献臣。竹之外,又种莲于"水花池",种柑橘于"待霜亭",种江梅百本于"瑶圃",又种柳、松、桃、李、槐榆、芭蕉等,并因之构成一个个景点,如"柳隩"、"听松风处"、"珍李坂"、"桃花沜"、"槐雨亭"云云。"繁香坞"景区杂植牡丹、芍药、丹桂、海棠、紫琼诸花,"春光烂漫千机锦,淑气熏蒸百和香"。园中建筑,"凡诸亭槛台榭,皆因水而面势",与水色波光相掩映,美不胜收,是拙政园的又一绝胜处。桥梁"小飞虹"在梦隐楼之前,横绝沧浪池中,落日晴波与朱栏高楼交映,"朱栏光炯摇碧落,杰阁参差隐层雾",如入仙境。梦隐楼为全园最高建筑,在沧浪池上,登楼可望郭外诸山。沧浪池北意运台,高可寻丈,登台也能见远山白云,心目为之旷然。文征明拙政园诗与记,未有关于假山特别是大假山的描述,盖其时园景本如此,间有片石、钓矶和盆石的记载,如"倚玉轩"旁种美竹,竖昆山石,所谓"碧玉万竿长","昆山片玉苍","钓矶"之水边石白净无尘,坐看柳丝,静对粼粼绿波,便有江湖远趣。"尔耳轩"于盆盎置水石,上植菖蒲、水冬青,亦寓"崇丘"之兴。拳石片玉也含重岩高岭之意,固不必广采奇石以叠高山群峰。

大学士王鏊真适园在洞庭东山,其婿吏部侍郎徐缙崦西园(又称徐子容园池)在洞庭西山,二园皆以太湖磅礴奇秀的山川为背景。王鏊是文征明崇敬的前辈,关系亲密,曾作《上守溪先生书》以明志,又游王氏真适园,作《柱国王先生真适园十六咏》,每首咏一景。十六景为"莫厘巘"、"太湖石"、"苍玉亭"、"香雪林"、"湖光阁"、"款月台"、"寒翠亭"、"鸣玉涧"、"玉带桥"、"舞鹤衢"、"来禽圃"、"芙蓉岸"、"涤砚池"、"疏畦"、"菊径"、"稻塍"。真适园滨临太湖,一举目便可览湖山之胜。《莫厘巘》云:"欻岑渺千里,揽之不盈襟。"《湖光阁》云:"日出五湖明,波光上层屋。"主人之意正在山水之间,故园内建筑甚简,仅有亭、台、阁寥寥数座而已。又省工节用,不须远运奇石,而是就地取材,其家太湖,"湖浔富奇石",以之叠假山如"层岩","逍遥无所营,居然有真适"。宅基墙边有寒泉,引流为涧,萦纡澄碧,水声冷然,亦巧用自然之盛。园中花木有梅、竹、桧、菊、芙蓉、来禽(花红)。杂植于圃中、池上、亭畔、檐下,均给人以美感。竹绕虚亭,如寒光锁绿;梅如香雪,桧有翠阴;小径种菊,采采成行;芙蓉照水,烂然锦披。又辟一亩园,以种嘉蔬,舍南有田,良苗怀新,以寄陇亩之心,以示农耕之意。真适园十六景,每一景都寄托着主人王鏊晚年辞去相位回归自然的旷怀高情,所谓"悠悠山中人,岁晚投华簪","日夕饱清虚,何云食无肉","相看有真味,何必鼎中尝",所谓"贞素"、"真适",体现了王鏊这位高官于岁晚归田悟出的人生理趣及其造园的根本宗旨,也表现了文征明等文人崇尚清幽、简淡的园林美学思想。

王鏊之婿徐缙,字子容,号崦西,吴县人。弘治十八年(1505年)进士,授编修,官至吏部侍郎。筑薜荔园于太湖西山。文征明与徐缙过从甚密,作《徐子容园池十三首》,时在正德十四年(1519年)五十岁时,亦每首咏一景,即"思乐堂"、"石假山"、"水槛楼"、"风竹轩"、"蕉石亭"、"观耕台"、"蔷薇洞"、"荷池"、"留月峰"、"柏屏"、"通泠桥"、"花源"、"钓矶"。徐缙和文征明的友人南京刑部尚书顾璘《息园存稿诗》卷四有《徐学士子容薜荔园十二首》,无"石假山",故题作"十二首"。徐氏园十三景每景以一种或两种自然物象为构成要素,如水石花树等,建筑物如楼台亭轩等则为景物聚合点、观赏处,在特定气候天象条件作用下,便形成诸种美妙的园林意境。《石假山》云:"近割包山巧,冥搜笠泽奇。"包山即太湖西山,笠泽乃太湖别称,诗谓园中所植太湖石能得湖山奇巧,令人赏玩不尽。《风竹轩》云:"琐窗晴送影,金粉细吹香。"竹影令人神迷,竹香令人心醉。《蕉石亭》云:"院静浮苍岛,窗虚拂翠翘。"亭边叠怪石,上植芭蕉,"院静"、"窗虚"谓亭轩,"苍岛"拟奇石,"翠翘"指芭蕉,景境清幽奇幻。《荷池》云:"细香浮露气,疏雨占秋声。"田田绿荷得池水、露气、疏雨涵化,浮出细微清香,传出悦耳"秋声",这方小小池塘也含清致妙境。"水槛楼"是薜荔园中唯一华丽建筑,同样因水而增胜:"高楼凌万象,正俯曲池端。画栋浮晴藻,风帘泻急湍。秋容千丈碧,天影一规寒。落日相涵照,闲凭十二阑。"碧绿的池水由于日光的反射,高楼的"画栋"、"风帘"仿佛有藻荇浮动,急湍直泻而下。秋日,池水深碧,似有千丈,高空日影落于池中,浑圆如规,且有寒意。如此景象,何等奇妙!此园设计者善将建筑、植物、水石等要素,巧为配置,互相映衬,并考虑到天象气候等因素,从而营造出诸多景色有别、主题鲜明而各具意境的景观、景点。文征明观赏、吟咏薜荔园也特别注重此园所具美学意境和主体审美意趣。

文征明另一篇与《王氏拙政园记》齐美的长篇园林记《玉女潭山居记》,所记玉女潭山居又名玉阳山房、玉阳洞天。杭人田汝成《田汝成小集》卷四有《玉阳洞天雨游记》,但不若文记翔实精美。园主人史际(1495—1571年)字恭甫,溧阳人,嘉靖名士。溧阳与宜兴为邻县。玉女潭在宜兴县东南二十里穿石山,附近"岩窦虚巇,湍濑联络","最为奇胜",如张公洞、玉女潭皆是。史际对玉女潭自然景观并不作伤筋动骨的改造,惟精心打理,除其荒秽,疏其土石,通其湮塞,使其天然奇骨秀色尽显。诚如文征明所说:"乃疏土出石,决洼导流,刓辟躏刈,尽发一山之胜,幽岩绝壑,灵湫邃谷,悉为标表,而兹潭实首发之。"山居以玉女潭为中心营构亭台楼阁等人工建筑,以便观赏,而撷景之精华。如就潭边高突处建台,台上构重屋,名"玉光阁"。玉潭之水"莹洁如玉",日光下射,"光景澄澈"。登阁俯览,"而潭之盛益靓而显"。潭有伏流,出岩石之下,汇为小池,玉洁不流,为亭其上,曰"凝玉"。其南,古榉一株,根柯郁蟠,磊砢如石,"其下湍濑潆洄,与树映带",其旁建轩,曰"漱玉"。其亭阁轩皆因天然水石而建,且以之命名。玉阳洞天范围内许多景点或稍事堆叠,或不施一斧一凿,仅仅冠以佳名,便成一处处胜景。如琼树湍折旋西流,曲处成湾,长石累累相属，"如龙马下饮，如砥柱中矗"，"夭矫如虬蟠，如鼍奋"，水流喷薄，溅沫成轮，声震如行峡之，因名之曰"虬鼍峡"。这一景点附近不见任何建筑，也不见人工痕迹，完全保留原来面貌，只是取个名目而已。但要发现、识得天然胜迹，需要卓特的审美眼光，给胜景题名不仅恰切而且新异也须胸有丘壑诗书。

玉阳洞天主景区玉女潭最称佳胜，潭东西次要景区也有奇胜可观。其东境可游者四，"金晶岩最胜"，其西境可游者六，"龙湫最胜"，其间有径有桥有舟相通，皆与玉女潭互联，又方便游者登眺。文征明总评玉阳洞天水石草木之奇妙：

> 水自"凝玉"而来，东南互流，至此凡百折，乍盛乍微，或浮或伏，而其源皆出于"玉潭"。石自"玉潭"而来，或隐或见，亦皆联绵相属。其间松桧楩楠，幽兰灵卉，丛生蔓被，与水石相蔽亏。周游其中，若去尘寰，历异境，既违复合，若穷而通，绮错绣绾，不出里道，而众景毕集。殆造物者效奇呈异，独媚于兹，以成一方之胜如此。

文征明的赏评突出了玉阳洞天这座郊野园林天造地设的奇致巧构，尽显此地自然界原生态景观，即所谓"造物者效奇呈异"的天巧神工。同时指出天地所以尽显其奇异，又同主人史际的高情雅怀和"经营位置"的造园才艺是分不开的，"恭甫以粹美之质，具有用之才，不究于时，而肆情丘壑，搜奇抉异，发幽而通塞，俾伏者以显，郁者以申，而无所蔽"，"恭甫恬静寡欲，与物无忤，而雅事养神，邂逅得此，用以自适，而经营位置因见其才"。史氏无意间在宜兴郊野发现玉女潭这一久已"湮塞不通，人鲜知者"的胜境，辟为园林，"搜奇抉异"，尽量保留自然景观原貌，有所疏凿也是为了凸显自然景观之美、天地之奇，体现了构建郊野乃至一切园林的基本美学原则。

四、会心非在远

文征明体认到，在园林审美活动中，只有进入心与物会，情与景融的状态，乃得园林之真赏。"会心"一词屡见于文征明园林诗句中。例如："会心非在远，悠然水竹中。"[①]"自古会心非在远，等闲鱼鸟便相亲。"[②]"水竹悠然有遐思，会心何必在空山。"[③]"会心何必在郊坰，近圃分明见远情。"[④]由小园近圃，眼前水竹鱼鸟诸景物，悠然而生远意，如身在郊野空山。他居停云馆，观斋前小山，似有凌空之势而至无极，其实其高不及寻丈。玩盆池，觉有江湖之适。游拙政园，坐白石，临水津，"得意江湖远"，"忘机鸥鹭驯"；园中盆景，中置水石，上植菖蒲、水冬青，虽一拳石一勺水，观之也觉"高深"；"竹涧"亦园中一景，夹涧多植美竹，风竹声清，碧涧波回，令人如潇湘中逢秋雨，万壑中闻琴声，"短棹三湘雨，孤琴万壑秋"。园有"瑶圃"，中植江梅百本，繁花灿烂，入其中如登仙境、逢仙女，"我来如升白银阙，绰约仙姬若冰雪。仿佛

① 《文征明集》卷一《斋前小斋》。

② 《文征明集》卷一〇《侍守溪先生西园游集》。

③ 《文征明集》卷一四《过吉祥寺》。

④ 《文征明集》补辑卷一六《拙政园诗》。

蓬莱万玉妃,夜深下踏瑶台月"①。由园中目前景物泉石池山竹树花草,触发自己遐思遐想,读出其中远意远情,浮现出种种美妙幽奇的情境,入梅林如至蓬莱仙境而逢队队仙姬,游竹涧如值秋雨霏霏荡舟潇湘,如此等等。这已跳出对原来园中景物的直接摹写和简单类比,而进入意象的创造,不遗目前之景,而含渺远之意,达到心与物、神与境、情与景、意与象的统一。陈伯海先生论及艺术欣赏须进行审美的"重构"、"再创造"时指出:"欣赏者必须借助自己既有的经验来领略对象,用自己的生命体验去激活作品中潜藏着的艺术家原有的生命体验,以进行交往沟通,以达到同感共振,这就成了审美的重构。"进而指出艺术欣赏中的这种重构和再创造的意义在于:"欣赏活动中的这种对原有意蕴的生发和改造,不但不可避免,且常带有相当的合理性,它有助于丰富和扩展对艺术品审美意蕴的理解(故有作品意义由文本与读者共同构建之说),进而促使艺术活动的审美功能有可能跟随历史的脚步一起前进,在人类社会生活的演变中常驻常新。"②当然,观赏、解读园林这门综合艺术的欣赏者也须要以自身的体验、鉴识进行"重构"和"再创造",以抉发对象的远意幽趣,创构独特的意象。古今欣赏者对古典名园的诸多解读重构,便构成一部园林审美接受史。文征明正是"用自己的生命体验"去对待、观赏、重构苏州乃至江南众多名园的,并且将审美意象(心象)化为艺术形象(物象),见诸诗文绘画,其创构之丰富精妙殆为明代自洪武以迄嘉靖二百年间第一人。他还根据自己鉴赏、描绘、设计、营构园林丰富的艺术实践,突出观园重在"会心"的审美观念,大畅前人之说,又且存乎一心,妙于运用。"会心"说最初见于东晋。晋简文帝司马昱游建康(今南京市)华林园,顾谓左右曰:"会心处不必在远,翳然林水,便自有濠濮间想也,觉鸟兽禽鱼自来亲人。"③简文帝游华林园时所获审美体验,经过文征明的发挥,上升为一种具有普遍意义的观园义法、欣赏美学,表明园林美学的发展和文征明对园林美学的贡献。

文征明还将心物感应的古代美学理论推演到园林审美活动。他咏园林竹声之美与听者心耳之清二者关系:

> 虚斋坐深寂,凉声送清美。杂佩摇天风,孤琴泻流水。寻声自何来,苍竿在庭坒。泠然如有应,声耳相诺唯。竹声良已佳,吾耳亦清矣。谁云听在竹,要识听由己。人清比修竹,竹瘦比君子。声入心自通,一物聊彼此。傍人漫求声,已在无声里。不然吾自吾,竹亦自竹尔。虽日与竹居,终然邈千里。请看太始音,岂入筝琶耳。④

人坐"虚斋",耳闻庭院竹声,清美异常,如玉佩鸣夏,如孤琴发流水之音,竹声所以能引起听者如此美妙的感受正是由于心物感应的作用,"泠然如有应,声耳相诺唯"。再追究下去,若问心与物何以能交感相应,则缘于二者质性有相同之处。

---

① 《文征明集》补辑卷一六《拙政园诗》。

② 陈伯海:《生命体验与审美超越》,生活·读书·新知三联书店,2012,第152～153页。

③ 徐震堮:《世说新语校笺》卷上《言语第二》,中华书局,1984。

④ 《文征明集》卷一《听竹》。

竹之为物,瘦劲有节,如君子之德;人之有品,清高绝俗,如君子之卓。"人清比修竹,竹瘦比君子",质言之,修竹与君子其质皆清,故彼此可以互相感应。否则,人自人,竹自竹,了不相通,"虽日与竹居,终然邈千里"。听者与竹声的关系就是心与物、主体与客体的关系。而对同一审美对象的感知体认皆因人而异,千差万别,其得失、深浅、高低、全偏都取决于审美主体的综合素质修养,"澄怀"者乃领"妙境"[1],心体健全者方会物体佳美。文征明观察心物主客审美关系,兼及二者相因互动交融感应的一面,又突出审美主体能动性的一面。其诗云:"人间佳境非难觅,自是尘缘不易投。"[2]人间佳境并不难觅,难觅的是能够会心佳境的人。人往往为"尘缘"所牵掣,为尘虑所蒙翳,致使心与境不会,且与景相隔。人与境所以不相契合,终究还要从审美主体方面寻找原因。欣赏园林者要能达到心境契合的佳境,领会园之幽趣,获得园之真赏,也须提高自身的精神境界,疏瀹心灵,澄怀静观,这和其它艺术创作与欣赏活动特征是一致的。

文征明的园林美学思想内涵,除了提倡会心之说,心物感应的创作观(也是欣赏观)之外,还包括崇尚"天工"、"生意"、小巧淡雅的趣味观,注重"经营位置",使山水泉石草木亭台等要素合理配置的布局观,主张腾出虚空,使自然景象与人造景观交相掩映,令人恍入幽异域界的意境观,等等。其所表述多诉诸感性形式,见于辞章,而非园林专论,但也含理性成分,精妙的美学思想,与其画论、书论、文论、诗论,共同构建起文征明的美学理论。园林美学是其中不可分割的重要组成部分。刘纲纪先生指出:"中国古代的艺术家是重视美学的,但不是每一个艺术家都发表了有关他的美学观的言论。文征明则发表了数量可观的言论,在历代画家中,他堪称是一个美学思想甚为丰富与深刻的人。"[3]又指出:"文可以说就是吴门四家绘画艺术的理论上的阐述者,在很大程度上他既是画家,又是绘画理论批评家,但过去对这一点注意和研究不够。"[4]文征明的园林美学思想同样"丰富与深刻",他是明代中叶苏州及江南园林兴盛时期的赞美者、记述者,又是吴中园林审美趣尚的探胜者、阐扬者。这方面的"注意和研究"尤其不够,其关注度远不及画论。

第二节　王世贞与园林艺术

一、王氏家族之园林癖好

王世贞(1526—1590 年),字元美,号凤洲,又号弇州山人、天弢居士,苏州太仓

---

① 《文征明集》补辑卷一〇《焚香》。

② 《文征明集》卷九《题画》。

③ 刘纲纪:《明清中国画大师研究丛书·文征明》,吉林美术出版社,1997,第72页。

④ 同上书,第35页。

人。二十二岁举嘉靖二十六年(1547年)进士,授刑部主事,出为山东青州兵备副使,隆庆间迁浙江右参政,山西、湖广按察使,万历二年(1574年)以右副都御使督治郧阳(今湖北襄阳),官至南京刑部尚书,三疏乞归,后卒于家。著述之富,时称第一,有《弇州四部稿》、《弇州续稿》等。

世贞学问博洽,涉猎经史百家佛道二藏,尤深于史学。为嘉靖后期及隆万间文坛宗匠、七子领袖,声华意气笼盖海内。他不但是大文学家、大学问家,而且是园林鉴赏家、理论家和史学家,是明代园林发展史上承前启后、贡献甚大的重要人物,因其文名籍甚,而园林艺术成就遂被掩盖,有关论述甚少。世贞雅好山水,宦辙所至,遇名山胜水辄游,只因公务在身,不能因游废事,但所涉非少,纪游尤详。如《游云门山记》、《海游记》、《游张公洞记》、《游善泉洞记》、《游太山记》、《历三关记》、《历黄榆马岭记》、《泛太湖游洞庭两山记》、《游东林天池记》等,游武当山凡四记,《适晋纪行》与《江行纪事》各长三四千字,这些游记表现了王世贞模山范水的非凡手段和高旷超脱的胸襟。世贞盛赞友人、同年进士处州(今浙江丽水)人何镗胸怀"旷朗宏博,纵心世外",性好游,"足迹几天下半","遇佳山水必游,游必有咏歌叙述之类",又选汉唐迄明游记,编为《古今游名山记》十七卷凡五十余万言(一说七十万言)。又谓自己与何君有同好,但足迹不若友人之广,"余固尝仕宦,踯躅于燕、齐、晋、楚、吴、越间,然其迹尚不能当君之半,自岱宗、太行、匡庐、篝岭、两洞庭、张公、善权、桐庐外,其胜不能得君之十三"[①]。另一位朋友归安(今属湖州)人慎蒙也是旅游家、游记家,改编何镗《名山记》而为《天下名山诸胜一览记》凡十六卷。世贞之弟世懋也好游,著有《名山游记》一卷。王氏昆仲手足情深,有相同的兴趣爱好,均嗜山水与园林,非唯王氏兄弟,其时士流大率皆然。与山水结缘者,又大都雅尚园林。山水泉石是园林建筑的基本构成要素,构园者必须足涉山川,胸有丘壑,善于因借自然山水,巧于堆叠假山,凿池引流,以人工模仿再造自然山水,以满足居园者、游园者的山水审美需要,以弥补因各种条件限制而不能远游、常与山水为伴的缺憾。

王世贞好园殊深,自称"癖迁",置家"计必先园而后居第,以为居第足以适吾体,而不能适吾耳目"[②]。在他看来,精神的愉悦重于身体的享乐,故先园林而后宅第。世贞在青少年时代已经体尝到园林的乐趣。其家族为太仓巨室,富甲一方。祖父倬,成化进士,仕至南京兵部右侍郎,父忬,嘉靖进士,累官兵部右侍郎。伯父王愔,字民服,号西庵,又号静庵。受父之托,长期居家理财督耕,精明能干,田产益拓,尝出为山东布政司都事,既受即归,归而极意园亭:

> 公故豪,有园亭声色之奉,至是益发舒,于居第后种竹万余竿,长松半之,他奇卉异木复半之。筑山凿池,列峙洞庭、锦川、斧劈诸峰,间以亭榭桥道,宛转向背,恍

---

① 《弇州四部稿》卷六九《游名山记序》,景印文渊阁《四库全书》本。
② 《弇州续稿》卷六〇《太仓诸园小记》,景印文渊阁《四库全书》本。

若有神,窈窕深靓,非复人境。春时,游者焉屦相啮,衫珥狼籍。①

园主静庵公亲自参与规划设计,"其所规擘匠缔,且损夕益,往往出人意表,以故丽甲东南,虽夙称名园者逊弗能抗"。王世贞年十七八为诸生,常陪伯父游园,春夏之交,但见苍翠满眼,繁花霞铺,百鸟啁啾,"纵展游目,靡匪趣会","爽沁脾腑"②,其乐无穷。静安公性好客,故园门常开,每当春日,游园者踵接,其所殊好他人难及,"为园主人者亦逊莫与静庵公抗"③。还有"乐施予赴人之急"、慷慨好客的性格,视人生如寄,"自少至老无一日不乐"的人生态度,对少年时代的王世贞都有潜移默化的作用。

王世贞出仕后,营造过两座园林——离薋园与弇山园。离薋园在太仓城西鹦哥桥左,宛宛通官河。原为里人朱氏菜地,东西长十余丈,南北宽仅三丈余,面积狭小。然而建筑有亭台屋室楼轩之类及庖庾浴室设施,"碧梧数株,骎骎欲干云","种竹千余竿,露翠风簧","复有老梅玉蝶、绿萼各一"。叠石为山,涧洞岭梁皆具,山俯小池,中蓄金鱼,轩后池较大,种白莲百本,榜曰"芙蓉沼"。小圃前植立太湖石、锦川石、斧劈石。具体而微,小巧玲珑。园名"离薋"取之《离骚》"薋菉葹以盈室兮,判独离而不服"。"薋菉葹",皆恶草;"离",弃去。时世贞遭家难,父王忬为奸佞构陷致死,居家服丧,及服除,"乃请于太夫人(母郁氏)以创兹圃"。时在嘉靖四十二年(1563年),世贞三十八岁④。弇山园,又名弇州园,俗称"王家山",在隆福寺西。隆福寺全称隆福教寺,原名报思院,梁天监四年(505年)建,北宋大中祥符改今额。寺在太仓城内武陵桥北⑤。此园占地七十余亩,规模宏大,建构精丽,名播东南,非复离薋所可比拟。主人记云:

> 园之中,为山者三,为岭者一,为佛阁者二,为堂者三,为书室者四,为轩者一,为亭者十,为修廊者一,为桥之石者二,木者六,为石梁者五,为洞者、为滩若濑者各四,为流杯者二。诸岩磴涧壑不可以指计,竹木卉草香药之类不可以勾股计。此吾园之有也。园亩七十而赢,土石得十之四,水三之,室庐二之,竹树一之。此吾园之概也。⑥

园分三大景区,即东弇、中弇、西弇,三弇各具特色。主持设计、营造者,西与中二弇为"张生",东弇为"吴生",二生皆"山师",又称"园师",即今园林建筑工程师。张生就是声名籍籍的上海人张南阳,俗呼小溪子,后更号卧石生,王世贞弇园、潘允端豫园及三吴诸缙绅家名园多出其手。事详陈所蕴《张山人卧石传》,而所谓"吴生"者已不可考。世贞论中、东二弇景观之胜与张、吴二生技艺之长:"大抵中弇以

① 《弇州续稿》卷一〇一《明故承事郎山东承宣布政使司都事静安王公墓志铭》,景印文渊阁《四库全书》本。

② 《弇州四部稿》卷七四《先伯父静安公山园记》,景印文渊阁《四库全书》本。

③ 《弇州四部稿》卷七四《先伯父静安公山园记》,景印文渊阁《四库全书》本。

④ 郑利华:《王世贞年谱》,复旦大学出版社,1993,第143页。

⑤ 民国《镇洋县志》卷一《封域》,《中国地方志集成》本。

⑥ 《弇州续稿》卷五九《弇山园记》,景印文渊阁《四库全书》本。

石胜,而东弇以目境胜;东弇之石不能当中弇十二,而目境乃莅之;中弇尽人巧,而东弇时见天趣;人巧皆中厣,而天趣多外拓。"人巧与天趣,各擅胜场。尤可贵者,以人巧取胜而能内敛,否则便故弄其巧;以天趣见长而能充分表露,否则便现拘禁而不合其天。论艺观景,细微精湛。世贞好道书神仙家言,览《山海经》、《庄子》、《穆天子传》诸书关于仙山弇州传说,"不觉爽然而神飞",因以名其园,"以寄其思"。由兹园命名与主人别号皆取"弇州",可以窥见王世贞对于道家道教玄妙神奇境界的神往。嘉靖四十二年(1563年),离薋园告成,而园与州衙邻,"且夕闻敲朴声,恶之",另求得隆福寺之右方耕地,颇僻静,建一小阁,奉佛经,"前种美筱环草亭,后有隙地若岛,杂莳花木",名曰"小祇园"①。此即中弇"小祇林"之前身,与《弇山园记二》所记"始之辟是地也,中建一阁,以奉佛经耳,小祇林所由名也"正相印合。又于经阁西购得邻人隙地,欲筑一土冈未果,而构书屋三间,周植竹柏果蔬。及万历元年(1573年)出任湖广按察使,产业悉付仆人政某,"其人有力用而侈",明年,自楚迁太仆寺卿,"则所谓土冈者皆为石,而延袤之,倍中弇再矣"。万历四年(1576年),"自太仆领郧镇迁南廷尉以归,则东弇与西岭之胜忽出","崇甍杰构",巍然大观矣。中弇先成,东弇、西弇继之,始于小祇园,经营十余年,"盖园成而后,问橐则已若洗"②为了建造这座江南名园,园主人几乎花光了所有积蓄,岂非"癖"与"迁"乎?世贞之弟世懋,字敬美,嘉靖三十八年(1559年)进士,仕至南京太常寺少卿,手创淡圃。世贞长子士骐,字冏伯,万历十七年(1589年)进士,由礼部主事,改吏部稽勋司员外郎,依王氏旧居改建为小园曰约圃。士骐尝比较王氏三园,谓其父弇园"以泉石奇丽甲郡国";其叔淡圃名为淡而实"宏垲饶名材卉";而其约圃"广袤不能当其十一,足不待疲而竟,目不待瞬而息,执役不二丁,葺费不倾橐,以此名约,盖真约也"③。士骐又有泌园,与其父弇园也有比较:"先人弇山园,叠石架峰,以堆积为工。吾为泌园,土山竹树,与池水映带,取空旷自然而已。"父子构园异趣,治学有别,钱谦益笑问士骐:"兄殆以园喻家学乎?"骐亦"笑而不答"④。观乎太仓王世贞家族,谓之簪缨世家诚可,谓之学术、文苑、园林世家亦可。这个家族所以能作出这样的文化贡献,孕育出王世贞这样的文化巨子,营造出弇山园这样的名园杰构,原因固多,而系于王氏家族历史文化传承与积淀甚重。

王世贞历览南北名园,江南园林最多。早年在北京刑部任职数岁,曾游韦园、宁园、崔都尉庄、谢司徒庄、朱锦衣别墅等,多为宦官中贵园林。后调山东青州兵备使,至济南谒德王府,观珍珠泉。任浙江参政,至湖州访沈园遗迹,至南浔访礼部尚书董份园,至杭州访刑部尚书洪锺之孙二园。晚年为南京刑部长官,"唯是职务稀

① 《弇州续稿》卷一六〇《题弇园八记后》,景印文渊阁《四库全书》本。
② 《弇州续稿》卷一六〇《题弇园八记后》,景印文渊阁《四库全书》本。
③ 《弇州续稿》卷六〇《约圃记》,景印文渊阁《四库全书》本。
④ 《列朝诗集小传》丁集上《王司勋士骐》。

简,得侍群公燕游于栖霞、献花、燕矶、灵谷之胜,约略尽之,既而复染指名园"①。郡城苏州及所属州县名园往游者尤多。年十九即过吴门拜谒艺苑名宿泰斗文征明于停云馆,文先生时年七十有五②。后多次拜访,世贞自言:"余向者东还时,一再侍文先生。"③"东还时"指嘉靖三十二年(1553年)以刑部员外郎奉使江南,便道归里,遇倭患,奉母避吴门,旋获朝命返京,行前再登停云馆拜别文先生,先生作七律一首送之,末句云:"风云壮志输年少,看取骅骝万里程。"④八十四岁的老先生对二十八岁的年轻才俊王元美充满了期待。文征明不但是吴门书画大师,也是一个"园癖",一生与园为伴,深谙造园之道,以园林为题材创作的诗文图画琳琅满目,他对王世贞的园林情趣思致也有很大影响。苏州周边地区名园,如无锡王氏园、安氏园,华亭顾正心园,上海潘允端豫园、顾名世露香园、顾名儒水竹清居,等等,都作了寻访、游览和考察。而于桑梓太仓诸园游赏殆遍。

明代中叶自成化以迄嘉靖,百年间历经四朝,园林发展庶几与文化学术同步,逐渐走出洪、永以来也近百年的萧条沉寂期,呈现出蒸蒸日上的气象。其时南北园林并兴,江南特别是苏州园林更盛,真适园、怡老园主人大学士王鏊,东庄主人礼部尚书吴宽,薜荔园主人礼部侍郎徐缙,亭云馆、玉磬山房主人书画巨匠文征明,拙政园主人御史王献臣等,便是苏州士大夫中诸多"园癖"的典型。世贞伯父静庵公王愔生当其时,也耗巨资积岁年而成麋泾园,"精丽甲于东南"。在时代风尚、文化心理和家庭环境的影响下,王世贞好园之深,投入之大,园记创作之多,园林美学理论之丰富和精湛,实不逊于前辈名士,并给予明代万历以来园林创作和园林美学以有力推助。这是王世贞所创造的巨大文化财富的一部分,应与他对文学史、书画史、史学史、学术思想史的贡献同样受到重视。园林与文学、书画、史学、思想学术有着密切关系。王世贞知音、忘年交陈继儒有祭文云:"公拥弇州,得大自在。"⑤弇州园的创构与主人优游其间,表现了王世贞神思的飞扬,对个性自由的追求,弇园与主人思想联系甚是密切。

二、园林之乐当与人人共之

营造一座园林尤其是精美的名园,需要投入巨大的财力、物力和人力,汇集众人的劳力和智力,包括园主的心血和智慧。一园既成,园主每每浩叹钱袋几空。上海豫园主人潘允端经营"垂二十年","家业为虚",如此"嗜好成癖,无所于悔",因为园林能给人带来丰足的精神愉悦,审美享受,浮沉宦海多事业已退休的官僚尤其渴求泉石园池之乐,"亦足以送流景而乐余年矣"。潘氏对这份庞大宝贵的文化资产

---

① 《弇州续稿》卷六四《游金陵诸园记》,景印文渊阁《四库全书》本。
② 见周道振辑校《文征明集》附录三《文征明年表》。
③ 《弇州四部稿》卷八三《文先生传》,景印文渊阁《四库全书》本。
④ 《文征明集》补辑卷九《送王元美主事奉使还朝》。
⑤ 《白石樵真稿》卷八《祭王元美大司寇》,民国二十四年《中国文学珍本丛书》本。

唯一的担心是，子孙不能继承保有，而为他姓所得，故谆谆告诫："若余子孙，惟永戒前车之辙，无培一土植一木，则善矣。"①这是园主们的普遍忧虑，由来已久，成了一种历史心结。唐朝宰相李德裕在东都洛阳伊阙南置平泉别墅，卉木台榭，若造仙府，特作记以诫子孙："留此林居，贻厥后代。鬻吾平泉者，非吾子孙也。以平泉一树一石与人者，非佳子弟也。吾百年后，为权势所夺，则以先人所命，泣而告之。此吾志也。"②潘允端作《豫园记》给子孙留下嘱托，正是效法李德裕的作为，不过没有讲得唐贤那么悲凉直截，"无培一土植一木"云云，语气缓和，多从正面诱导，以避不祥之忏。

但是，严酷的现实是，自晋宋私家园林兴起以来，如晋代石崇之金谷园早已灰飞烟灭，唐代诸公名园别墅如王维之辋川别业、白居易之履道里园池、裴度午桥庄别墅、李德裕伊阙平泉山居等，也都没于荒野草丛，或有遗迹残存，只能供后人凭吊罢了。宋李格非《洛阳名园记》感叹："方唐贞观、开元之间，公卿贵戚开馆列第于东都者，号千有余邸，及其乱离，继以五季之酷，其池塘竹树，兵车蹂践，废而为丘墟，高亭大榭，烟火焚燎，化而为灰烬，与唐共灭而俱亡者，无余处矣。"虽有子遗，已数易其姓，早就不属原主了。李格非以松岛园为例，"在唐为袁象先园，本朝属李文定公丞相，今为吴氏园，传三氏矣"。白居易履道里园后为寺庙，称大字寺园，"今张氏得其半，为会隐园"，"寺中乐天石刻存者尚多"，而白氏所称其某堂某亭者，"无复仿佛矣"。李格非进而诘问园林难成易废的原因："岂因于天理者可久，而成于人力者不可恃耶？"园林"成于人力"，故易废不可恃。宋人笃信天理以至绝对化，若问天理与人力是否绝对不能兼容，二者有无同一性，李格非没有回答也回答不出。但他指出"万物之无常"，古今亭馆园池在不长的时间内甚至瞬间废为丘墟，或偶有存者而数数易姓的情形，还是符合历史现实的。

园亭池馆易废难久的现实与园林主人希求长有的心理正好相悖反，难以消弭。于是退而求其次，虽不能奢望子孙世世代代承家业，永保其园，还是可以延长保有的时间，如三代数世，在现实中也确有这样的家族。有人认为是由于其家能积善积德，否则便速易其主，或至荒废。明初诸臣多作如是观。永乐间大学士金幼孜云："《易》曰'积善之家必有余庆'，积善与此而庆流于彼，此自然之理也。彼积之不至，培养之无素，忽焉而赫奕，俄焉而销歇者，以无其本故也。"③并以此赞美江西文江世家大族萧氏，百年之间自曾祖而下五代人"敦本务实"，"入孝出弟"，以故"田园日绕"、"门第益盛"，而能长有其庄园及静深之堂。其后，宣德间国子监祭酒李时勉则称江西安成刘氏葛溪别业，"父子祖孙三皆贤，相继守之不失。"又引唐李德裕之平泉庄与宋初名臣王佑之三槐居的史例，进一步申明园池久暂系于主人贤达与否的

---

① 清嘉庆《上海县志》，转引自陈植、张公弛选注《中国历代名园记选注》。
② 《全唐文》卷七〇八《平泉山居诫子孙记》。
③ 《金文靖集》卷八《静深堂记》。

竹亭图卷

弇山园图

思想："昔李德裕平泉之胜,最极侈靡,不一再传,遂成丘墟;而王佑三槐之居,累世相承不绝。"①这些言论不无道理,但是园林的盛衰受制于多种因素,不仅仅决定于园主及其后代的贤不肖,虽贤者也未必能世有其园。如苏州状元、礼部尚书吴宽,家有名园东庄,创自其父孟融,宽长子奭、次子奂能继世业,名公俊彦记咏纷然。吴氏三代人俱以贤良称,至嘉靖间东庄已归徐廷裸,世称"徐参议园",吴氏园也仅传三世。

王世贞对古今园林变迁史研究有素,知之甚详,曾向其从弟瞻美(王愔少子)叙说汉唐以来河南洛阳一带名园兴废大概:

> 子不闻宛洛天地之中,古所称至巨丽伟观哉,彼远无论,铜池、金谷、丝障、钱埒之地,不终属梁、窦、崇、恺。夫大历、会昌中,平泉、绿野、奇章之石,履道之竹,皆足以吞兹园(指王愔麇泾园)八九不芥蒂。而宋时李文叔(李格非字文叔)之所记,无一为其子孙有者。文叔所记园几二十年不旋踵而中金人,宁独旧主不可问,而遗丘故池潴夷为一瓯脱,亦焉能仿佛指道哉?②

当代之世,名园旧墅急速荒芜、几易其主的事也屡见不鲜,远者无论,至亲如世贞伯父静庵公园,昔称"精丽甲东南",及主人离世,其子无力无暇守护,静庵公三年丧满,世贞从诸兄弟行ател,但见一派荒凉,"则向之所谓松柏屏障鹤鹿及他栏楯,荡然无一存,石亦多倾圮,卉草杂树十去五六,亭馆十去三四……至于弦管之地,松飚骤涛,篁水相应,恍若旧游之在耳,而寻之不可复竟矣"。③ 不胜今昔凄怆之感。王世贞清醒地认识到,主人欲其家世守其园是守不住的,徒增许多忧愁和烦恼,如果不打消这种奢望、私念,则潜藏于心中的纠结也是社会的心理积块永远无法化解。他提出了一个有悖于传统观念的大胆主张:与其让没有能力的子孙消极地去看守家园,甚至不闻不问,坐待芳林华园废为荒草颓垣,不如尽早出售给能够爱护又善管理园林的殷实之家。这是出于对天物(包括自然资源和人力资源)的爱惜,而非斤斤于一家一族之利与名。他对自家弇园日后的处理,对王氏子孙的嘱托,全然有别于李德裕对其平泉庄的期望:

> 李文饶达士也。为相位所愚,至远谪朱崖(即珠崖,今属海南省),身既不能常有平泉之胜,而谆谆焉诫其子孙以毋轻鬻人,且云百年后为权势所夺,则以先人治命泣而告之。呜呼! 是又为平泉愚也。吾兹与子孙约:能守则守之,不能守则速以售豪有力者,庶几善护持,不至损天物性,鞠为茂草耳。④

精美的园林是用黄金堆积起来的,凝结着众人的劳动和智巧,主人身后,园林

---

① 《古廉文集》卷四《葛溪别墅诗序》。
② 《弇州四部稿》卷七四《先伯父静庵公山园记》。
③ 《弇州四部稿》卷七四《先伯父静庵公山园记》。
④ 《弇州续稿》卷一六○《题弇园八记后》。

当由其子孙继承，然而事实上许多继承人又偏偏承担不了保护和管理的责任，遇到这种情况，就应该将园林转让出去，以售他人；谁善于"护持"，妥善保全"物性"，就归谁，以使这份历史遗产、文化财富保存更长的时间，而不致一朝废圮。李德裕和一般园林主人计较的是本家族对于园林私产的永久所有权，王世贞考虑的是文化遗产的妥善保护和社会传承，对于园林归属问题的两种观念和态度，一智一愚，判然有别。

王世贞还认为，居第与园林二者功能不同。居第是人的基本生活保障，使身体安适，"以适吾体"，园林建筑是一种特殊的综合艺术，以满足人的审美需要，"适吾耳目"。居第带有独享性、家族性、私秘性，"私之一身及子孙，而不及人"①，而园林是可以对外开放的。王世贞伯父静庵公麋泾园豪华精丽，每逢春日游人如织，"鸟屡相啅，衫珥狼藉"。世贞弇山园名扬海内，游人更盛，来者不拒，宣示弇园"当与人人共之"：

> 余以山水花木之胜，人人乐之，业已成，则当与人人共之。故尽发前后扃，不复拒游者，幅巾杖屦，与客展时相错，间遇一红粉，则谨趋避之而已。客既客目我，余亦不自知其非客与相忘，游者日益狎，弇山园之名益著。②

游园者不仅有朋友邻里，还有不相识的人，包括一些妇女，弇园对他们都予开放，前后门都是敞开的。人们喜好游园，主要为了观赏园中"山水花木之胜"，这种审美需要具有共同性，普遍性，"人人乐之"。因此园主理应满足大众的山水花木审美需要，向他们敞开园门，又合乎古圣贤台池鸟兽与民同乐的理想。他对有些园主以高墙铁锁防止宾客游人观览其园的做法，大不以为然。太仓吴氏其祖辈父辈就是这种心胸狭隘的人，其家"赀倾州邑"，园最"整丽"，"然不晓有客至"，"大抵楼高于山，墙高于楼，不令内外有所骋目，而又严其鐍，无敢闯而入者"。③

在王世贞看来，人的园林之好，山水之乐，人皆有之，或爱之深，好之癖，应予肯定，唯不可太执着，以致陷溺其中而不能出脱，应抱以超然的态度。园林有大有小，有奢有俭，有精有粗，有华有朴，有浓有淡，各随其适即可。园可以留，亦可去，可以久住，亦可暂居，要在快心自适。人之所好，应不为外物外境所牵制、困扰，始有心灵的自在，真乐趣，否则便生许多烦恼。"夫无累于外境，而取足于内，则夫大鹏之搏扶摇羊角而上九万里，尺鷃之且莫决于榆枋，其为逍遥一也。"④人对园林的态度贵在无待无累，逍遥自在。诗云："尺鷃与云鹏，逍遥不相倍。有待终愧烦，无营乃为贵。"⑤有待无待之辨，即"境天之辨"，"夫有待者境也，无待者天也"。⑥ 所谓"境"

---

① 《弇州续稿》卷六〇《太仓诸园小记》。
② 《弇州续稿》卷一六〇《题弇园八记后》。
③ 《弇州续稿》卷六〇《太仓诸园小记》。
④ 《弇州四部稿》卷七五《日涉园记》。
⑤ 《弇州续稿》卷五《凌大夫且适园》。
⑥ 《弇州续稿》卷六〇《约圃记》。

指外界境象,如园林等,都有局限性,故曰"有待"。所谓"天"指人的天性,非天地之天,人的天性、心灵是自由的,故曰"无待"。能以天观境,则亦无待、无累,如居小小园林而具大心胸,包大世界,"夫芥子也,而纳须弥,所谓无待者也"。除庄学外,王世贞又吸取大乘佛教"性空幻有"、"山河大地皆幻"的学说,以表明自己无累无系于园的观念:

> 夫志大乘者,不贪帝释宫苑,藉令从穆满以登弇山之巅,吾且一寓目而过之,而况区区数十亩宫也。且吾向者有百乐不能胜一苦,而今者幸而并苦与乐而尽付之乌有之乡,我又何系也?[1]

对于自家以巨丽闻名的弇园,主人爱而不贪,私而能公,有而若幻。通过剖析王世贞的园林理论,可以窥见他那超迈豁达的思想境界。

三、造园构景妙艺

王世贞洞见园林艺术的本质在于,通过人工在一定的空间营构"山水花木之胜",以满足"畅目而怡性"的审美需要[2]。"畅目",换个说法,就是"适吾耳目",指感性愉悦;"怡性",指精神情感的畅适。感官与情志两方面都兼顾到了,这是一切艺术的基本功能。园林艺术的特殊性是将天然物象与人工制作巧妙结合,营造出一个逼肖自然山水的实境,而有别于与之相近的绘画艺术。可以说,园林乃是一种构景艺术,造园就是造景。对于构园造景须遵循何种美学原则,运用何种艺术方法,王世贞提出了一系列具有理论性和实践性的意见。

其一,远近与喧寂。园林的位置,或远或近,各有利弊。太远太偏僻,其利在寂静,能得郊野山林之胜,不利之处是路途远,交通不便,供应困难,影响朋友的交往。太近,紧靠城郭,交往供应方便了,却因近市而苦喧嚣。故远近适中最佳。王世贞的园居体验是:"余栖止余园者数载,日涉而得其概,以为市居不胜嚣,而墅居不胜寂,则莫若托于园,可以畅目而怡性。"[3]园居胜于市居、墅居,免于喧嚣或寂寞,但选址也须远近适中,"能酌远迩,剂喧僻"[4]。园林位于市廛还有一患,即易为豪强觊觎而夺之,又为鄙俗之人嫉恨而故意糟蹋。"以其近廛,故豪者好之,狎而易为有,俗者嫉之,接而轻相躏。"[5]王世贞揣测某些人对园林的心理和态度可谓切中肯綮。又认为苏州近郊名胜石湖王氏越溪庄最得远迩喧僻之宜:"吾吴胜地非不足,而其迩者迫于市嚣之属耳,而市人子接迹其胜,而远者车马怠而供张易竭。能离而又能兼

---

① 《弇州续稿》卷五九《弇山园记一》。
② 《弇州续稿》卷四六《古今名园墅编序》。
③ 《弇州续稿》卷四六《古今名园墅编序》。
④ 《弇州续稿》卷六〇《安氏西林记》。
⑤ 《弇州续稿》卷六〇《安氏西林记》。

之者,独有兹湖而已。"①

其二,因山与因圃。"因山"是说根据地形、地貌、地势、地质条件,审视山川植被自然景观及城郭街宇人文景观,来营构园林。这是一条爱护环境、尊重自然、顺天法地的造园路线,依此营建者,每成精构,且省工节用。石湖行春桥之左,"迂回可数百步,有乔木榆柳之属,沟水湾环清列,桑圃数亩蔽其阴,而王子玄静(王宠之子)之庄据其阳"。筑室三楹,东为亭,西为书屋,"皆修竹数千竿环之",而最后因地势成小圃,杂树三之,杂花果二之"②。这是因湖之胜构园筑圃的范例。赵志皋(1524—1601年)以广东副使谪归故里浙江兰溪,后迁南京吏部右侍郎,累官内阁大学士,入参机务。谪归期间,在兰溪灵洞山麓构楼三楹,楼前建堂建轩,名曰"灵洞山房"。山下有泉,"自地涌出,莹可鉴发,其甘若饴,盛夏冰齿",称"天池"。"其始方广仅尺许",主人"拓而浚之,至径丈余,于是尽受诸泉,泉盛而池溢","自是委曲纵流,深壑琤琮不绝,音与风俗相应"③。主人因天然山泉加工拓浚、疏导,尽显幽美,成为灵洞山房绝胜。"因园"与"因山"相反,从人的主观意志出发,肆意凿山填壑,伐木毁林,大兴土木,构筑豪华的园池别墅。这是一条违背自然规律、破坏生态环境的营造路线,其园不可持久,历史教训很多。"且夫袁广汉之北印,石季伦之金谷,皆因圃于山,竭其财力而饬之,其壮丽几与上林埒,然不及身而没之县官荡为樵人牧竖之场。"④

以上两点是讲园地关系。造园者对地理位置的选择,环境景观的评估,能否得地之胜,因地之宜,直接关系到园林的品质品位。园因地而景胜,地因园而名著。

其三,山林与廊庙。"山林"指山水、花木,"廊庙"指富丽堂皇如皇家宫苑之私园建筑,这两个概念常被王世贞用来评价园林景观,衡量园林要素山水、花木与建筑的配置关系。如评北京宦官贵戚园墅大多"有廊庙而无山林",如西直门外诸中贵园林,"其寺舍堂室之瑰壮严丽,尚方(朝廷)所不逮,延袤皆青石垣,中所植桃李枣杏林檎之属以万计,菜畦亦以十万计,而无奇石清池足以澄悦心志者"⑤。这些贵倖们看重的是位显资雄,是阔绰气派,讲究享乐,其庄园别墅建筑之"瑰壮严丽",圈地围田之广,果园菜畦之大,却偏偏看轻了园林的审美本质,观赏"奇石清池"以"澄悦心志"。园林也要构筑楼台亭阁,追求精致美观,但不能唯豪华壮丽是求,甚至模仿、比攀皇家建筑,从而压缩了山水泉石的空间,导致喧宾夺主的弊病。其他地方一些世族名门所构园林也有重廊庙而轻山林的偏失,如南京徐氏东西二园,"东园以廊庙胜,西园以山林胜",又上海潘氏豫园和顾氏露香园,"皆以廊庙胜耳"⑥,又评

---

① 《弇州续稿》卷六〇《越溪庄图记》。
② 《弇州续稿》卷六〇《越溪庄图记》。
③ 《弇州续稿》卷六三《灵洞山房记》。
④ 《弇州续稿》卷六三《灵洞山房记》。
⑤ 《弇州续稿》卷四六《古今名园墅编序》。
⑥ 《弇州续稿》卷四六《古今名园墅编序》。

豫园"廊庙多而泉石寡"①。楼阁华美虽佳，若廊庙气太重，盖过山林情趣，未免比例失调，有伤园林审美本质。园林审美的第一需要是山水花木之胜，而天然山水又是重中之重。王世贞非常羡美依托山水胜地构建而成的佳园，如卜筑石湖的王氏越溪山庄，无锡安氏即胶山之麓所构西林山庄，兴宜孙氏依山亭山所构之山居，温州王氏滨旸湖所构之别墅，兰溪赵氏据六洞天池所构之灵洞山房。构园者常以其地有水而无山，或有山而缺水，或有山有水而乏佳山水，而引为憾事，"凡山居者恒恨于水，水居者恒恨于山，山水居者或狭且瘠，而不可以园"②。居都会之地，其憾尤多：

> 诸称名山者，得水则雄。诸称名园墅者，得山水亦雄。而园墅之雄，尤不可兼得。都会之地，王侯贵人足以号集财力，而苦于山水之不能兼；山而巅，水而涯，肥遁幽贞之士乐栖焉，而苦于财力之不易兼，以是有两相美而已。余之治弇，其地虽非大都会，然差亦易办，而其不能兼山水则如之。余不爱其财力，以凿深而累危，初若以为小兼者，而终不能得其真。③

造园以得真山水为上，不能兼得，则以人工做作山水，叠山凿池，务求毕肖天然，宛临实境，而非观于纸上，虽有遗憾，毕竟满足了观赏山水花木的审美需求。王世贞的弇园便是一个范例。"山以水袭，大奇也，水得山，复大奇。吾园之始，一兰若旁耕地耳，累石筑舍，势无所资，土必凿，凿而洼，则为他，山日以益崇，池日以洼且广，水之胜遂能与山抗"④。弇园兼有山水之胜，其水引之城河，而且"外与潮合"，又开长渠凿大地，余土则堆山。其山石多半取之城外麇泾祖业山居，而已被从兄世美售出，"山石朝夕堕村农手，为几案磈盘之属，巧者戕亡赖子，不得已与山师张生徙置之经阁后，费颇不赀"⑤，原是自家物，得来也不易。尚有从人家废园购得者。如此因地制宜，又善借附近隆福寺自然与人文景观，经过能工巧匠的营构和园主人的指导，弇园这座空间配置得当、兼具山水胜概的杰构丽观便蔚起于娄东大地了。

其四，山径与水道。园林路径、路线是园林景观的有机构成，对各个景点、景区起到联络、导引的作用，便于游人观光，增添游兴，全方位多角度地浏览园林风光，获得美的享受和游的乐趣。全园路线图和分段路径的精妙设计、布置，有很高的艺术性，结合水石竹树花卉能构成美妙奇幻的景致。弇山园中有所谓"惹香径"、"香雪径"、"磬折沟"、"误游蹬"，这些以路径命名的景点都是诱人的去处。园路妙在曲折，也就是王世贞经常提及的"磬折"、"宛转"、"湾环"、"透迤"、"迤逦"、"蜿蜒"等。又贵乎变化，能将多样的矛盾统一妙用于园路创作，如高低、上下、阔狭、深浅、夷

① 《弇州续稿》卷六三《游练川云间松陵诸园记》。
② 《弇州续稿》卷六〇《安氏西林记》。
③ 《弇州续稿》卷六一《旸湖别墅后记》。
④ 《弇州续稿》卷五九《弇山园记八》。
⑤ 《弇州续稿》卷一六〇《题弇山园八记后》。

中国园林美学思想史——明代卷

险、旷幽;忽隐忽显,似连似断,草蛇灰线,令人捉摸不定;脉络原委,有始有终,交代清楚。这是一篇富有艺理的大文章。世贞记东弇"留鱼涧"水道奇胜:

> 留鱼涧者,首分胜亭而尾达于广心池,最修而纤,几贯东弇之十七。两旁皆峭壁数丈,宛转将百曲,即游鱼入者,迷不得出,故曰"留鱼"。花时落英堕者,亦积不能出,故一名"留英"。……径不为叠蹬,上下甚峻而滑,忽起忽伏。其上则袂相挽,小断则踬,下则履相踵,小近则啮。以故游者或苦之,而振奇之士更相栩栩诧快。涧尽,其阴径出而得池,然再断,断之中为平坡,再断之,中复再断,而中叠石以度。度者必振衣而跃,乃先济,曰"振衣渡"。游女至此,往往怯而返,又曰"却女津"。①

留鱼涧景致幽美,亦有险,行走攀爬不易,使人尝到登山涉水的些许艰难,不论是振衣而跃、夸能成快的好奇之士,还是胆怯却步的女士们,至此一游,便尽显他们天真的一面。作者文情活泼,涉笔成趣,一扫摹古之习。弇园所设水陆两路,可游遍三弇各处景点,水路尤奇巧。其源出自知津桥、藏经阁,阁旁有石屋三间藏二舟,一舟大,"具栏楯,幕以青油,可坐十客";一舟小,"狭不容席,呼酒网鲜而已"。荡桨而游,或行或泊,宛转可历览三弇诸胜。至罨画溪,复抵知津桥,周而复始,归于原点,"而水之事穷"②。太仓田氏园,有大池,"池水泚泚,垂柳环之,可泛,然不晓为舟"③,更不设水道以便舟游。苏州徐参议园名闻吴中,园内设竹溪路,陆游水游皆方便有趣。原为吴氏东庄,数世居此,自吴梦融(吴宽父)"重念先业不敢废,岁拓时葺,谨其封浚,课其耕艺,而时作息焉"④。园在苏城葑门内,其地多水,有溪巷菱濠,可舟而入。园有果林、菜圃、稻畦、麦丘、堂、庵、轩、亭错其间,为脱农耕性质,是一座庄园式园林。嘉靖间,东庄为参议徐廷裸所有,加以美化、完善,增设了不少建筑,"崇堂五楹,雄丽若王侯",叠石架山,"冈岭道峻",池溪逶迤相连,呼小舫可达诸胜。既登岸,"则有三篮舆候丛竹间",竹林中辟竹径,可坐肩舆而游,如入山中,极有趣。原来主人开竹径时已做过试验,"乃徐君已先试舆竹中,妨则芟之,其始治岩岭亦然,余今而后知余之拙于山也"⑤。徐氏设计园林游道德精巧细致受到王世贞的赞赏叹服。

三、四两点讲园林要素及园径布置。山水园林第一要素,楼堂等建筑物则是从属要素,园林贵能营造出山林境界,而不宜有廊庙富贵气息,这是由园林审美本质决定的。园径有山有路,有整体,有局部,是园林景象的一部分,关乎全园的审美价值,须精心设计施工。

其五,新园与旧囿。明代和前代园林多几易其主,新主每每对旧园进行改造、

① 《弇州续稿》卷五九《弇山园记六》。

② 《弇州续稿》卷五九《弇山园记八》。

③ 李东阳:《李东阳集》第二册《文前稿》卷一〇《东庄记》,岳麓书社,1984。

④ 李东阳:《李东阳集》第二册《文前稿》卷一〇《东庄记》,岳麓书社,1984。

⑤ 《弇州续稿》卷六四《游吴城徐少参园记》。

修葺,以成新园。以王世贞所记为例,如北京崔都尉庄,主人病月余不起,则为陆锦衣物,锦衣没,又他属。大抵京师中贵园墅,屡屡易手,"朝秦暮楚,不无少陵秋兴之感"。苏州徐廷裸参议园,"因吴文定(吴宽)东庄之址而加完饬,饶水竹而石不称"。正德间,御史王献臣因元代大弘寺兴造拙政园,园成,主人居此二十年,后归另一个徐氏,鸿胪徐佳,"以王侍御拙政之旧,以己意增损,而失其真"①。这是旧园改造的通病,常见的社会病态心理,古今一揆。首创新园也要利用旧园、旧物,善借附近的优良环境。叠山造园要有石料、树木,树欲其老,石欲其古,王世贞很看中这两点。弇山园之旧石多取之旧园。如麋泾故居,"最饶美石,皆数百年物,即山足可峰也"②。伯父静庵公园雄丽为吴地冠,主人离世,园也荒芜,唯石尚存,色渐古,后世贞治中弇,"石从而徙"③。也有从其他旧囿购得者。偶得一古石,且有古人题字,乃视若珍宝,树之池边,以为弇园点景。"会吾乡有从废囿下得一石,刻曰'芙蓉渚',是开元古隶,或云范石湖家物。"④世贞尝云:"园之胜在乔木,而木未易乔,非若栋宇之材可以朝暮而夕具也。"⑤他每游一园,评价园林景观,都非常重视古木有无和生长情况,对古木生长良好的园林都予深情赞美。如评述太仓诸园,称田氏园"顾独有大树十余章,美荫婆娑";称曹氏园"其地多乔木,森然而古,长夏之际,虬龙舞空,赤日不下,修竹千挺,苍翠交映。"⑥弇山园中乔木有从旧园废囿移植过来的,也有原来就生长在这片土地上的,对于后者主人不但不砍伐,还以高价回购。东弇基地上有一株古老的朴树,"大且合抱,垂荫周遭,几半亩,旁有桃梅之属辅之"。产权原属寺僧,"始僧售地,欲并伐此树以要余,余谓'山水台榭皆人力易为之,树不可易使古也',益之价至二十千而后许。为亭以承之,曰'嘉树'。朴,恶木也,而冒嘉名,亦遇矣。"⑦王世贞珍爱古树,也善于以古树造景。新与旧相因相生,新园与旧园相辅相成,王世贞以为旧园之旧貌旧物,足令其弇园增美,"此皆辅吾园之胜者也"⑧。

其六,书画与园景。中国园林构成的亭台楼阁等建筑部分,必有匾额楹联,以点题、标示景观的寓意、情韵,具有画龙点睛、营造雅韵的作用,是园林构景不可或缺的要素之一,非仅为装饰品、点缀品而已。题撰者与书写者或同出一人,或分别由二人拟构、手书。其人多为当朝名公、文苑名流,文字与书法双美并耀,传之后世,即为文物,为园林增价不少。曹林娣教授谈园林匾额楹联的价值:"是对于景境意象和心灵境界的一种审美概括,因而,具有历史的、人文的、审美的价值,是园林

---

① 《弇州续稿》卷四六《古今名园墅编序》。
② 《弇州续稿》卷五九《弇山园记五》。
③ 《弇州续稿》卷六〇《太仓诸园小记》。
④ 《弇州续稿》卷五九《弇山园记三》。
⑤ 《弇州续稿》卷六〇《太仓诸园小记》。
⑥ 《弇州续稿》卷六〇《太仓诸园小记》。
⑦ 《弇州续稿》卷五九《弇山园记六》。
⑧ 《弇州续稿》卷五九《弇山园记一》。

中不可或缺的艺术珍品。"①为王世贞弇山园题额作画者，有文彭、周天球、钱榖、尤求、李牧、俞允文、张佳胤等，除张佳胤外，皆为吴人，是继文征明、唐寅、祝允明之后吴门书画才俊代表人物，文彭是文征明长子，周天球与钱榖并为文征明弟子。这些书画名家多为布衣，或曾为小吏，主要以笔墨丹青为业。唯张佳胤身份特殊。他字肖甫，号居来山人，四川铜梁人，官至兵部尚书，节镇雄边，早年在北京为郎官，与王世贞诸人酬唱，入"后五子"之列，又与余曰德（字德甫）、张九一（字助甫）并称"三甫"。佳胤卒，世贞遵遗嘱为作墓志铭。生前王氏弇山园某入门处作榜书"城市山林"。文彭游弇园，至小祇林一带，欣然题古隶大书"清凉界"，甚怪伟，主人命工勒石于桥之阳。又过一茅亭，题"乾坤一草亭"，亦古隶，结法甚佳，制为匾额。周天球也曾游弇园，以大篆署"耒玉阁"，又以擘窠大字书"文漪堂"，是其平生得意笔。文漪堂左壁"平湖"，右壁"雪岭"，皆钱榖所书，而"雪岭"二字尤壮美。俞允文，字仲蔚，昆山人，年未四十，谢去诸生，专力于诗文书法，家贫至不办治饭，以糜充饥，与王世贞善，为作《俞仲蔚集序》。允文也似亲过弇园，以行书作记及诗，主人誉之为"三绝"。这些书画名家都曾足历其园，身临其境，故其所作能与园林情境相合，又纸上所书与胸中所吐也翕然相融。弇山园中两幅壁画的题材、内容也与园景交融。一幅为尤求所作《武陵源》，在"振屧廊"，因廊遭暴风雨，画也毁，"倾坠无余"。另一幅为李郡所作《岷峨雪山》，在"耒玉阁"。李郡，字士牧，吴人，曾画《渭桥图》，风雪弥漫，"绰有意致"②。耒玉阁中雪山图，王世贞赞其"雄丽"，又妙在画中雪景与阁外假山，画境与园景融成一片，"槛外诸峰峦，俯仰凸凹，与屋中将照耀如玄圃积玉"。③

五、六两点讲园林要有历史积淀，构筑新园须保护利用旧囿遗物，如老树古石，若对旧园进行改造乃至重建，应尽量保持历史原貌，以存其真。园林要有文化底蕴，书法与绘画可增添园林书卷气、金石气，也是构建园林景境重要手段之一，要使书画创作与园景色调取得一致性，此为吃紧处。

其七，目镜与意境。王世贞观赏园林景象常用"目境"一词，如《弇山园记》所云，"目境为醒"，"目境忽若辟者""东弇以目境胜"，间或易以"眼境"，如云"忽眼境豁然"。《艺苑卮言》以园林美品评文征明诗歌也取"眼境"："文征仲如仕女淡妆，维摩坐语，又如小阁疏窗，位置都雅，而眼境易穷。"④"目境"与"眼境"同义，通常用于园林，偶尔也移用诗文，二者艺理相通，不妨借用。"目境"概念反映了时人对园林艺术审美特质的认识，园林乃是一种营造可以直接为视觉（兼及其他感官）接受、娱悦的山水花木实境的建筑艺术，造景是园林创作的根本任务和基本艺术手段。当代造园理论家杨鸿勋先生认为，景象是园林艺术的"基本单位"，"市园林存在的基

① 曹林娣：《苏州园林匾额楹联鉴赏》序言，华夏出版社，2011。
② 于安澜：《画史丛书》《明画录》卷一，上海人民美术出版社，1982。
③ 《弇州续稿》卷五八《耒玉阁记》。
④ 《弇州四部稿》卷一四八《艺苑卮言五》。

础"、"方式"，"园林艺术的思想与实用内容，是通过景象而表达出来的"①。王世贞既已体认到人对园林的主要审美需要在于"适耳目"、"悦性情"，而不在"适吾体"，造园重在"山水花木之胜"，楼台亭馆之构宜精宜雅宜淡，不应追逐富丽堂皇的宫室"廊庙"气象，又提出"目境"、悟到意境的构景思想，反映了明代嘉、隆之际园林美学思想的发展和进步。王世贞还认识到，单单"目境"构园、观园有一定局限性，因为园林出自人力而非天然，空间有限，不可能搜揽自然界的森罗万象，"且以其自人力，目境狭而杖屦易穷"②，如松江顾氏园南廊之左所筑土山，"虽气势轩豁雄壮，要之一览而尽"③。《艺苑卮言》也以山水园林景致为喻评文征明的朋友蔡羽诗歌："蔡九逵如灌莽中蔷薇，汀际小鸟，时复娟然，一览而已。"有目境而无远意。此例再次见到园林评与诗文评的联系。因此，"目境"须要拓展、深化、丰富和提升，在有限的空间包蕴广阔的境界，生动的物象，不尽的趣味，有景外之景，象外之象，正所谓壶中别有天，芥子纳须弥。由是"目境"便化为"意境"，意境是园林构景艺术的最高境界。在王世贞的园林著述中虽未发现"意境"一词，但揣摩细味相关记叙，是含有意境观念的。再观《艺苑卮言》，频频出现诸如"神与境合"、"神与境融"、"神与境含"、"兴与境诣"、"情景妙合"、"彼我趣合"之类语句，都把握住了意境的真谛。造园家可以运用多种艺术方法营构园林意境。例如，山水景境要使曲折幽深，而且逼真，如探宜兴二洞，如泛武夷九曲，九穿巴蜀三峡。王世贞推"磬玉峡"为"中弇第一境"："峡两旁各有怪石，窈窕阴洼，仰不见天，绿涧而转，委曲溯沿，两相翼为胜。尝谓峡高不能三寻许，而有蜀夔府岷峨势，涧旁穿不过数尺，而乍使灵威丈人探之，当必有缩足不前者。"东弇"留鱼涧"水陆径路忽起忽伏，忽断忽连，忽险忽夷，也以曲折取胜。景象和路径的曲折化，拓宽了园林的空间，延长了游观的时间，景观更丰富，更有变化，目镜不易穷，兴味不易尽。又如，设置高点，远眺旁览，使小园景象与园外大观相接，大地山河、城郭万家都在目前，也弥补了园林视觉的局限性。西弇"缥缈楼"在弇园最高处，登斯楼也，"启东户，则万井鳞次，碧瓦雕薨，纤悉莫逮"；"西望，娄水如练，马鞍山三十里而遥，木落自露"；"北望虞山百里而近，天日晴美，一抹弄碧"。视野顿时旷然，乃至极远。弇山园之缥缈楼、磬玉峡、留鱼涧等局部景点景区都含意境之美，更难能的是这座七十亩巨园按人间仙境、城市山林主题设计营构，三弇异观而同体，山水相因而益奇，沿水路可达各处景点，瀑、峡、洞、滩、岛、涧、潭、楼、堂、亭、台、廊、阁、桥、磴，皆可得之绿水之上画舫之间，全园景物勾连，气息相通，具大境界，似大文章、大写意、大乐章。最令主人得意的是水月之奇：

　　吾尝以春日泛舟，处处皆奇花卉色，芬瓣目鼻。当欲谢时，寄命微飔，每过，酒杯衣裾皆满；花事稍阑，浓绿继美。往往停桡柳荫筱丛，以取凉适，黄鸟弄声，喈喈

---

① 杨鸿勋：《江南园林论》，上海人民出版社，1994，第21页。
② 《弇州续稿》卷六三《灵洞山房记》。
③ 《弇州续稿》卷六三《游练川云间松陵诸园记》。

可爱。薄暝,峰树皆作紫翠观,少选月出,忽尽变,而玉玲珑嵌空,掩映千态,倒影插波,下上竞色,所不受影者,如金在熔,万颖射目。回桨弄篙,迸逸琐碎,惊鳞拨刺,时跃入舟。间一奏声伎,棹歌发于水,则山为之答,鼓吹传于崦,则水为沸。圆魄之夕,鸣鸡自狎,毋论达丙,而无倦色,即曙光隐约浮动,客犹不忍言去也,曰:"吾不惮东曦,安能使东曦为西魄也。"盖弇之奇果在水,水之奇在月,故吾最后记水,以月之事终焉。

山水花鸟、波光月影、棹歌乐声相融相和,人与境、情与景相感相应,这水月相映的景象托献出如梦如幻空灵美妙的园林意境,与《沧浪诗话》形容的"如空中之音、相中之色、水中之月、镜中之月","透彻玲珑,不可凑泊","言有尽而意无穷"的诗趣,又与佛书所言"应物现形,如水中月"的禅趣,皆相吻合。

其八,人巧与天趣。园林是一门技术性很强的综合艺术,集合了土、木、瓦、石、园艺、叠山诸作群工,园林营构从设计构图到工程实施都离不开山师和工匠,其心匠和手艺决定了园林的艺术水准,当然精谙造园的主人和其他人士的意见也很重要。王世贞既赞人工的巧妙,也重园师的选择。他盛称伯父静庵公园造景之巧妙:"大抵石巧于取态,果树巧于蔽亏,卉草巧于承睐,亭馆巧于据胜而已。"[1]构成园景的每种要素的经营布置都有妙理可寻,大抵叠石以"取态"为巧,象形象物,千姿百态;树木以"蔽亏"为巧,枝枝叶叶覆盖遮掩("蔽"),又留出空隙,透漏光影("亏");花草以"承睐"为巧,互相衬托,顾盼生姿;亭馆建筑以占据最佳位置为巧,体量形制要与山水花木协调,相映成趣。其间皆含画理,善于运用乃称能事。王世贞对能工巧匠的制作每予赞赏,虽然不知他们的姓名。尝游憩金陵魏公西圃新治轩楹峰峦,叹其"丽甚殊而枕水,西南二方皆有峰峦百叠如虬攫猊饮,得新月助之,顷刻变幻,势态殊绝"[2]。治此者为某"匠氏"。又称无锡王氏西园善引慧山泉水,"宛转三叠,中注大池",此为某"巧工"所治[3]。《弇山园记六》赞扬张、吴两位园师各擅胜场。张任中弇与西弇,以叠山取胜,能尽"人巧";吴任东弇,以造境见长,时见"天趣"。合而观之,张能充分发挥人巧,故也含天趣,吴造景见天趣,也必具人巧,两位都是高明的匠师。造园仅仅追求人工人巧、技术技艺是不够的,还必须再进一步,更上一层,臻于"天趣",如"天造之奇",无意无思,自自然然,乃为艺术之最高境界。人巧之极致,是为"天趣",人工之绝妙,乃称"化工"。世贞论园林:"人巧易工,而天巧难措也。"[4]《艺苑卮言》论诗文:"人能之至,境与天会,未易求也。"又推崇"化工造物之妙"。园论与文论可互观。王世贞使用的"天趣"(包括"天巧"、"天工")概念,含二义。第一,指自然界的鬼斧神工,天地造化陶铸万物的

① 《弇州四部稿》卷七四《先伯父静庵公山园记》。
② 《弇州续稿》卷六四《游金陵诸园记》。
③ 《弇州续稿》卷六三《游慧山东西二王园记》。
④ 《弇州续稿》卷四六《古今名园墅编序》。

妙制奇功，通常指雄奇秀美的山水，如称金陵"江山雄秀"，"皆有天造之奇"，"不必致之园池以相高胜"①。园林要以能得自然山水奇胜为贵，这样的园林最令人羡美，因使不能因借自然山水的园林主人感到缺憾。世贞赞美温州王氏旸湖别墅能见山水之胜："风上碧千仞，湖下碧千亩，朝暮之异态，晴晦之异状，寒暑之异姿，皆悠然与公(王阳德)会，而公亦悠然会之。"②而觉其弇山园不若远甚："余之治三弇，其地虽非不都会，然差亦易办，而其不能兼山水则如之。余不爱其财力，以凿深为垒危，初若以为小兼者，而终不能得其真。"③"天造"难得，则以人力仿造，若逼肖自然山水，"能得其真"，也为佳园。人造之极，亦称"天巧"、"天工"，此为天趣之第二义。王世贞赞叹苏州徐少参园人工瀑布："岩陛削可三丈许，仰而望之，势若十余丈者，叠乱石为峭壁，逾天成。已岩鼓瀑，瀑自山顶穿石虢而下，若一疋练。"观者叫绝。又赞金陵徐氏西园叠山奇绝："兹山周幅不过五十丈，而举足以里许，乃知维摩丈室容千世界不妄也。"其下石洞尤惊绝："凡三转，窈冥沉深不可窥揣，虽盛昼亦张两角灯，导之乃成武，罅处煌煌，仅若明星数点。吾游真山洞多矣，亦未大逾胜之者。"④这些用人工做成的假山、岩洞、瀑布，体量都不大，无法与真山水相比拟，其形态、构造均逼肖真山水，甚至"逾天成"。弇山园中也有不少绝类真山水的制作，中弇一石壁，"壁色苍黑最古，似英又似灵璧，硪砑搏攫，饶种种变态，而不露堆叠迹"，似杭州紫阳洞壁，因名"紫阳壁"。游客评此壁："世之目真山似假，目假之混成者曰似真。"真真假假，似与不似之间，妙道艺理存焉。要由匠作进于化工，人巧诣于天趣，关键在于造园者的素养。他必须胸中有丘壑，对真山水之形势脉络理趣有深切的体察，并巧运土石水泉，再造于园林之中。金陵徐氏西园以荒芜不治，王世贞向主人建议"使用五百金授丘壑胸中人治之"，必呈新面貌。造园家应精熟真山水，又须精通绘事尤其是山水画，但不能照搬山水名胜中之某岳某川，更不能死模古图名画叠山理水。王世贞批评松江顾氏园假山："虽气势轩豁雄壮，要之一览而尽，大概慕古图画家所谓仙山楼阁者然，不中，为太液、昆明作奴也。"⑤"作奴"的批评是很尖锐的。艺术贵乎独创，鄙薄依样画葫芦的庸工，仰人鼻息的奴婢。造园艺术注重"规擘匠缔"，尤贵"出人意表"⑥。文学创作厌弃"剽窃模拟"，而尚"师心独造"⑦，艺术至理相通，匠作与化工因以有别。

第七、八两点讲园林景境营构艺术和创作主体园师的艺术层级，前者以意境为最高境界，后者以化工、天趣为终极追求，欲营成意境，须求诸化工。

---

① 《弇州续稿》卷六四《游金陵诸园记》。
② 《弇州续稿》卷六一《旸湖别墅图记》。
③ 《弇州续稿》卷六一《旸湖别墅后记》。
④ 《弇州续稿》卷六四《游金陵诸园记》。
⑤ 《弇州续稿》卷六三《游练川云间松陵诸园记》。
⑥ 《弇州四部稿》卷七四《先伯父静庵公山园记》。
⑦ 《弇州四部稿》卷一四七《艺苑卮言四》。

王世贞关于吴中各地名园以及北京、山东、浙江、安徽、广西等地园墅的记述和评说(绝大部分得之实历和亲览),涉及园林美学诸多问题,例如,园林审美之特质,园林要素之构成,园林景境之营构,园林师匠之造诣,又如,园林位置的选择,新旧园林的承袭,园林与诗文书画诸艺的关系,园林史料的编纂,等等。包罗广而旨意远,具体描述中而含理论深度。作者比较全面系统地总结了历代特别是本朝中前期的造园实践和美学思想,在明代园林美学发展史上具有承先启发的意义,对明代中后期爱好园林的文化风尚起了推波助澜的作用。

四、园墅之胜因文而存

王世贞夙好史学,晚而未改,自云:"王子弱冠登朝,即好访问朝家故典,与阀阅琬琰之详,盖三十年一日矣。晚而从故相徐公所得尽窥金匮石室之藏,窃亦欲借薜萝之日,一从事于龙门、兰台遗响,庶几昭代之盛不至恣恣。"[①]于本朝史料的搜求与辑纂用力尤勤,着有《弇山堂别集》一百卷,《弇山史料》前集三十卷,后集七十卷。他对书画史也有浓厚的兴趣,尝博采历代关于书画的论述,分别编成《古今法书苑》与《古今名画苑》,自谓"吾于此二端,虽不能得之手,而尚能得之于目,又雅好其说"[②]。他认为书法功用广大,《法书苑》开宗明义便道,"羲画八方,人文所由萌","以察百官,以治兆氓,赫赫六经,是凭是征"[③]。又谈画之功用:"故夫画之用饶,才情者以为无声之诗,而爱纪述者以为无文之史,良有意也。"[④]书与画皆可足征历史文献。王世贞对书法绘画和历代书论画论的爱好,透露了他思想观念中史学意识之深笃。他对园林艺术的雅尚和园林美学思想也渗透着史学意识。

世贞详考秦汉魏晋唐宋历代园林兴衰史,发现倾刻易姓,毁废在旦夕之间,虽其颓垣断壁、片石碎瓦也难寻觅,因而常常发出盛衰无常、大地山河皆幻的历史慨叹。如云:

> 晋公之堂曰"绿野"者,太尉之花木竹石于"平泉"者,其宏丽奇壮瑰怪甲天下,亦何尝不祝其长为两家守。然不再易世而堂冒他氏,花木竹石不胫而趣贵人之垣,而卒不能有也。[⑤]

贤如唐代裴度之绿野堂、李德裕之平泉庄,尚不免于速归他氏以至败毁的命运,更何况富豪骄奢惭德之辈?千千万万个历史名园既已毁废,幸好后世尚可借助昔人记载、题咏想见当时园墅胜概,使它在世代人的记忆里长存下去——记住这份凝结着巨大财富和艺术智慧的特殊文化遗产。王世贞对用文字记录古今名园的意

① 《弇州续稿》卷五四《弇山堂别集小序》。
② 《弇州四部稿》卷七一《古今名画苑序》。
③ 《弇州四部稿》卷七一《古今法书苑序》。
④ 《弇州续稿》卷五四《重刻古画苑选小序》。
⑤ 《弇州四部稿》卷七五《蓁竹堂记》。

义有深切的认识：

> 若夫园墅，不转盼而能易姓，不易世而能使其遗踪逸迹泯没于荒烟夕照间，亡但绿野、平泉而已，所谓上林、甘泉、昆明、太液者，今安在也？后之君子，苟有谈园墅之胜，使人目荧然若有睹，足跃然而思欲陟者，何自得之？得之辞而已，甚哉辞之不可已也！①

人们通过观览文字记载（包括记、志、赋、序、诗歌诸体），可以间接欣赏古今园林，神游其境，文辞能令世人长留对于园林的美好历史记忆，对于保存、延续园林这份珍贵的中华历史文化遗产非常重要，不可或缺。

出于对园林历史文化建筑的爱护，对天物（自然财富于社会财富，物质财富与文化财富）的珍惜，对园林文化的文字载体的重视，仿照何镗《古今游名山记》的体例②，辑纂而成《古今名园墅编》，世贞自为序，序云："纠集古今之为园者，记、志、赋、序几百首，诗古体、近体几百千首，而别墅之依于山水者亦附焉。"这是一部园林史料汇编性质的著作，时间贯穿古今，文体兼采诗文，洋洋洒洒，蔚为大观，惜乎未见其书，又未见诸家书录，或是未成之书，或是业已亡佚，不得而知。上溯王世贞之前，下探王世贞之后以至清末，似乎还没有发现此类中国园林史料汇编著作，亦可见王氏学术眼光之睿敏，学术气魄之远大，他还留心征集、收藏当时名士好友为自己的离薋园所作诗歌书画，"若李于鳞、徐子与、彭孔嘉、皇甫子循辈，为人者三十而赢，为古、近体者四十而奇，凡两卷皆满，钱叔宝、尤子求各之图，而王禄之、周公瑕又各以小篆题额。噫噫！为兹园者亦幸矣。"③离薋园规模狭小，"园故里人朱氏菜壤，东西不能十余丈，南北三之"，然而结构精巧，景境幽秀，七子之徒，书画名家，所作甚多，主人已有裒集。后来倾囊筑弇山园，占地七十余亩，有题名的景点盖不下百处，而以巨丽闻江南。游园名士络绎不绝，加之主人大名远扬，名人所作诗文书画远远超出离薋园。《弇山园记》对题额和图画大都随文记录，唯对诗文作家作品没有交代，其数量一定很多，园记作者也不便赘录。或许另有所图，也像离薋园那样将关于弇山园的诗文书画裒集分卷装册，以成一编，但工作量远大于离薋园作品的结集，又年迫暮景，诸事身不由己，这未竟的心愿或著述只有留给后人去完成了。

王世贞修史尤其重视当代史的编纂，他考察园林史也重视当代园林的记述，非止于一部《古今名园墅编》而已，粗略估计，其所作园林记约近三十篇，所载当世名园或详或略，多至五六十座。所涉地域除南北二京外，又及苏州、常州、松江、杭州、湖州、金华、温州、徽州、济南、江陵乃至桂林诸府。其园记作品之丰，所载园林之多，涉及地区之广，自明开国以来作家未之或先。又其所作大多得之实历亲游，仅

① 《弇州续稿》卷四六《古今园墅编序》。

② 何镗，字振卿，号滨岩，括苍（今浙江丽水）人。嘉靖二十六年（1547年）进士，授江西进贤令，历任江西、广东、云南、河南诸省地方官，好游，穷览名山胜水。

③ 《弇州续稿》卷六〇《离薋园记》。

有数篇得之耳闻,然亦必详悉其事,而后着录。其体有总揽海内园墅者,如《古今名园墅编序》,有综述数府县诸园者,如《游练川云间松陵诸园记》,有分记一府一州名园者,如《游金陵诸园记》《太仓诸园小记》,而以独记某家私园为多,如《先伯父静庵公山园记》《越溪庄图记》《安氏西林记》《石亭山居记》《游吴城徐少参园记》等。作者对诸园空间布局、景观胜致、名人书画、园主性格以及园林兴衰变迁等都有描述,笔墨重点则在园林本体之实景真境,按之可游可考。其间评赏关乎园林美学和造园实践,彰显成就,也指出瑕疵,偶尔提出修葺的意见,非精于构园之道者莫能道。这些园林记是研究明代园林史、美学史的重要文献材料,又因为文笔优雅,可当作美文来欣赏,也是探讨王世贞文学创作和明代散文流变的应读之作。其中最精彩最有代表性的作品莫过于《弇山园记》了。

《弇山园记》凡八篇,七千余字,加之后来补记与题后《小祗林藏经阁记》《疏白莲沼筑芳素记》《来玉阁记》《题弇园八记后》四篇,将近万言了。以七千余言而记一园之胜,此前鲜见;此后,间有标举景点名目逐个缕述者,如明季祁彪佳之《寓山注》、清初高士奇之《江村草堂记》,篇幅都比《弇山园记》长,但其节段之间的连接并不严密,顺序可以调换,甚至删去其中一两段也无伤大体。《弇山园记》虽分八篇,却是一个有机整体,不可割裂颠倒,一篇也不能删。八记有分有合,环环相扣,勾连呼应,脉络显藏,都含章法。全文以西弇、中弇、东弇三大景区为主轴,串联其他景区共约百个景点,组合装成巨幅长卷,有主有从,有详有略,逐步展现出弇园大观胜概。其间峰峦洞峡之奇,溪涧潭池之清,磴道石径之曲折,竹树草卉之茂盛,楼台亭阁之巧构,令读记者如行山阴道上应接不暇。而文字之雅丽有如散珠屑玉,的皪璀灿,洒落篇章之间。或造秀整之句,或出随兴之词,轻灵之笔,有妙语,有趣语,有谐语。记八总绾全篇,以为弇山之胜在山水,尤奇在水,在月,奇之奇则在水月相映。水光月色,花香树影,鸟鸣声,鱼跃声,棹歌鼓吹之声,交叠错组,烘托出一片绚丽美妙如梦如幻的境界。状难描之景如在目前,抒幽独之情信腕直寄,脱去模拟,无复依傍,王世贞晚年所作诸多园林记已隐藏着由模拟秦汉古文向独抒性灵的小品文过渡的契机。

《弇山园八记》是王世贞散文之力作,大作,也是得意之作,华滋四溢,精彩八面。为何在他晚年业已博取功名,享有隆誉,又经历人生忧患,心境归于平淡之后,还要尽心勉力结撰此绮语历落之长篇巨制呢?其中有何深意?知世贞者莫若其胞弟世懋。世懋论弇山园诸记创作动机:

逮晚而获遘上真,团焦斗室,凡诸奇胜之好,一切罢遣,而仅余其成风之腕自随。则斯园之不为元美有,而更为游人有,宜其置不复道,而犹缕缕焉以妍辞记之。缩万象于笔端,实幻境于片楮,抑何若斯之丽也!于戏!其纪梦耶?其为游人纪耶?其为耳而未游者纪耶?①

---

① 《王奉常诗文集》卷四九《书山园诸记后》,《四库全书存目丛书》本。

113

据王世懋揣度,其兄晚岁所以铺陈妍辞丽语累累不休撰此园记,一是为了自己重温繁华旧梦。毕竟过去为营造弇园倾其积蓄,"中更数岁,用力最勤,而最有名",终于完成了一件宏丽的艺术杰构。今日视之,如烟如梦,但仍值得纪念。二是为了曾经足涉弇园的游人。他们不可能经常来游,或仅此一遭,通过阅读把玩弇园记,可以重温旧游。三是为了耳闻弇园其名而无缘览其境的广大游客,使其于"片楮"获观幻丽景色。要之,此记于己于人,于满足世人山水园林之审美需要不可不作,作而不可不翔实,不可没有文采。世贞深知,自己百年之后,弇园废圮之日,将与此记共存而不泯。对于古代园林记的义法和价值,当代园林艺术大家陈从周先生曾有精辟的议论:

> 而往哲园林记,又时时助我遐思,深叹园与记不可分也。园所以兴游,文所以记事,两者相得益彰。第念历代名园,其存也暂,其毁也速,得以传者胥赖于文。李格非记洛阳名园,千古园记之极则。故园虽荡然,而实存也。余尝谓造园固难,而记尤不易,盖以辞绘园,首在情景,情景交融,境界自出,故究造园之学,必通园记。园记者,有史,有法,有述,有论,其重要可知矣。①

四百年前,王世贞就提出园以文存,"辞之不可已"的论点,近人能承昔贤之说,对园与记的关系,园记之体例法则,作深入阐述且有发明者,当首推陈从周先生。以先生"情景交融"、"有史有法有述有论"的观点来衡量王世贞《弇山园记》及其它诸记,不仅符合要求,也可以推为园林记中佳作范文。

综观王世贞一生,自少及老,爱好园林,以至"癖迂"。他游园、咏园、记园,指导营建自家私园——离薋园与弇山园,为此耗费了许多积蓄、时光和精力。园林是他文化生涯和艺术生命不可或缺的重要部分,他是一个大文学家、大学问家,也是一个卓有建树的园林家,对中国园林艺术有很大贡献。他参与创建了以巨丽闻名江南的杰构——弇山园,它是明代苏州园林标志性建筑之一;他以亲见亲闻和优美文字真实而生动地记述了当时南北各地尤其是江南名园胜概,为后世考察明代园林艺术成就提供了可靠鲜活的史料;他破天荒地编纂了中国第一部通代园林史汇编——《古今名园墅编》,其书稿虽已亡佚,但意义深远,幸存序言一篇;他还探讨了一系列园林美学问题,丰富了造园理论和美学思想,这是一般园林记作者所不具备的。王世贞的园林观与其文学观、美学观、历史观等有着密切联系,唯有统观互察其文化创造之方方面面,方能认识这位巨匠全人。

---

① 陈植,张公驰:《中国历代名园记选注》卷前序文,安徽科学技术出版社,1993。

第六章　晚明园林审美之鼎盛(上)

隆庆、万历以迄崇祯末世,进入园林建筑最为繁盛,园林美学思想光华四射蓬勃发展时期。其时,文人士夫和社会各阶层乃至一些农户、佣工、市井人等,都爱赏园林,蔚然形成一种文化风气。在文人名士中涌现出许多精通园林艺术的行家,其园林著述数量品种繁多。在造园工匠中出现了一批技艺精湛且有一定艺术素养的山师、园师,成为高门大户争相聘致的对象,受到礼遇和厚报。正是这种园林文化环境造就了造园大师计成及其造园理论集大成之作《园冶》。本章采摘吴中、云间诸地名士记园说园文章及咏园篇什,虽片论小唱也具独见而含胜义,而文震亨《长物志》则是系统的园林理论专著。"吴中"泛指吴地,这里指苏州府和所辖州县及无锡、江阴等地。"云间"指松江府及所辖华亭、上海诸县。

第一节　吴中诸家说园

一、文震亨:尚古雅自然　薄低俗矫饰

人性的觉醒是一个历史过程,在不同历史时代,其内涵、表现和发展程度有别。晚明是人性觉醒的新时代,突出的一点就是对个体生命价值的体认有了提高,出现了尊生、贵生、保生、养生、爱生、乐生的思潮,甚至认为尊生就是对生长万物之父母即天地的尊重,是对天地万物生生不息之道的尊重,而轻生是不可取的。万历十九年(1591年)杭州人高濂有云:"故尊生者,尊天地父母生我自古,后世继我自今,匪徒自尊,直尊此道耳。不知生所当尊,是轻生矣;轻世者,其天地父母罪人乎?何以生为哉?"[①]明乎尊生之道者,珍惜当下"岁月如华"的生活,不仅要求满足生存的基本需要,还追求生活的质量,过得美满快乐,进而使生活美化,艺术化。衣食住行皆求精好舒适,佳人才媛是所欢爱,山水泉石花鸟虫鱼为其游赏,调摄保健、却病延年,是应知常识,至于琴棋书画,戏曲声伎,古董珍玩,斗鸡蹴鞠等,也皆视为赏心乐事。论者对此褒贬不一,贬者谓之颓废放荡,玩物丧志,褒者谓之"清玩"、"清赏"、"清鉴"、"清雅"。清则不浊,雅则不鄙,无害于情志。明人的生活态度、生活方式,从哲学的眼光看,反映了个体生命意识的觉醒;从经济学的眼光看,反映了物质与精神生活需要的增长。随着需要的增长社会消费也水涨船高,从而推动生产、商业、技术、工艺的发展,也给人们带来丰富多彩的物质与文化生活,促进人的全面发展。晚明时代人才辈出,星光灿烂,文苑隽士往往多才多艺,与其时尊生尊情思潮的兴起有一定关系。

晚明名流才士诸好殊癖,其间意蕴颇丰。常熟名士沈春泽其序《长物志》起始便云:"夫标榜林壑,品题酒茗,收藏、位置、图史,杯铛之属,于世为闲事,于身为长

---

① 《尊生八笺叙》,景印万历十九年刻本《雅尚斋遵生八笺》,书目文献出版社。

物,而品人者,于此观韵焉,才与情焉。"①别以为山水泉石、园林室庐、书籍、书画、器物、珍玩等等,是于世无补的"闲事",是于身无益的"长物"(多余之物),其实可从中看出一个人的文化修养,人品、风雅与才情,沈春泽着重从清玩清赏与个人修养的关系来阐发士人好尚之意义。扩大来看,其间还包含知识、技术、妙艺、美学等文化因子,所涉及的方方面面又多与园林有关。其好之笃、见之广、识之深、研之精者,乃见诸文章,编撰为著作。有专述一类者,如虫、鱼、禽、兽、兰、菊、茶、酒诸"经",石、砚、墨、印、琴诸"谱",五花八门,形形色色;也有综述诸项者,如高濂《遵生八笺》(十九卷)、张应文《清秘藏》(二卷)、屠隆《考盘余事》(四卷)、陈继儒《妮古录》(四卷)、文震亨《长物志》(十二卷)等。昔人将此类著述冠以"闲情"、"闲适"、"闲赏"、"清玩"、"清鉴"、"清供"等,台湾中正大学毛文芳教授则收入审美视阈,撰成《晚明闲赏美学》一书②,"闲情美学"亦可谓之"生活的艺术"、"生活的美学"。杂艺清供之书古已有之,宋元以来渐多,而以晚明最盛,其草率以应市商之需者多带明人剿袭之病,虽时贤名流也未能尽免,但也不能因此抹杀其名著精品的原创性。文芳教授曾列表对高濂《遵生八笺》、屠隆《考盘余事》、文震亨《长物志》三部名著细加对照并附点评。三书中,高著先出,其所取材或参引宋人赵希鹄《洞天清禄集》,而高书"体系庞大,内容广泛,更非赵书所能涵括",条理叙述"细致深入","语出自得","未有袭用赵书之迹"③。屠著继出,材料主要采自高书,又多抄录,也有从他书辑得者,较高书有所增益,体例亦异。文著最后出,内容虽参引高、屠二书,而大都得之亲闻亲见,时时参以自己赏评,又所取素材往往与其故里苏州关涉,至于内容之浓缩,条目之明晰,表述之闲雅,藻鉴之别裁,是其书特色。试取高之《盆景》、屠之《盆花》、文之《盆玩》三篇内容相同、条目相同的文章进行比较,三家各具特点:高文取材丰富,且多得之实见,如云"余见一百兵(人名)有二盆","又见僧家元盆","往见友人家有蒲石一圆","先年蒋石匠凿青紫石盆",所本非耳食传闻之言,也非仅取文献书本。是为可贵。屠文取材多见于高书,抄袭比较严重,间有补充,而文字藻丽。如写闽中石梅:"苍藓鳞皴,封满花身,苔须垂或长数寸,风飏绿丝,飘飘可玩,烟横月瘦,恍然梦醒罗浮。"此文章家、鉴赏家之本色,谈论叙述闲赏清玩,不可少此一片才情。震亨之文与其书,在高、屠二家之后,征引力避蹈袭,而能自运炉锤,提炼加工,如沈春泽序谓"删繁去奢"。又增补了自己实际见闻和观感,特别是吴人清玩的实践经验和审美观念。同样写菖蒲,屠隆云:"至若蒲草一具,夜则可收灯烟,朝取垂露润眼,诚仙灵瑞品,斋中所不可废者。须用奇古昆石,白定方窑,水底下置五色小石子数十,红白交错,青碧相间,时汲青泉养之。日则见天,夜则见露,不特充玩,亦可辟邪。"震亨则云:"若乃菖蒲九节,神仙所珍,见石则细,见土则粗,极难培养。吴人洗根浇

---

① 文震亨原著,陈植校注:《长物志校注》,杨超伯校订,江苏科学技术出版社,1984。

② 毛文芳:《晚明闲赏美学》,台湾学生书局,2000。

③ 毛文芳:《晚明闲赏美学》,台湾学生书局,2000,第175页。

水,竹剪修净,谓朝取叶间垂露,可以润眼,意极珍之。余谓此宜以石子铺一小庭,遍种其上,雨过青翠,自然生香。若盆中栽植,列几案间,殊为无谓,此与蟠桃、双果之类,俱未敢随俗作好也。"屠氏观赏盆景诸玩,常凭感觉而随时俗。文氏则贴近实际,能细辨物性而习染吴门风雅,其审美趣尚也与屠氏不同,甚至相反。如植菖蒲,宜在小庭,既合物性,又自然可爱,不应栽植盆中,置于案头。他坚持古雅的审美取向,不愿"随俗作好",还不指名地批评包括屠隆在内的文士俯就俗流的倾向,虽其人主观上不作如是想,竟误以俗为雅。文震亨的闲赏美学(涵盖园林美学)较之前人又有精进。

文震亨(1585—1645年),字启美,长洲(今苏州)人。崇祯间以恩贡授中书舍人,明亡,避地阳澄湖畔,忧愤绝食而死。文征明曾孙,大学士震孟弟,能诗文,书画咸有家风,山水兼宋元诸家,格韵俱胜,著述除《长物志》外,又有《香草选》《秣陵诗》《金门集》《土室缘》等。文氏自曾祖征明及于震亨本人,世代俱好园亭,沈春泽序文赞美,"家声香远,诗中之画,画中之诗,穷吴人巧心妙手,总不出君家谱牒"。文震亨曾随时因地营构多座园林,始于祖居地苏城高师巷,就冯氏废园营构香草垞,中有婵娟堂、笼鹅阁、众月廊、游月楼、玉局斋诸景。沈春泽尝游其园,"盘礴累日,婵娟为堂,玉局为斋,令人不胜描画"。又于西郊构碧浪园,南京置水嬉堂,致仕归,于东郊水边林下,经营竹篱茅舍,未就而卒。其园林癖好殊深。陈植先生评价其园林创构:"震亨的造园创作,能大能小,能工能简,善于适应人力、物力及自然等各种因素,所成景物,虽所费不多,而幽雅宜人。"[1]是苏州文化艺术环境、文氏世代家学渊源,以及震亨本人的人格力量、艺术素养和丰富的造园实践经验,造就了《长物志》这部传世精品力作。此书十二卷,与造园关系较密切的有六卷即《室庐》《几榻》《位置》《水石》《花木》《禽鱼》,关系较一般的有四卷,即《书画》《器具》《蔬果》《香茗》,没什么关系的有二卷,即《衣饰》《舟车》。晚明综合类闲赏美学著作大都关乎造园艺术,尤以《长物志》重点突出,论述也最具系统性。陈植先生指出:"就造园问题作综合及系统的叙述的,尤以《园冶》《长物志》《花镜》等三种为著。《长物志》虽叙述较略,然约而能赅,涉及范围之广,在古代著述中,尤为突出。"[2]兹从园林构成要素之屋宇陈设、花木禽鱼和理水选石三点分别探讨其间美学问题。

关于屋宇陈设,共四卷,占全书三分之一,论述最为精详。全书开篇《室庐》为第一卷引论:

> 居山水间者为上,村居次之,郊居又次之。吾侪纵不能栖岩止谷,追绮园之踪,而混迹廛市,要须门庭雅洁,室庐清靓,亭台具旷士之怀,斋阁有幽人之致。又当种佳木怪箨,陈金石图书。令居之者忘老,寓之者忘归,游之者忘倦;蕴隆则飒然而寒,凛冽则煦然而燠。若徒侈土木、尚丹垩,直同桎梏樊槛而已。

① 文震亨:《长物志校注》,江苏科学技术出版社,1984,第440页。
② 同上书,第3页。

建造园居首在择地,以山水为上,其次村落,又次郊外,已含有人居与园林要尽量亲近自然的思想。不得已而居住城市,也要将宅居环境布置得雅洁清净,有助于修身养性,怡情畅神。重视人居对人心的影响,是文震亨和高人逸士们的园居思想之要义。权贵富豪大兴土木,过度雕饰,追求奢靡佚乐,结果适得其反,如同把自己关进了牢笼,锁上了镣铐。当然园庐也宜居适体,冬暖夏凉。第一篇《室庐》揭示了造园建宅的宗旨和要则。文氏所论山水居、村居郊居、市居后来被计成《园冶·相地》大大发展了。

卷一开篇《室庐》以下,分述堂、室、楼、阁等供居住与生活之用的各类建筑,以及门、窗、阶、径、台、桥、栏杆、照壁等附属建筑,终篇《海论》(一作"总论")将营造法则和审美要求归纳为:"随方制象,各有所宜,宁古无时,宁朴无巧,宁俭无俗。至于萧疏雅洁,又本性生,非强作解事者所得轻议矣。""随方制象"是说要根据地形地势高下方位决定营构何种类型、形制的建筑。"方"者地也,"随方制象"又称"随地所宜","随地大小"。比如做小室、斗室,如何开窗,如何建廊,"或傍檐置窗槛,或由廊以入,俱随地所宜"。又如筑台,须"随地大小为之","若筑于土冈之上",可不用或少用土石堆垒,"四周用粗木、作朱阑,亦雅"。"各有所宜",是说不论何种建筑都须从实用与审美需要出发,又要符合一定制式。宜者适也,适合也。譬如建堂,"堂之制,宜宏敞精丽,前后须层轩广庭",而山斋燕居之室,则"宜明净,不可太敞,明净可爽心神,太敞则费目力"。更小者如斗室,"宜隆冬寒夜,略仿北地暖房之制","前庭须广,以承日色,留西窗以受斜阳,不必开北牖也"。又譬如建楼阁,其结构形制因不同需要而有别:"作房闼者,须回环窈窕;供登眺者,须轩敞宏丽,藏书画者,须爽垲高深。此其大略也。"其中蕴含精深的建筑智能和人居实际经验。其审美要求突出古朴雅致,进而讲求门庭室庐的意境,"萧疏雅洁",体现"旷士之怀","幽人之致",但强求不来,出自性情,本于"性生",系于主人品格。

第六卷《几榻》述家具;第七卷《器具》述室庐中各种什物,如香炉、花瓶、文房四宝等,多达五十七种;第十卷《位置》述布置、陈设方法,但内容、条目与《室庐》卷、《器具》卷重叠。如"坐几"、"坐具"、"椅榻屏架"、"置炉"、"置瓶"诸条,当列入《器具》卷;而"小室"、"卧室"、"亭榭"、"敞室"、"佛室"诸条,应置于《室庐》卷,且其中"佛室"条与《室庐》卷中"佛堂"条,叙述对象与名目几乎一样,而内容并不重复。后者仅五十一字,前者约多达二百字,增补了许多新材料。盖第一卷《室庐》、第六卷《几榻》、第七卷《器具》既成之后,发现有些条目太单薄,需要充实,如"佛堂",还有遗漏部分,需要增设新的条目,如"亭榭"、"卧室"之类。在对与园林建筑相关的事事物物的叙述中,作者常常表明自己的审美趣味、审美观点,每卷前面引论尤其明显。如卷六《几榻》云:

古人制几榻,虽长短广狭不齐,置之斋室,必古雅可爱,又坐卧依凭无不便适。燕衎之暇,以之展经史,阅书画,陈鼎彝,罗肴核,施枕簟,何施不可。今人制作,徒取雕绘文饰,以悦俗眼,而古制荡然,令人慨叹实深。

卷七《器具》云:

古人制具尚用,不惜所费,故制作极备,非若后人苟且。上至钟鼎刀剑盘匜之属,下至隃糜、侧理,皆以精良为乐,非徒铭金石、尚款识而已。今人见闻不广,又习见时世所尚,遂致雅俗不辨。更有专事绚丽,目不识古,轩窗几案,毫无韵物,而侈言陈设,未之敢轻许也。

屋宇居室及室内家具器物陈设,都以古制为尚,而不以今式是趋,这是文震亨关于园居审美的基本观念。析其要义有四:其一,古制与适用紧密相连。其物用之无不适当方便,"何施不可","无不便适",故制作精良完备。适用也含适体之义,"坐卧依凭无不便适"讲的就是体感舒适,有益健康。"脚凳"条述搁脚之具制法原理尤精妙:"脚凳以木制滚凳,长二尺,阔六寸,高如例程,中分一铛,内二空,中车圆木二根,两头留轴转动,以脚踹轴,滚动往来。盖涌泉穴精气所生,以运动为妙。"脚凳这一日用之具兼有健身器材的功能,乃是古代民间的一件发明。与古制相反,流行时式"古制荡然","徒取雕绘文饰",但求表面美观,"以悦俗眼",而制作马虎"苟且","虽曰美观,俱落俗套"。适用是鉴别家具和器物价值的主要标准。古代的东西因时而作,随着社会生活的变化,器物的制式因之而已,过去适用的,今时未必适用。以香炉而言,"三代秦汉鼎彝,及官、哥、定窑、龙泉、宣窑,皆以备赏鉴,非日用所宜",其物仅供收藏、鉴赏,并无实用价值。作者曾见元制小榻,"有长一丈五尺,阔二尺余,上无屏者,盖古人连床夜卧,以足抵足,其制亦古,然今却不适用"。由此看来,文震亨并非唯古是好,其所取重者在于传统价值理念,古代适用的建筑观、器物观。其次。文震亨又很重视器物的审美价值,既讲适用,又求美观,其观赏诸物每标"可爱"一词,能唤起观者爱恋的审美情感。这种美感即所谓"雅",是素雅、清雅、高雅、大雅,亦谓之"韵"、"致",属于崇高优雅的审美情趣。与"雅"相对的是"俗",俗是低水平、浅层次的审美鉴赏,往往表现为外表的漂亮,"专事绚丽",最下者乃坠入恶道,此为"恶俗"。如制灯,有"蒸笼圈、水精球、双层、三层者,俱恶俗"。又有"篾丝者,虽极精工华绚,终为酸气",华丽中散发出一股陈腐气,最俗不可耐。古制既适用又美观,故"古雅"每每连用。复次,古制多质朴无华,少施斧凿刻削,能尽量保存材质的原始形态、纹理,故震亨也重自然,称"古朴"。如述"书灯","锡者取旧,制古朴矮小者,为佳"。谓"禅椅",以枯藤或古树根为之,"如虬龙诘曲臃肿,槎枒四出","不露斧斤者佳"。又如"笔格","俗子有以老树根枝,蟠曲万状,或为龙形,爪牙俱备者,此俱最忌,不可用"。同样用天然老树根制器,此则扭曲形象,全失本真,虽巧亦俗。其四,文震亨虽然反复强调古制旧制之可贵可爱,却不一概排斥时尚新奇,甚至对流入国内的"舶来品",对日本、高丽的一些奇器佳物也表示欣赏。《袖炉》云:"熏衣炙手,袖炉最不可少,以倭制漏空罩盖漆鼓为上,新制轻重方圆二式,俱俗制也。"又称"倭箱":"黑漆嵌金银片,大者盈尺,其铰钉锁钥,俱奇巧绝伦,以置古玉重器,或晋唐小卷,最宜。"又赞赏高丽禅灯:"有月灯,其光白莹如初月;有日灯,得火内照,一室皆红,小者尤可爱。"同时指出日本有些器物如"压尺","虽极工致,亦非雅物","尤为俗制"。文震亨论居室、器具之美,崇尚古制,讲究古雅、古朴、古奇,鄙薄低俗、庸俗、恶俗,以古今、雅俗、朴素雕饰相对,其间也有变通之处,包蕴丰富的意涵。他如此尊尚古制,绝非唯古是从,更非复古主义,如果这样看他,便是误读了。倘能联系晚明时代特别是吴地的文化风气和文氏家族的文化传统,即可比较清楚地认识文震亨尚古的器物观、建筑观和园林观。其时吴人尤好新奇趋时尚,虽含创新意识,间也惑于斑驳陆离肤浅低俗的文化现象,渐渐丢失了高雅的传统文化。生长于苏州文献文艺名门世家的文震亨深受吴中文化和家学渊源的滋养熏陶,目击在家居、器物领域中,时尚低俗文化的滋长,传统高雅文化的消沉,因而感到担忧,自己也有一份责任,应该防止让这种文化现象继续下去,要使世人知晓并传承古代家居和器物文明,遂作《长物志》。沈春泽为此书作序已提点出文氏创作的用心。当他赞扬文氏家族,"穷吴人巧心妙手,总不出君家谱牒",主人自可优游"盘礴"于佳园美居图史珍玩之间时,震亨却不以为然,答道:"不然。吾正惧吴人心手日变,如子所云小小闲事长物,将来有滥觞而不可知者,聊以是编堤防之。"所谓"惧",所谓"堤防",是一种文化情怀、文化担当,也是他著书的内在动力。

关于花木禽鱼。植物、花草树木,是构建园林的必具材料、要素。在《长物志》中所占比重仅次于室庐几榻器具,含《花木》《蔬果》各一卷,所载植物约百种。《蔬果》卷讲"蔬菜园艺学"与"果树园艺学",实含园林艺术中之植物配植美学,非唯取其味美,亦取其色美、形美、嗅觉之美,从而获得愉悦。如谓樱桃,"色味俱绝";谓香橼,"香气馥烈,吴人最尚";谓枇杷,"株叶皆可爱";谓柿有"七绝",其五为"霜叶可爱";谓花红,"不特味美,亦有清香","花亦可观"。又描述银杏:"园圃间植之,虽所出不足充用,然新绿时,叶最可爱。吴中诸刹,多有合抱者,扶疏乔挺,最称佳树。"在讲说知识的同时,也写给人带来的美感,"可爱"一词屡见卷中,与《器具》诸卷正同。而论植物植配美学究以《花木》卷为集中。作者认为花木种植要根据植物的品格、习性、形状、色彩、嗅味,以至枝叶相触的声响,和景观美学要求选择适当的地点、方式。如秋海棠"性喜阴湿,宜种背阴阶砌";杜鹃花"性喜阴畏热,宜置树下阴处";李子"如女道士,宜置烟霞泉石间,但不必多植耳";梅是"幽人花伴","取苔护藓封,枝稍古者,移植石岩或庭际";柳须"临池种之";槐榆"宜植门庭";"山松宜植土冈之上,龙鳞既成,涛声相应,何减五株、九里哉?"如此等等。同一植物,品种习性风致不同,所植所置之地亦异。各种植物之间,植物与堂室亭台、水石溪岩诸景都要配置得宜。种植方式有疏有密;"或一望成林"(丛植),"或孤枝独秀"(孤植);或不同树种花品成片种植,"繁华杂木,宜以亩计",或同种花木"种之成林",桃花则"如入武陵桃源",梅花数亩,"花时坐卧其中,令神骨俱清"。要之植物景观画面妍鲜,四季可赏,"四时不断,皆入图画"。卷四《禽鱼》分别说明几种鱼鸟的习性、品格、饲养方法、观赏心得,所举鸟类六种,鱼类仅金鱼一种,与其后陈淏子《花镜》兼收鸟兽虫鱼,繁简详略不同。值得肯定的是,文震亨饲养供观赏的动物,要能知悉、顺适鱼鸟的"性情",提倡营造适合鱼鸟活动的人造环境,或在一定条件下放归自然,任其自由翱翔、游泳。如驯鹤,既熟之后,即可放之"空林野墅,白石青松,惟此君最宜"。蓄养紫鸳鸯,"宜于广池巨浸,十百为群,翠毛朱喙,灿然水中"。饲驯百舌、画眉等鸣禽,"或于曲廊之下,雕笼画槛,点缀景色则可",然而总不如"茂树高林,听其自然弄声,尤觉可爱"。观鱼也以在自然生态环境下为佳:"又宜凉天夜月,倒影插波,时时惊鳞泼刺,耳目为醒。至如微风披拂,琮琮成韵,雨后新涨,縠纹皱绿,皆观鱼之佳境也。"

关于理水选石,仅一卷,即《水石》篇,主要讲凿池汲泉、品赏奇石,而于掇山则阙然,唯在卷前引论中略及累石叠山之事。此卷内容多与营造园林山水景观有关,其审美要旨在于逼真性,所造山水景观要像自然界真山真水。"要须回环峭拔,安插得宜,一峰则太华千寻,一勺则江湖万里"。凿广池,"愈广愈胜","一望无际,乃称巨浸"。作瀑布,"雨中能令飞泉溅薄,潺潺有声"。又在生动性,要呈现出自然生命花木鱼鸟的跃动活泼的盎然生机。广池中畜凫雁,"须十数为辟,方有生意",小池则"中畜朱鱼翠藻,游泳可玩"。又在整体性,山水泉石要与其他景物如"修竹、花木、怪藤、丑树",以及水草、荷花、垂柳、桃杏、凫雁、朱鱼等等,共同组合成一幅和谐美丽的图画,"必如图画中者佳"。游者入其境,观园中"苍崖碧涧,奔泉汔流,如入深岩绝壑之中"。如此园林,"乃为名区胜地"。文震亨论凿池赏石也推崇"古朴"、"自然"。如云"石令人古,水令人远"。谓作瀑布,"总属人为","尚近自然",与后来计成所称"虽由人作,宛自天开",何其相似。论作井边石栏,以为"取旧制最大而古朴者"为佳。赞苏州尧峰石,"苔藓丛生,古朴可爱"。称丹砂泉饮之可以"延年却病","此自然之丹液,不易得也"。对于以俗眼观石也不以为然,昆山石中有鸡骨片、胡桃块二种,人以为贵,"然亦俗尚,非雅物也"。总之,崇尚古雅自然、鄙薄低俗矫饰的思想渗透于《长物志》全书各个部分,奠定了作者文震亨园林美学理论的基石。

二、邹迪光:园本于天 亦成于人

钟惺《梅花墅记》举其游三吴之地名园凡四座:梁溪(无锡)邹氏惠山园,姑苏徐氏拙政园、范氏天平庄、赵氏寒山别业。邹氏惠山园即愚公谷,俗称邹园。主人邹迪光(1565—1628年),字彦吉,号愚谷,无锡人。万历二年(1574年)进士,授工部主事,官至湖广提学副使,被劾罢官,叠山造园,征歌度曲,宾朋满座,极园亭歌舞之乐几三十年。有《石语斋集》《郁仪楼集》《调象庵集》等。尝仿王世贞《弇山园记》八篇,作《愚公谷记》十一篇,是记见《石语斋集》,又名《愚公谷乘》,载《锡山先哲丛书》。

愚公谷在无锡惠山之麓,与另一名园秦氏寄畅园左右相望,罢官归里时筑,正值盛年,"余性伧儜,煎糜世路,不四十便拂衣归"。他要学习愚公移山精神,"不畏禁忌,不屑嘲讥",自知力不足而强意为园,经十余年园乃就绪,而囊几空,"其愚殆甚"如愚公,因名寓公谷①。"谷中为堂者四,为楼者三,为阁者六,为亭者七,为斋者五,为榭者二,为廊者六,为池者五,为涧者二,为桥者三,为馆者一,为滩者一,为岭者二,为舍者三,诸若斋亭之类而被以他名者不可更仆。大率周吾园而度之,可四十亩,山得其二,水得其四,屋得其三,竹树得其一。"四十亩地所置建筑类型大体已备,园林要素配置合计山水占十分之六,房屋占十分之四,竹树占十分之一,体现了园林以游赏山水为宗旨的美学特征。作者亦作如是想:"见山岊崿而水涟漪,心笃爱之,谓结庐其间,乘危履深,便可乐而忘死。"

愚公谷所在惠山,蜿蜒于无锡西郊,有峰,故称九龙山,又简称龙山,山麓有泉,号称天下第二。惠山东脉突起小峰称锡山,邹氏巧借锡、惠二山与二泉之景,而收自然之胜。"九龙山如丈人端坐,虽隔数十舍,疑在几席间";"当前锡山,木树交加,骈罗周帀,密不见体,若紫丝布障,重复围合,一浮屠从中擎出,当阳乌返照,如铜盘天表映大地作黄金界"。园有"塔照亭",坐亭中,所见如此。关于园林"借景"的运用,主人独有心得:"大都园林之间,山太远则无近情,太近则无远韵;惟夫不远不近,若即若离,而后其景易收,其胜可搆而就。兹亭据两山之中,前后翠微,不远而离,不近而即,不依依而暱,不落落而傲,夫非造物者故授其奇乎?"虽说大自然特赐奇景于斯园,但也系于构园者的审美眼光,选择适当的位置构筑亭台,而后得揽天赐奇胜。"不远不近,若即若离",即是借景揽胜要诀。邹迪光还提出"景界"的园林美学概念,意含丰富,不仅是"景"与"界"的简单组合,还包括景物、景观、景色、景致、景区、景点、境界和意境的多重内涵,主要指特定景点景区的独特风貌和美学关系。为了营造美妙的景界,要求每一园景特色鲜明,诸景之间对映成趣,同为一景由于外界条件的变化而呈现异致。愚公谷有二池——玉荷浸与温凉沼,中隔一堰,设一亭曰净月,可观两池之胜。"俯玉荷,则右有丛桂,左有垂柳,中有芙蕖,水曳轻绡,波翻素练"。"俯温凉,则云影在池,池影在藻,邻树之影又举池之半而覆之;未覆者受日,已覆者却日,受日则温,却日则凉,凉则有藻无荷,温者有荷无藻,盖一池而二候备焉。"玉荷、温凉二池,景色不同;而温凉池因岸上树木、池中水生植物和日光向背的影响,在同一水面上会见到不同的景致,感受到气候的反差。园有三疑岭,以凿二池挖出的余土堆成,山上建楼,前有平台,"广衍爽𡊦"。山下构茅斋二间,"率不深而幽,不广而靓,如阴崖黝谷"。如此三疑岭上下景界则"旷如"、"奥如"有别,"上凌阻峭,下疑伏莽,上可发苏门之啸,而下可坐达摩之禅,旷与奥兼之矣"。愚公谷引惠山泉导为"春申涧",筑七堰,凡七折,每折长短不同,水势缓急、水音强弱相异,沿流上下因势布景,形成种种各别的景界。言其大概:"上涧如武士带甲,星斗绚耀,下涧如美人靓装,烟云斐亹,一涧而迥别如此。乃其得雨而涛,得风而漪,得月而练,得日而跃金舒绮。大小不同,为致一耳。"相反而相成,互异而同一,合乎多样统一的哲学或美学思想。

---

① 《石语斋集》卷一八《愚公谷记》,《四库全书存目丛书》本。以下引文俱见此书,不复加注。

"景界"说要求能使观者于某一立足点而兼得园内园外之景,如登"霞举阁":"园以内,丹青紫翠无所不归吾刺绣;园以外,轻烟薄霭无所不归吾烘染。"要之,诸景之间,空间位置,体貌风格,加之日月出没、风雨晦明等自然因素,都要交织成锦,互映赠胜,从而形成美妙的意境。园有"蔚蓝亭","周虚无壁,四面绮疏","前临方塘","后倚崇冈"。"有时四窗洞启,则碧藻在前,与后之葱蒨合;翠微在后,与前之涟漪合。一亭中悬,前受碧而后延青,水花溷漾,山、黛沉浮,即蔚蓝天不啻矣。所最胜者,金乌乍匿,玉兔渐起,锡山浮屠与旁园云树从波摇裔,池中藻荇时时为月穿破,粉蝶参差又来助皓,如银世界。客浮白于此,未尝不为忘归也。"这已进入意境的层面,园林意境乃是园林内外诸景多样统一、和谐组合的结果,而又离不开设计者营建者的巧妙构思和"措置有法",因而也是心与境的统一。邹迪光好佛,以佛法说明园境对身心的作用:"夫界清净故,则身清净,身清净故,则心清净。"心何尝不及作于身于界呢?将这句倒过来说,心清净则身清净,身清净则界清净,也未尝不可。包括园林在内的各种艺术之意境创构都是审美主体与审美客体的有机结合。

《愚公谷记》第十一,也是最后篇,集中表述了邹迪光的园林美学思想。前面大段文字皆关园论,全录,结尾说佛谈禅从略:

> 评吾园者曰:"亭榭最佳,树次之,山次之,水又次之。"噫!此不善窥园者也。园林之胜,惟是山与水二物,亡论二者俱无,与有山无水,有水无山,不足称胜。即山旷率,而不能收水之情,水径直,而不能受山之趣,要无当于奇。虽有琪蕐绣树,雕蔂峻宇,何以称焉?吾园锡山、龙山迂回曲抱,联绵複裕。二泉之水从空酝酿,不知所自出,吾引而归之,为嶂障之、堰掩之,使之可停可走,可续可断,可巨可细,而惟吾之所用。故亭榭有山,楼阁有山,便房曲室有山,几席之下有山,而水为之灌潄,涧以泉,池以泉,沟浍以泉,而山为之砥柱。以一九龙山为千百亿化身之山,以一二泉水为千百亿化身之水,而皆听约束于吾园,斯所为胜耳。吾园内外,树多干霄合抱之木,不必其枝琼干翠,与是吾家物,而取其虬盘凤翥,邻家不自有,而为吾有之,如幕之垂,如褥之铺,斯亦所为胜耳。若以屋论,则木不楩梓,石之贞珉,徒事区区丹膢嫫母而粉泽之,人以为夷施,而不知实嫫母也,何言最哉?
>
> 夫山水成于天者也,屋宇成于人者也,树成于人而亦本于天者也。故穷极土木,富有力者能之,贫者不能也。余有天幸,得地于山水之间,而又得此乔柯而成其胜,必以土木为奇,则束手矣。虽然,构造之事,不独以财,亦小以智,余虽无财,而稍具班、倕之智,故能取佳山川裁剪而组织之,以窃附其奇,不然者,亦束手矣。是吾园本于天,而成于人者也,夫本于造化,亦当还之造化。

这篇约五百字的园论,重在探究造园之道,思想深刻。其一,关于园林艺术构成要素及其主次比重。作者明确指出,山水为主,树木次之,屋宇亭榭复次之,排序与世俗评论正好相反。山水二者,须水多山,若有山无水,或有水无山,俱是缺憾。又所谓山水主要指自然界真山真水,而人工造作之假山假水非所取重。作者自称有"天幸",其园能得锡、惠二水之胜、惠山二泉水之利,所到之处在在见山,在在闻泉,"以一九龙山为千百亿化身之山,以一二泉水为千百亿化身之水",奇妙极矣。园中假山仅有二座,频伽岭与三疑岭,后者以凿池余土堆成,一土阜耳,复累以奇石,约高六丈,仍为小山,可以增高而不增高,"惧其以假蔽真也",掩盖了九龙山自然景观。这里提示了一个造园美学原则:包括假山在内的一切人造景物,是为了更好地观赏自然风光,也是为自家园林增胜,否则因这些建构的存在影响甚至掩盖了自然山水景色,"以假蔽真",就是败笔。邹园佳胜又在树木高大古老,"干宵合抱","巨木成帷","扶苏蓊郁"。园主十分重视对古树的保护,"凿池时,见古木如虬,不忍弃去,因而甃石以象浮岛,亭亭水面,宛若青螺",因树构景,也很别致。又古藤一株,是百余年物,从地缘上,又从顶缘下,直接于池,"蒙茸绸缪,与藻荇并漾",景致清奇,置人幽境。邹氏对屋宇亭榭并不太看重,"园中楼台亭榭之类,率朴遨卑眇,不甚弘丽,遇夏则苦蒸郁",主人自笑:"老书生不脱寒俭气耶?"但简朴卑小,不等于粗陋,可以草率为之,也要精心营构,于简谈中求高雅,"屋宇巨眇崇卑,规制不一,而皆缔构精严,疏密有度"。诸多建筑中,惟"天均堂"建构弘丽,"瑰玮丰敞,栏楯复叠,斑间赋白,疏密有度,前后栏槛,鬃彤刻镂,既缛且巧"。小中含巧,淡而能雅,朴卑中存华丽,显现出园中亭榭建筑的精妙,故为一般评论者特别推许,虽不为园主所认同。

其次,关于园林建筑天人关系的哲学思考。时人论园林构成要素,每举山水、花木、屋宇诸端,但仅止步于此,邹迪光则进一步推升至哲学的高度,将山水、花木、屋宇诸要素归结为天人融合。"夫山水成于天也,屋宇成于人者也,树成于人而亦于天者也","是吾园本于天,而亦成于人者也"。此乃邹迪光园林美学的核心思想。造园须得天胜,如山水、植物等,也仗人力,人力包括财力与智力,迪光尤重智力。既获山水、植物等自然条件,还要借助具有审美睿智、谙习构园妙道者加以"剪裁组织",其间大有讲究,大有学问,迪光谦称"小智",实含大智慧。其三,关于园林的归宿问题的解答。千百年来,园主们一直为这个问题所困扰,耗费了那么大的财力、物力、人力、精力而成一园,如何处置将来呢?留给子孙?转售他人?舍于寺庙?等等,似乎都没有找到满意的答案。与此相关的是,私家园林是由园主一人与其眷属独享呢,还是与众人共享其乐?开明豁达的主人主张与众人共之,以巨丽名闻江南的弇山园常常敞开前后门,供游客参观游览,主人王世贞云:"余以山水花木胜人人乐之,业已成,则当与人人共之,故尽发前后扃,不复拒游者,幅巾杖履与客屡时相错。"[1]愚公谷主人邹迪光也效其事:"园成,而公之人人。径不必三,而任其往来;门不必楗,而听其出入;花不护而待攀;四时之果不卫而待攘;黎床石榻不悬,而游者以偃息。"开放度更大更自由。他承认"造化"即自然是万物之本原,世界万事万物包括人类及园林,皆本于造化,最后又回归造化,因此开放私家花园,"公之人人",

---

① 《弇州续稿》卷一六〇《题弇园八记后》。

"与大家同赏共乐"，就是顺理成章的事了。邹迪光小王世贞二十四岁，结为忘年交、文字友，其园林思想颇受前辈宗师影响，又其《愚公谷记》近似王氏《弇山园记》的写法，而不掩其深造自得之处。

三、徐霞客：泠然小有天　洵矣众香园[①]

明中叶以来，士人大都好游，晚明时期游风特盛，蔓延士林，浸淫民间，涌现出一批足迹广远的旅行家。其人饱览各地名山大川、奇峰幽壑，对自然界真山真水有着丰富精深的审美体验，又多游南北乃至西南边疆各类园林，对园林美也有深切观感，山水美与园林美交会于目，识见自应高于常流。徐霞客便是其中杰出代表。

徐霞客（1586—1641年），名弘祖，字振之，号霞客，江阴（今属江苏省无锡市）人。出身望族巨富，先世自明初以迄灭亡，以农耕为主业，子弟也读书，或取得功名，可谓耕读世家，但纵观徐氏在有明一代并未出现膴仕高官。据民国《梧塍徐氏宗谱》载，十三世徐经即徐霞客高祖，弘治八年（1495年）与苏州唐寅同举南畿（南京），十二年赴会试，卷入一场科举大案，系诏狱，久之始得白，犹被落籍除名，后郁郁以没，经三子在其母杨氏主持下三分祖产。从此徐氏家境渐落，但毕竟家底厚实，三户分得的财产有田地、房屋、山丘、芦荡、鱼池、园圃、树木、银两等，足以供给子孙们生活之需了。

徐氏祖居梧塍里（今称大宅里）实际上是一座大庄园。第十世徐忞，字景南，明初人，正统间出粟二千石赈灾，诏旌义民。"尝筑室数椽，玩读经史，轩前有梅数株，当冬时，雨雪贞白洁素，相为辉映，悠然有会于中，遂以'梅雪'自号。晚岁优游田里，笑傲林壑，题其所居，得十景：曰梧塍先陇，曰长寿幽居，曰梅窗诗思，曰竹屋书声，曰黄塘春潮，曰毗岭晴岚，曰西畴稼穑，曰北墅桑麻，曰南浦渔歌，曰东原牧笛。"[②]景南父徐麒为梧塍里发迹之祖，"辟田若干顷，积书数千卷，列郡甲胄之家"，也置宅园，"晚年别筑一室于所居之旁，花竹图史，日寄傲于其间。"麒、忞二祖以下数世也置宅园，有园亭之好。霞客之父徐有勉一生隐于陇亩，远离科举，人称"旷士"，"高隐"。董其昌称其安享"园亭水木之乐"，陈继儒谓"其旷地多怪石伟木，为洗剔部署，始有园池"，王思任亦谓"好木石，为园以自隐"。[③] 徐氏家族的文化背景和祖上父辈的园林喜好，不能不影响到徐霞客。

霞客故乡江阴，昔属常州府，与苏州府同处吴文化圈核心地带。明代中后期江阴尚未遭受清兵屠城惨祸时，经济、文化和社会发展与苏、锡、常同步，呈现蒸蒸日

---

① 徐弘祖：《徐霞客游记》卷一〇下《附编》，上海古籍出版社，1980。

② 民国《梧塍徐氏宗谱》卷五三《旧传辑略》，转引自吕锡生编著《徐霞客家传》，中央文献出版社，2006。

③ 徐弘祖：《徐霞客游记》卷一〇下《附编》，上海古籍出版社，1980。

126

中国园林美学思想史
——明代卷

上的趋势,由江阴园亭之兴盛可观其地社会、文化之发展。据光绪《江阴县志》著录,知名度较高的明代园林近十座,如葛氏定山别墅,方氏黄山小桃园,季氏清机园,缪昌期之实园,黄氏之萃涣园,曹氏之漫园,南郭蒋氏园,徐氏小香山梅花堂,漏载者甚多,远过此数。从方志简略的记载中,不难看出有些园林建构精致,景境秀丽,如定山葛氏别业,"高峰如屏,泉石绮丽"①。又如黄氏萃涣园,"所居引水凿池,池亭错列,以延四方名士,张献翼有诗云:'千里襟期同命驾,百年风物此登台。'"②此园为名流雅集胜地。张献翼字幼于,与兄凤翼、弟燕翼,并为晚明苏州才士,时称"三张",而献翼尤籍甚。又漫园在江阴文昌巷西,俗称曹家园,邑人曹珙别业。珙字子玉,号兰皋,少负隽才,求诗画者无虚日。崇祯十年(1637年)进士,以户部主事督临清关,所至有惠政。鼎革后,邑毁于兵,家为之落。初辟漫园于城南隅,至是屏迹园居,每沉醉泣下沾襟,戚戚以死。③有七言律《漫园》八首,观此诗可知漫园是一座水景园,树木繁茂,"五亩池塘一亩宫,半垂杨柳半疏桐"。池边树丛中时闻鸟鸣,"黄鹂喜占池边树"。池边种竹,园有假山,"叠嶂成云气自寒,曲池旁绕碧琅轩"。园内屋宇建筑稀少,有小阁长廊,而园址选位精当,廊阁建构布置精巧。"云移古堞连墙角,秋拥双峰入座中","菱浦湿沙栖白鹭,柳阴深巷立红裙",远处湿地沙滩白鹭,近处柳巷红衣女郎,自然生态与人居环境,人与鸟的美好物象,显得非常和谐、协调、安详、幽静,这些一并收入园中人眼帘。其小阁北对右鲤双峰,西接兴国寺七层宝塔,"小阁正当青嶂北,浮屠遥峙白云西。"长廊前则落花铺地,又闻鸟鸣,"长廊尽日堪闲坐,满地花茵一鸟鸣。"④漫园无重楼杰阁,但淡雅幽美,洵是佳构。曹珙另一首咏园诗题名《题舅氏徐仲昭借香室》,仲昭名遵汤,亦江阴名士,是徐霞客族兄,关系亲密,二人对曹珙这位乡贤廉吏一定熟识,并且游其漫园。江阴城区及郊外许多园林,或许也曾留下霞客的足迹。还有苏、锡、常诸地名园,霞客应也有耳闻实历,但多不可考,惟知年轻时曾陪著名学者《诗源辩体》作者登惠山观名园。许学夷五律《同徐振之登惠山》云:

> 宿雨溪流急,扁舟向晚移。山因泉得胜,松以石为奇。楼阁高卑称,园林映带宜。幽探殊不尽,策杖自忘疲。⑤

"楼阁"二句,是园林精鉴。许学夷与徐霞客有何关系?《诗源辩体》万历初刻本许氏自序有云:"先是,馆甥徐振之亦为予传是书。"⑥"馆甥",女婿,一说,或指侄婿。丁文江先生《徐霞客先生年谱》征引许学夷另一首五律题名《雨夜宿徐振之斋

---

① 光绪《江阴县志》卷三《山川》,《中国地方志集成》本。
② 光绪《江阴县志》卷二二《古迹》,《中国地方志集成》本。
③ 光绪《江阴县志》卷一七《人物》,《中国地方志集成》本。
④ 顾季慈,谢鼎镕编《江上诗钞》卷四八《漫园》,上海古籍出版社,2003。
⑤ 顾季慈,谢鼎镕编《江上诗钞》卷三九《同徐振之登惠山》,上海古籍出版社,2003。
⑥ 许学夷:《诗源辩体》,人民文学出版社,1987,第443页。

中》:"相思成契阔,相见即绸缪。短榻陪云卧,高斋听雨留。砌蛩鸣渐晓,庭树响先秋。赖尔元同调,清吟足唱酬。"①霞客斋居内外饶含园林清致,而"契阔"、"绸缪"、"同调"云云,可见二位忘年高士关系之密切,志同道合,非止于姻亲而已。

受到徐氏家族高尚其志、安于农耕的文化传统和吴地高度发展的园林文化的影响,徐霞客对园林的爱好由来已久,而且对园林美的赏鉴深湛精妙。江阴县东北三十里香山(今属张家港市)之上有小峰特起曰小香山,其上旧有庵曰梅花堂,相传匾额为苏东坡所书。香山下有采香径,传说吴王夫差遣美人采香于此,山与径由此得名。② 明末徐应震结庐小香山,依旧庵辟为园,仍名梅花堂。应震,字雷门,喜游能诗,曾任兵马司指挥,是徐霞客另一位关系密切之族兄,二人尝结伴游庐山,时在万历四十六年(1618 年),雷门与霞客同庚,并为三十三岁。雷门既辟小香山园,霞客为咏《题小香山梅花堂》诗五首,据丁文江考订,是诗作于崇祯二年(1629 年),作者四十四岁,距与雷门同游庐山已是十年后的事了。诗前有序,实为一篇精妙绝伦的园林记,其描述梅花堂内景近景与外景远景云:

> 堂后,削石为壁,刊石为池,面石为轩,中供绣大士,旁设榻几以憩客。月隐崖端,则暗香浮动;风生波面,则泛玉参差:其近景之妙也。堂前,凭空揽翠,岫树江云,罗列献奇,帆影樽前,墟烟镜里,阴晴之态互殊,晨夕之观夐别:其远景之妙也。③

此园格局小而精致,具体而微。除主体建筑梅花堂以外,仅置一轩,轩内陈设也极简省,中供观音大士绣像,旁设榻几以憩客,小小空间清净而带暖意。削石为壁山,刊石为水池,山水泉石粗具,因地制宜,巧用原有的自然条件略施人工,乃成别致的园景。花木种植不繁而简,以梅为主,点出"梅花堂"的主题,配以绿竹,如其诗所云:"绕屋梅花香更清,当窗竹影云俱轻。"每当月出,崖壁、池水、梅花、竹影交叠互映,满园色香浮动,如梦如幻,也如其诗所云:"泠然小有天,泂矣众香国。"堂前留下一片空旷的开阔地,江上帆影,山峦翠色,村落炊烟,阴晴朝暮,万千景象,都呈献于小园几案之上。小香山园因自然,合地宜,规模小而不觉逼仄,设置少儿不见简陋。园内园外皆留有空间,内不填塞而布置精妙,外无遮拦以毕收万象,旷奥朗幽兼得。游赏此园,如入冰壶,如升仙境,霞客诗云:"片时脱尽尘凡梦,鹤骨森寒对玉壶",甚至色香俱无,只剩一片清空,"此时色香已俱空,三岛大洲竟谁别"。小园意境之美能有如此魅力,难得一遭。此园的出现,使小香山这座埋没千年的荒丘甦醒了,吴姬的香魂复活了,"千年迹冷荒丘,一旦香生群玉,不特花香,境香,梦亦香",小香山的面貌为之一变,变得更美更诱人了。这座小园何来那么大的魔力?来自园主徐雷门的高致幽情,"春随香草千年艳,人与梅花一样清",正是对主人品格的写照;来自他对山水的酷爱,"与山缔生死盟","九龙万笏掉头过",爱此荒寂之

---

① 《徐霞客游记》卷一〇下《附录》。
② 光绪:《江阴县志》卷三《山川》、卷二二《古迹》。
③ 《徐霞客游记》卷一〇下《附编》。

嶙峋;来自他对山水美的妙悟和隽识,对园林创构的匠心独运。山川地理形胜因人而彰,园墅佳构精品因人而成,园与地二者显秀呈美取决于人的品格情智。"天留名壤待名人,吾家季兄能采真",小香山得高士徐雷门及其所筑梅花堂而愈妍愈胜,香盈四境。名人、名园与名壤的这种关系在历史上屡见不鲜,其核心思想在于人与地的和谐协调。越小香山而北,约一里,有涧数十丈,夹涧植桃,名桃花涧。雷门购得之,稍加修琢,增植松树,保存了原有天然景物,而景色愈美愈奇,成为与梅花堂交相映辉的景区。徐霞客游桃花堂明年,复游桃花涧,盛赞造化天工之奇,作《游桃花涧》诗一首,也有序。序云:"予兄既种梅以辟山,复买松以存涧。""存涧",保存自然景观最要紧,"买松"植树以增天然之胜。又云:"堂以幽,涧以壮,各擅一奇,亦相为胜。"梅花堂与桃花涧同处一山的两个景区风格相异,"各擅一奇",构成争奇斗艳又掩映衬托的美学关系。"壮"者壮美也,气势雄奇,"层层声捣石,矫矫势垂天,吼虎深藏峡,狂龙倒挂川",令人震撼。奇妙的是,同一条桃花涧还有柔美的一面,"玉迸丝丝立,珠倾个个圆,石文喧旧鼓,松韵押疏弦",天成之形,天籁之音,殊可玩赏。又有自然景物相伴相随为妆为饰与人结成亲密关系者:"巧树皆垂臂,危岩并倚肩,石牵绡作幕,松滴翠为钿",自然景物美妙可爱,与之亲密接触,深知山水美之"解人",及入此境,不禁魂消神飞,"洒雪魂俱白,披涛骨欲仙",心灵获得净化和升华。这是自然对人的最高赐予,人当敬畏、爱护、善待自然。徐雷门在小香山的作为乃是前贤对自然景区开发最佳范例,他和徐霞客都是大自然的好朋友,真正的高士。

徐霞客的旅游生涯以崇祯九年(1636 年)五十一岁时远游西南为里程碑,在途四年,历险探奇,艰苦卓绝,而对地理山川方物人文考察所获极其丰硕,对山水美的体悟也越发丰富精妙。期间,还寻访考察了东南、中南、西南诸省特别滇黔边陲的各类园林(私家园、寺庙园、宗室藩王园、纳西族木氏庄园别墅等),以及许多具有园林雏形的山野村落民居,因而对园林的审美感悟和认知又进一层,并为园林史提供了大量鲜活而不被人注意的宝贵材料。

徐霞客在旅途中常择居寺庙或道观,其主建筑殿宇之外或附设园林,此即所谓寺庙园林。又高僧长老所居往往在寺院附近别构精舍、精庐、净室、静室,建制与布置简朴而精雅,环境幽美,乃栖真修禅和会见文人雅士的幽静之处,也是徐霞客住宿歇脚、整理日记、观景凝思的绝佳之地。这种禅房净室的格局与私家小园佳构并无异致,因为建在山林之中,其林壑之美环境之幽,尤非一般私家园林可几及。早在万历四十六年(1618 年)霞客三十三岁游庐山时,既参开先寺、登文殊台,复过黄岩寺,得黄石岩,发现岩侧有一小小茅阁:"岩山飞突,平覆如砥,岩侧茅阁方丈,幽雅出尘。阁外修竹数竿,拂群峰而上,与山花霜叶映配峰际。鄱湖一点,正当窗牖。纵步溪石间,观断崖夹壁之胜。"①此阁倚岩而构,开窗正当鄱阳湖,远远望去,缩为"一点",阁外修竹与山花红叶相"映配"。小阁与佳境构成一幅风景秀洁、层次清楚

---

① 《徐霞客游记》卷一上《游庐山日记》。

的山水画,徐霞客用"幽雅出尘"四字标示此阁审美特质,置身其间也如游赏一座"幽雅"的园林。在远游西南四年间,游息于诸多名山巨刹,发现了更多隐藏于深山密林中雅具园林风致的僧房净室,数量可观。崇祯十一年(1638 年),徐霞客西游贵州,出贵阳,至白云山景区,山有白云寺,传为建文帝遁迹处。寺北,"开坪甚敞,皆层篁耸木,亏蔽日月,列径分区,结静庐数处",寺后亦有十静庐。其一庐在"南京井"(为纪念建文帝故名),选址绝佳:

> 庐前艺地种蔬,有蓬蒿菜,黄花满畦;罂粟花殷红千叶,簇朵甚巨而密,丰艳不减丹药也。四望乔木环翳,如在深壑,不知为众山之顶。幽旷交擅,亦山中一绝胜处也。[1]

静庐前,地空旷,种蓬蒿与罂粟,黄红交映,美艳不减名花。庐之周围,林木茂密,如在深壑幽谷。幽与旷两种景致交会于一处,殊不易得。又一静庐,其地独出丛木之上,平坦如台,其境幽深,最宜静修:

> 稍北,下深木中,度石隙而上,得一静室。其室三楹,东向寥廓,室前就石为台,缀以野花,室中编竹缭户,明洁可爱。其处高悬万木之上,下瞰菁篁丛叠,如韭畦沓沓,隔以悬崖,间以坑堑,可望而不可陟。……此室旷而不杂,幽而不闷,峻而不逼,呼吸通帝座,窈窱绝人寰,洵栖真之胜处也。[2]

三间静室,近看地势平坦,布置简雅,使人觉得"明洁可爱";至边际下瞰,始知"高悬万木之上",险峻奇秀,又令人惊喜惊惧。迥异的景象,奇妙的感觉,凑在一起了。最后六句,是徐霞客对这座僧寮景观美的高度评价和赞赏,并指出此地才是僧人静修的"胜处",居此便觉完全隔绝世氛尘寰,而直通帝座仙界,心灵得到解脱、净化和升华。

徐霞客远游西南,在云南逗留的时间最长,前后近三年,于崇祯十一年(1638 年)入滇,十三年(1640 年)东归。期间参访了许多寺庙及附属园林,在大理点苍山游名刹感通寺与三塔寺,寻访诸僧庐院舍,分布因地而异。"盖三塔、感通各有僧庐三十六房,而三塔列于两旁,总以寺前山门为出入;感通随崖逐林,各为一院,无山门总摄,而正殿所在与诸房等。"又苍山波罗岩之西,"有僧构室三楹,庭前叠石明净,引水一龛,贮岩石下,亦饶幽人之致"[3]。徐霞客不仅细观"正殿",而且"遍探诸院",各处僧房静室,其境大多具有"幽人之致"及园林之美。在丽江,应土知府木增之请,寓居解脱林(即福国寺)为木公编校其《山中逸趣集》,因得详察其殿宇楼阁。解脱林位于玉龙雪山南麓,木氏发祥地白沙坞(今白沙镇)西界,为"丽江之首刹"。"门庑阶级皆极整";"中殿不宏,佛像亦不高巨,然崇饰庄严,壁宇清洁";"正殿之后,

---

① 《徐霞客游记》卷四下《黔游日记》。
② 《徐霞客游记》卷四下《黔游日记》。
③ 《徐霞客游记》卷八《滇游日记》。

层台高拱,上建法云阁,八角层甍,极其宏丽";阁前有两庑,霞客寓南庑中。"两庑之外,南有圆殿,以茅为顶,而中实砖盘,佛像乃白石刻成者,甚古而精致。中止一像,而无旁列,甚得清净之意。"其北,"亦有圆阁一座,而上启层窗"。阁前,"有楼三楹,雕窗文槅,俱饰以金碧,乃木公燕憩之处"。又寺右山坡上有净室,"有堂三重,皆不甚宏敞,四面环垣仅及肩,然乔松连幄,颇饶烟霞之气"[1]。这座佛教大丛林,殿宇、门庑、楼阁、净室皆具,建制样式风格或宏丽,或庄严,或精致,或简朴,皆因宗教建筑特点、僧众及宾主差别而有异,又具民族与地方特色,无愧于"丽江之首刹"。其"圆殿"、"园阁"、"净室"诸建筑,亦佛教园林之佳构。

徐霞客两次游历鸡足山,一次在崇祯十一年(1638年),一次在崇祯十三年,前后共五个月。明万历以来佛教极盛,西南边陲亦渐其风。陈垣先生《明季滇黔佛教考》重印后记云:"有明中叶,佛教式微已极,万历以后,宗风复振,东南为盛,西南已被其波动。"[2]鸡足山耸立于大理城东北,与大理隔洱海相望,向称佛教名山,是中外佛教信徒朝拜的圣地。苍崖翠岭间,寺庙、庵堂、殿宇、楼阁、精庐、静室层叠密布,高僧辈出,香火綦盛。崇祯年间大错和尚(钱邦芑)重修《鸡足山志》,其《指掌图记》云:"大约山距三州之胜,峰秀数郡之间,大寺八,小寺三十有四,庵院六十有五,静室一百七十余所,其间幽洞危崖,奇峰怪石,曲涧清泉,不可名数。"[3]霞客在山近半载,饱餐山水秀色,历览宝殿名寺,遍访高僧释侣,又奉丽江木公之命撰《鸡山志略》。他寻访的佛教建筑以精庐静室最多,自云:"遍探林中诸静室,宛转翠微间,天气清媚,茶花鲜娇,云关翠隙,无所不到。"[4]视访求诸静室为乐事,表现了对静室的热情和兴趣,这缘于静室清静雅致,宜禅宜观宜悟道宜晤谈,是僧人潜修和游士旅栖的好地方,也最具小园佳致。徐霞客探访的鸡山僧徒静室可指名者如:野愚静室、莘野静室、隐空静室、兰宗静室、体极静室、玄明静室、义轩静室、天香静室、克心静室、烟霞静室、中和静室、慧心静室、野和静室、翠月静室、标月静室、白云静室、天池静室、止足静室、德充静室、一宗静室、三空静室,等等。还可以举出不少,也有称"庐"、称"轩"、称"精舍"者,其实也是静室。其构未必个个可称寺庙园林,而具园林之美者表现为三点基本特征:一是处在山水交会的最佳位置,为奇峰怪石曲涧清泉翠竹森木所环抱,且深藏幽深险绝、人迹罕至之地;二是门前户牖有水石花木点缀,室外近景幽秀;三是建筑简朴雅洁,或仅有一间,最多三楹,室内陈设简单,往往一尊佛,一炉香,一榻一几,体现出佛家以清净为本的宗旨。试举数例如下:

野愚静室:"有堂三楹横其前,下临绝壁,其堂窗槅疏朗,如浮坐云端,可称幽爽。"[5]位置选择,堂室窗槅设计,精当巧妙,兼得幽爽。堂踞绝壁之上,虚窗接空,使

---

① 《徐霞客游记》卷七《滇游日记》。
② 陈垣:《明季滇黔佛教考》上,河北教育出版社,2000,第234页。
③ 高斸映:《鸡足山志》,云南人民出版社,2003,第20页。
④ 《徐霞客游记》卷七上《滇游日记》。
⑤ 《徐霞客游记》卷七上《滇游日记》。

人产生如浮坐云端的感觉。

体极静室："其室三楹,乃新辟者。前甃石为台,势甚开整。室之轩几,无不精洁。佛龛花供,皆极精严。"①室前平台开阔整洁,不狭不杂,室内陈设极简,然而"精洁"、"精严",令人肃然起敬,杂念顿释。

玄明静室："余先屡过其旁,翠条掩映,俱不能觉,今从兰宗之徒指点得之。则小阁疏棂,云明雪朗,致极清雅。(阁名雨花,为野愚笔。)诸静侣方坐啸其中,余至,共为清谈瀹茗。"②此静室式样为四坡顶四面开窗阁式建筑,视野开阔明爽,如"云明雪朗"。掩映于碧丛翠条之中,不易被发现,未经向导引路则难能找到。构思设计亦妙。啸吟、清谈、瀹茗,是对诸位高僧大德部分生活的写照。

有些高僧名宿拥有两处静室,或一室一楼。如莘野静庐前又有一小静室,半里又有一楼,极精致,属同一静主。徐霞客栖宿楼之北楹,得主人师徒盛情款待,"父子躬执爨,煨芋煮蔬,甚乐也"。霞客记此楼景观和登楼快适:

> 其楼东南向,前瞰重壑,左右抱两峰,甚舒而称。楼前以杪松连皮为栏,制朴而雅,楼窗疏,棂洁净。度除夕于万峰深处,此一宵胜人间千百宵。薄暮凭窗前,瞰星辰烨烨下垂,坞底火光,远近纷挐,皆朝山者,彻夜荧然不绝,与瑶池月下又一观矣。③

莘野楼所在地势、楼前栏杆及窗棂诸设置俱佳,霞客凭窗下瞰,但见烨烨星光,与坞底千万朝山者手举灯笼火把光焰交辉,如临瑶池仙境的奇幻景色。是日,适当除夕之夜,霞客觉得,今夕之夕,在"万峰深处"度过了一个美好难忘的节日,"此一宵胜人间千百宵"。伟大旅行家的旷怀奇想因得鸡山圣地莘野楼之助而起,亦见斯楼构置之精妙。兰宗师也有二静室,中间一岩突起,"一踞岩端,一倚岩脚"。岩东有"水帘"之胜,"有水上坠,洒空而下,罩于嵌壁之外";岩西有"翠壁"之秀,"有色旁映,傅粉成金,焕乎层崖之上"。二室相望,依稀人影,"兰宗遥从竹间望余,至即把臂留宿"。④二室各占地位,而遥相呼应,并得"水帘"、"翠壁"双胜,布置实含妙思。

鸡山诸静室建筑群往往依某一大刹主建筑,随山势地形而构,粗看并无何种联系,徐霞客经过细心踏勘观察,却发现各室之间竟存在奇妙的联络,构成一处整体景观。例如围绕悉檀寺所在山脉分布着许多静室,其东支有义轩庐,念诚庐,野愚大静室;西支有莘野楼,玄明静室,体极静室,体极新庐;中支有兰宗庐,隐空庐,白云庐。三支静室建筑群,分之为独体之妙构,合之为整体之奇境。诚如霞客精鉴赏评:"其间径转崖分,缀一室,即有一室之妙,其盘旋回结,各各成境。正如巨莲一

---

①　《徐霞客游记》卷七上《滇游日记》。
②　《徐霞客游记》卷六下《滇游小记》。
③　《徐霞客游记》卷六下《滇游小记》。
④　《徐霞客游记》卷一〇上《滇游日记》。

朵,瓣分千片,而片片自成一界,各无欠缺。"①诸多精庐妙室散布于各处,如一座座小园互映争妍,又分系于东西中三支,共同构建起一座美丽的巨园。徐霞客将这种奇妙的美学关系譬之为"巨莲一朵,瓣分千片",此巨眼妙观体现了这位深谙构园妙道的大地理学家的独特审美思维。徐霞客还以中国风水学说解读鸡山地理形胜,静室建筑群分布与组合的奥理,如谓鸡山三支山脉如鸡三距,"中支不短,不能独悬于中,令外支环拱";"盖西支缭绕而卑,虎砂也,而即以为前案;东支夭矫而尊,龙砂也,而兼以为后屏"。"皆天造地设,自然之奇,拟议所不及者也"②。此论鸡山总体形势,又观静室之风水,如谓野和静室,"门内有室三楹,甚爽,两旁夹室亦幽洁";"其门东南向,以九重崖为龙,即本支旃檀岭为虎,其前进山皆伏,而远者以宾川东山并梁王山为龙虎"③。"龙砂"、"虎砂"、"案"、"屏"皆风水学术语。徐霞客取其合理内核,用以解释鸡山地理形胜和寺院、静室分布组合的原理,以为"皆天造地设,自然之奇",与风水迷信之说无关。然而不能排除有通晓山川地理和建筑园林知识的高僧高人的观测、设计、运作,凡是具有园林幽致的静室都离不开主僧的选址和营建,他们的定力和智慧对兴造静室这一独特的寺庙园林至关重要。

　　静室作为寺庙园林之一种,其规模、构造、装饰远不能与主殿寺园相比拟,它不是供公众拜佛、礼忏、游观的公共场所,乃是僧徒古德潜修栖息之地,多建于幽僻甚至险绝之处,带有某种私秘性。因此,世人的关注度极低,以至忘却了它的存在。然则却是真正意义上的园林。它清净静谧,远离世俗尘氛,置于自然秀色围合之中,得益于山水草木灵秀之气的滋养;建构简洁雅致,多为三楹,一佛一炉一榻而已。然而至简至朴至淡至静中大美存焉。居此,静对山水奇观,沉思人生变故,宇宙万象与佛家禅语交会相融,心灵世界因之清静淡泊,欢喜无限,超乎尘寰之表、神游昆仑之上,达于山水园林也是一切艺术审美崇高境界。徐霞客以其艰苦卓绝的探索精神,在远征西南旅行中,遍探名山巨刹及宗教建筑,对深藏于千岩万壑数十百处静室考察、记录尤其翔实,对其园林审美价值的体认、描述独到精妙,对众多"静主"高僧的生存状态和学行才智也有真实生动的记载,他对佛教史、园林史的贡献很大。从来谈说寺庙园林者,有欣赏"禅房花木"的,而鲜及滇黔僧庐静室,后来也未见其人。徐霞客是发现静室园林美的第一人!

　　今人最先留心研究滇黔静室者,是国学大师陈垣先生,七十年前,在其名著《明季滇黔佛教考》第六篇辟出专论《静室之繁殖及僧徒生活》。先生据北宋僧道诚《释氏要览》,考得静室名义始于儒者书斋;又据清云贵总督范承勋于康熙三十年(1691年)重修《鸡足山志》卷五"狮子林静室"条,考知"鸡山之静室始于万历",且惊叹其繁盛。又赞惟霞客"善写僧家生活",在鸡山"盘旋独久","与僧侣往还独密,计其所

---

① 《徐霞客游记》卷七上《滇游日记》。

② 《徐霞客游记》卷七上《滇游日记》。

③ 《徐霞客游记》卷一〇上《滇游日记》。

与游之僧,有名可籍者凡五六十人,莳花艺菊,煮茗谈诗,别有天地非人间矣"。又谓"今欲考滇黔静室及僧徒生活,《霞客游记》为最佳史料"。① 故陈氏关于静室材料主要采自霞客游记中《滇游日记》与《黔游日记》。陈氏考述主旨和重点在静室与僧徒生活之关系,然未及静室之园林意义、审美价值。仅指出其建筑特点在"僻":"僻则陋,故生斯地者,多往外参求,朗目、苍雪,遂成名于外;亦惟僻则静,故修苦行者,多来此习静,禅斋精舍,遂独冠于世。"静室固有陋者,不宜长期栖居持修,致使僧主离去,"往外参求"。但静室之佳者、雅者并不少见,《徐霞客游记》登录者多此类,已如前述。具幽人雅士之致的僧人往往善营其静室,使之园林化,宜于长期安居,朝暮以观山水,也易进入禅境。静室精舍使僧侣也有生活情趣,不使坠于如槁木死灰之苦行僧,静室之类寺观园林于释道持修大有助益。

四、李流芳:位置不在多　贵与风物称

隆庆、万历以来,僻在海隅的苏州府辖县嘉定(今上海市嘉定区)经济、社会、文化呈现加速发展态势,一个明显的表征就是园林的兴盛。域内外河道纵横,丰富的水资源为造园提供了优越的自然条件。其中徐学谟之归有园、汪明际之垫巾园、侯震旸之东园、龚锡爵之秋霞圃与石冈园等皆称名园。县城东南巨镇南翔,新园旧墅不下十处,最有名的莫过于书画家李流芳之檀园、其侄李宜之猗园(今称古猗园)、其友张崇儒之蔼园。其时嘉定还出现了精通构园之道的文人,和善于造园并亲率诸匠现场施工的园师。前者以李流芳为代表,后者以夏华甫为代表,二人是相知好友。

李流芳(1575—1629年),字茂宰,又字长蘅,号泡淹、香海、檀园,又号六浮道人、慎娱居士,嘉定南翔人。万历三十四年(1606年)举人,后屡赴会试皆败绩,身心交瘁。流芳诗文书画篆刻俱精,画名尤著,而人品高尚。董其昌盛赞"其人千古,其技千古","其交道亦是千古可传也"。与唐时升、娄坚、程嘉燧并称"嘉定四先生",有《檀园集》。流芳性好山水,游迹不广,多徜徉于吴越山水间,如南京、镇江、常州、苏州、松江、杭州等名城绮丽之地,北上会试,曾游北京西山诸胜及沿运河一带城市,也曾还祖籍徽州歙县祭扫墓园,途中观新安佳山水。足迹虽不广,但对山水爱得深,"平生爱山心,对此即欲死"②,此种情感趣尚与徐霞客、袁中郎等名士正同,因此能作深度游,而得山水之真趣。嗜山水者每每移情园林,山水癖与园林癖不可分离,如果说观山涉水是动态游,那么居园赏石则是静态游了。一动一静,山水美与园林美两相会通,主体审美感悟往往灵敏深切,而有独见、精识和创获。李流芳与吴中前辈艺术大师、文学巨子文征明、王世贞等一样,也与园林结下不解之缘,其园林品鉴和造园思想独到精妙。

① 　陈垣:《明季滇黔佛教考》上,河北教育出版社,2000,第 291 页。
② 　李流芳:《李流芳集》卷六《甲子元日试笔》,李柯纂辑点校,浙江人民美术出版社,2012。

观李流芳《檀园集》所咏所记园林，多为江南小墅别业，其主人又为自己好友，故能居留细赏，也观寺园静室。流芳所构檀园规模不大，自称"小筑"，尝在杭州皋亭山桃花坞购得一处别业，建一草阁，"买得桃花一坞深，清泉白石久盟心"，①又在苏州太湖之滨、邓尉山西，买一小丘，欲构"六浮阁"而未果，"十年山阁不得就，却负青浮日夜浮"，"百年有钱作底用，一朝卜筑偕行休"。②流芳特别钟情小园小筑，而于巨园伟构鲜有歌咏记述，这是他园林思想的重心所在，与其人生观、价值观、美学观有着密切关系。他对杭州皋亭山寺僧闲谈构园精要：

> 山居不须华，山居不须大。所须在适意，随地得其概。高卑审燥湿，凉燠视向背。楼阁贵轩嚣，房廊宜映带。或与风月通，或与水木会。卧令心神安，坐令耳目快……③

此诗提示三点园林美学要义：其一，造园的根本目的在于"适意"，达到耳目心体的舒适、畅适，坐卧栖游要能"心神安"、"耳目快"，亦即满足审美需要，精神享受。不在追求宏大华丽，小而精，简而雅，只要"适意"，亦称佳构。其二，构园要因地制宜，随地造景，须视地势高下、土质燥湿、方位朝向诸因素，营建楼台亭阁等各种类型式样的建筑物，既合土地之宜，又适居者所需。建筑物和各类景物还须讲究配置、"掩带"，具掩映美、整体美，而非简单堆砌。其三，园内景物要能迎延园外风景，"与风月通"，"与水木会"，是小园与天地自然大观对接交融，从而获得大适意，"萧爽出尘界"。此中深意唯谙谙园林妙道的"解人"知之，浅俗者则茫然，其有构建，必悖园理而落败笔。如皋亭寺僧虽在林壑幽美之地，而不知欣赏，建一楼而窗如窦，不见大好风光。李流芳提出合理建议："劝令开八窗，咄嗟变湫隘。前楹布清阴，后户揽苍霭。玲珑称人意，萧爽出尘界。"此前，流芳又过一庵，见其构造之病正与皋亭寺楼相同，为此提出批评，也提出修改方案：

> 我昨居新庵，结构亦可怪。居然仇凉风，似欲杜灵籁。古梅如老宿，亭亭使人爱。其下安灶突，柯条半焦坏。悲哉冰玉姿，坐受熏灼害。见之热五内，如身披桎械。谁当共拯此，移灶出树外。西南辟小扉，日与香雪对。区区一缕费，功德乃万倍。吾言不见用，终为未了债。

构此新庵者也不知开轩辟窗，以纳凉风而听天籁，自我封闭而隔绝自然美景，更加愚蠢的是，在一株古梅下设置炉灶，使之备受"熏灼"之苦，致使"柯条半焦坏"。流芳见之伤心，为拯救此梅，改善僧居计，乃献良策，有点石成金之妙，惜不见用，又叹息许多人包括身居山林的人，不通园林之理，不知山水之美，"往往住山人，不知

① 李流芳：《李流芳集》卷六《甲子元日试笔》，李柯纂辑点校，浙江人民美术出版社，2012。
② 李流芳：《檀园集》卷二《余买一小丘》，陶继明、王光乾校注《嘉定李流芳全集》，上海古籍出版社，2013。
③ 《檀园集》卷一《戏示山中僧侣》。

山好在",而干出大煞风景的蠢事。李流芳这首诗虽题称"戏示",却含构园精义,既举营造病例,以为世诫,又指出修改意见,表现了作者对造园艺术的深解和对自然风物的热爱,是园林诗中的佳作。

李流芳经常往来于杭州,徜徉山水园林之间,曾访秦心卿(名舜友,字心卿,号冰心)之懒园,留诗一首,再次表明他的园林审美理念:"位置不在多,贵与风物称。"①意为园林屋宇、布置、陈设等不在繁富华美,贵在能与自然景物如山川草木禽虫日月风烟等会通,形成园林与天物、人工与天巧相互交融的美景。"称"者,会也,合也,当也,宜也。李流芳赏园评园每每引用"称"的概念。园林经营布置贵在要与自然风物相称,如此则虽小而简也足赏心悦目,可比美华园巨苑。流芳观赏园林风物特重"林水",水木清华是构成园林景境不可或缺的重要因素。他游秦氏懒园特别欣赏"飞阁"与"林水"相映的景致:"翳然林水间,爱此飞阁映"。雨中游嘉定侯岐曾(字雍瞻)东园作七律一首,前四句写园景:"无边水木此城隈,恰成飞楼四面开。雨点到池偏淅沥,烟丝着树故徘徊。"②嘉定城东隅河水洋洋,树木茂密,园中楼阁轩翥,窗棂四开,"恰称"点出楼宇与环境交相映衬而成胜景。李流芳好友民间造园家夏华甫在嘉定南郊江边筑小园,清疏淡雅,自然天真,引来多士造访,流芳是常客,题诗多首。如云:"比邻竹色当门绿,傍槛荷香出水新。"③"无多成水石,随意得房栊。"④"无多"、"随意"与前所称"位置不在多"、"随地得其概"云云,意思相同,都是讲造园不要搞得太复杂,搞许多景点、设施,贵在"随地"造景,"随意"布置,又须留意水景的营构,务使水石竹树相映。夏华甫所构"池上茅亭"妙得其理,深受李流芳赏爱,"城南一过一来游",其景境清旷幽幻,"林疑无际阴常合,水未生澜屋已浮"⑤,令人神爽心迷。

李流芳对杭州西湖有特殊的情感,自云:"天下佳山水,可居可游,可以饮食寝兴其中,而朝夕不厌者,无过西湖矣。余二十年来,无岁不至湖上,或一岁再至,朝花夕月,烟林雨嶂,徘徊吟赏,餍足而后归。"⑥至湖上,必至清晖阁,阁近四湖景区南路雷峰塔一带,李流芳诗文屡屡提及之"小筑"即此。主人为杭州名士邹之峰,字孟阳,为人"文弱可爱,坦衷直肠,而遇事慷慨,乐缓急人",并将清晖阁作为知友李流芳来杭时的专馆,供他与诸友"商略艺文,旁及歌咏、书画"⑦,游赏湖山和进行文艺创作。邹氏南山小筑是一座湖滨小园,清晖阁是其主建筑,园与阁建构如何不得而知,李流芳题诗多首也未涉及,他所关注和赏爱的是湖山美景。绝句云:"林岫生烟

① 《檀园集》卷一《访秦心卿溪上懒园》。
② 《檀园集》卷四《雨中集侯雍瞻东园》。
③ 《檀园集》卷四《赠城南夏君》。
④ 《檀园集》卷三《夏华甫水亭》。
⑤ 《檀园集》卷四《夏氏水亭》。
⑥ 《檀园集》卷一二《题画为徐田仲》。
⑦ 《檀园集》卷七《邹方回清晖阁草序》。

水起风,湖山一抹隐雷峰。吴歌四起渔灯乱,坐到南屏罢晚钟。"①又五律云:"风池弄小艇,偃仰芰荷丛。叶与远山碧,花将落照红。衣裳散香泽,楼阁拟虚空。渐觉离尘世,来游净土中。"②前写阁中眺望,后写阁下泛舟,所见所闻所嗅,无不如临众香国中,进而渐觉远离尘世色界,而升净土琉璃世界。南山小筑,一阁之构,所观所感,如此丰富美妙,再次证明李流芳所言"位置不在多,贵与风物称"乃是造园至理。李流芳好佛,尝从杭州云栖寺莲池大师袾宏习净土宗,晚称居士,外出旅游,每栖止佛寺僧房,其静室精舍也具小园雅致。嘉定北城观潮门(原名朝京门)外,有积善庵(又名积善禅寺),其地野花妍红,曲水碧绿,"一路野芳红似锦,几湾春水碧于罗"③。庵有精舍,"幽窗净几","屋后有美竹千竿,净绿如拭",居僧双林上人善画竹,"新枝古干,披展森然,如见真竹"④。游镇江焦山时,访高僧明湛于松寥山房而未遇,留阁上,"观其所居,结构精雅,庖湢位置,都不乏致,竹色映人,江光入牖,是何欲界有此净居!"⑤这些高僧、诗僧、画僧独处之山房、净居、精舍、静室,大都园林化了,往往以小取胜,布置雅洁,环境优美,是寺观园林中精品。万历以来,寺园静室日见兴盛,李流芳诗文中已有披露,稍后徐霞客滇黔日记有大量记载。

李流芳亲手擘画的檀园,在嘉定南翔众多园林中最著名,而且与主人之名播扬天下。其园原是流芳之父李汝筠留给他的一笔产业,略具规模,据流芳之侄宜之所述,"檀园则大父所卜筑,以授从父长蘅先生"⑥。经这位画家诗人的长期精心打理,遂成一代名园。园在南翔镇北金黄桥南⑦,桥跨横沥河,建于明嘉靖七年(1528年)⑧。占地才数亩,有泡庵、萝墅、剑蜕斋、慎娱室、次醉阁、寥寥亭、春雨廊、山雨楼、宝尊堂、芙蓉泞诸胜。主人自称"小筑","畏人小筑尤难就,对客高吟岂易哦?"⑨虽是数亩小园,常因财力不济而忧其难成,然而"贫能好事",包括喜好园亭,仍要全力为之,以底于成。檀园初成时,主人作七律一首,以奉和长兄李元芳:

短筑墙垣仅及肩,多穿涧壑注流泉。放将苍翠来窗里,收取清泠到枕边。世欲何求多汗漫,我真可贵且周旋。一龛尚拟追莲社,不用居山俗已捐。⑩

低筑围墙为了不挡住视线,可将绿色收入室内;多开沟渠是为了引流入园,倚枕而卧也可听到清泠泠的水声。绿色诉诸视觉,水声诉诸听觉,水与木被李流芳视

① 《檀园集》卷六《小筑清晖阁晚眺》。
② 《檀园集》卷三《移舟入荷池同孟阳方回小泛》。
③ 《檀园集》卷四《过积善庵悼双林长老》。
④ 《檀园集》卷一一《题灯上人竹卷》。
⑤ 《檀园集》卷八《游焦山小记》。
⑥ 《南翔镇志》卷九《艺文》,上海古籍出版社,2003。
⑦ 清光绪《嘉定县志》卷三〇《名绩志》,《上海府县旧志丛书》本,上海古籍出版社,2012。
⑧ 《南翔镇志》卷二《营建》。
⑨ 《檀园集》卷四《朱修能见访闻予方葺檀园》。
⑩ 《檀园集》卷四《小葺檀园初成伯氏以诗落之次韵言怀》。

为构园造景的两种重要原素,前四句诗已经勾画出檀园大致格局。其他歌咏檀园之作也每绘花树水景。《伯氏有作次韵》云:"数亩正当风槛绿,三间新带月廊斜。"《中和次韵见投》云:"风回水叶翻翻白,雨压檐枝恰恰斜。宅比柴桑多种柳,门通苕雪可浮家。"《再次前韵柬孟阳仲和》云:"日出梧阴摇几净,霜前柚实压栏斜。"《种花》云:"花欲疏疏仍密密,枝须整整复斜斜。"种花要疏密相间,整斜相错;植树要与门户、窗棂、廊檐相配互映;又注重参差错综之美,打破平衡整齐,忌格套死板。凡此都是造园美学的妙用,又通乎书法、画理。再谈七律《小葺檀园》,前四句写景,特表水木之美,后四句"言怀",表明自己的人生观念和生活态度。人生在世什么最可贵?是保有"我真",我的真性,我的本心,是率性而动,我行我素,正如晋人所说,"我与我周旋久,宁学我";而不是违心逆性去追逐漫无边际毫无巴鼻的"世欲",如功名富贵等等。这是李流芳经历科场挫折和家庭忧患而获得的感悟,也是晚明文人崇尚自我和个性的表现。而赏园造园乃是实现自我的一种艺术实践,寻求"适意"的一种人生体验。李流芳作为一个修习佛教密宗的居士,却不艳羡祖师慧运于东晋元兴元年(402年)在庐山般若台精舍率领众信徒讲经说法,多达一百二十三人,并与十八高贤结白莲社(简称莲社)的盛大热烈场景。他不愿舍弃当下可以自娱自乐的恬适生活,远飞高隐于佛教名山之中,但求静坐一室一龛之下,同样可修佛法而悟大道。晚明文人是脱俗、"捐俗"的,又是入俗、融俗的,须要做具体分析。"一龛"意念也含有对小园的偏爱。七律《小葺檀园初成》意涵丰富,是对李流芳人生态度和造园思想的真实写照。其造园不重巨丽纷繁,而贵简单雅致,造景讲究水木清华又与屋宇映带,审美需要则在"适意",默会"真我",这些在诗中均有所体现。

园林既然是艺术创作,尤其是其中精品,不能不反映包括园主在内的创作主体的人格和审美个性。观园可知人,李流芳好友钱谦益赞美檀园及其主人:"长蘅居南翔里,其读书处曰檀园,水木清华,市嚣不至,一树一石,皆长蘅父子手自位置,琴书萧闲,香茗郁烈。客过之者,恍如身在图画中。"[①]长蘅人品高洁,其园品位亦高。长蘅誉满士林,访长蘅于南翔者,必观檀园。惜乎明清丧乱之际,化为灰烬,其子杭之则死于乱兵。

第二节　云间诸家说园

一、陈所蕴:爱园出天性　事成赖山师

苏松二郡并称,地界毗邻,水系联络,同属吴文化圈。松江园林初盛于元末,继盛于明嘉靖,极盛于晚明,其盛况不让于吴门。落成于万历五年(1577年)之潘氏豫

---

① 《列朝诗集小传》丁集下《李先辈流芳》。

园,重峦叠嶂,奇石玲珑,乐寿堂朱甍画栋,金碧辉煌,上海此园与太仓王世贞弇园百里相望,为东南名园之冠。申城北隅,顾名儒筑"万竹山居",其弟名世复辟其东之旷地而大之,构露香园,"盘纡澶曼","胜擅一邑"①。松郡附廓园林以顾正心东园,其弟正谊北园最胜,"东名熙园,大可百亩,中有水,一派汪洋浩淼,楼阁环之,真酷似仙山楼阁者"。"北名濯锦,广不及熙园之半,颇有山林之致。"②叶梦珠赞美熙园:"顾园在东郊之外,规方百亩,累石环山,凿池引水。石梁虹偃,台榭星罗,曲水回廊,青山耸翠,参差嘉树。画阁朦胧,宏敞堂开,幽深密室,朱华绚烂,水阁香生。禽语悠扬,笙歌间出,荡舟拾翠,游女缤纷,度曲弹筝,骚人毕集。虽平泉绿野之胜,不是过。"③其推扬如此。郡人朱大韶,字象玄,号文石,嘉靖进士,官至南京国子监司业,及罢归,建燕超堂三楹,中陈法书名画古董珍玩,于宅后辟文园,"泉石台榭,奇花珍木","冠绝一时"④。松郡近郊有九峰三泖之胜,小丘水滨最宜建园。九峰之中,惟天马、佘山最高,佘分东西二山。陈继儒构东佘精庐,施绍莘创西佘山居,"东西辉映,极盛一时"⑤。其时上海陈所蕴在县治东南构宅第,"重门东向,朱楼环绕,外墙高照,内宇宏深,亦海上甲第也"⑥。又于宅边废圃约二十亩地,辟为日涉园,亦称海上名园。

陈所蕴(1542—1626年),字子有,号沪海、具茨山人,上海人。万历十七年(1589年)进士,授南刑曹,历员外郎中,参藩江岳,副宪大名,督学中州,后起山西按察使,终南京太仆少卿,甫半载归,卒年八十四。所至有政声,有"铁面郎"之目。有《竹素堂全集》⑦。集中《日涉园记》《啸台记》《日涉园重建友石轩五老堂记》均写日涉园,共约四千字。此园得之同邑唐氏废圃,占地二十亩,不及先期完工的潘氏豫园和王氏弇园同为七十余亩的三分之一,但是经过陈所蕴这位酷好园林又精通造园的主人殚精竭虑擘画经营,又先后得到沪上张南阳、曹谅和顾某三位能工巧匠的具体施工操作,继同城豫园之后,上海又一座名园诞出了。其巨丽堂皇虽逊于前者,而精致圆成或有过之。王世贞曾游豫园,称赞它"朱甍画栋,金碧照耀",亦有微词,谓其"廊庙多而泉石寡"⑧,惜其未见日涉园而卒,倘或见之,必赏其堂馆楼台与泉石花木俱胜也。此园具体而微,而得全胜。其堂宇建筑富而精美,堂有"竹素"、"尔雅"、"啼莺"、"知希"、"五老",亭有"明月"、"东皋"、"振衣"、"集英"、"修褉",轩有"春草"、"殿春"、"友石",阁有"濯烟"、"耒青",桥有"飞云"、"偃虹"、"漾月",楼曰"来

---

① 朱察卿:《朱邦宪集》卷六《露香园记》,《四库全书存目丛书》本。

② 李绍文:《云间杂记》卷下,《四库全书存目丛书》本。

③ 叶梦珠:《阅世编》卷一〇《居第》,上海古籍出版社,1981。

④ 李绍文:《云间人物志》卷三《朱文石大韶》,《明清上海稀见文献五种》,人民文学出版社,2006。

⑤ 张叔通等:《佘山小志·沿革》,《上海乡镇志丛书》本,上海社会科学院出版社,2005。

⑥ 叶梦珠:《阅世编》卷一〇《居第》,上海古籍出版社,1981。

⑦ 《松江府志》卷五四《古今人传》及陈继儒《晚香堂小品》。

⑧ 《弇州续稿》卷六三《游练川云间松陵诸园记》,景印文渊阁《四库全书》本。

鹤",廊曰"响屧",又有"具褐斋"、"青雀居"、"维摩室"、"梦蝶所"、"啸台"。建筑类型、制式、风格多样,各具特色,且互相连络交通,组合巧妙,"便房曲室,窈窕宛转,非熟识者不能入,入亦不能出也"①。园内广植竹木花卉,有梅冈、桃林,"修竹数千竿",种牡丹数百株,"皆洛阳奇种,三吴名园所未有","山麓芍药数百本,花时直欲与牡丹争胜"。又保留或移植巨树古木。据梧轩前,"双梧碧立,童童若车盖,夏时掩映白日,凉生枕簟,冬时木叶尽脱,不妨负暄"。尔雅堂后,"尽种橙柑之属,春花馥馥,秋实离离,悦口悦目,可谓兼之"。濯烟阁"四面长杨,垂条拂地"②。最足珍者,知希堂前古榆古桧各一株:"古榆大可二十围,其荫蔽日,仰视不见木末。又有古桧一株,双柯直上,轮囷离奇。皆数百年物也。"③二木皆唐氏废圃幸存故物,新主陈氏倍加珍惜护爱。

园中人造山水出自三位"山师"鬼工之手,峰岭洞壑溪池径蹬都具,大至高峰巨浸,小至拳石勺水,皆成奇观。如竹素堂周围大池高峰奇观:

> 清流环绕,南面一巨浸,纵可三十寻,横亦如之。叠太湖石为山,山在水中央,仿佛金、焦之胜。一峰高可二十寻,崔巍崒嵂,上干霄汉,名曰"过云",即入门时望见迥出墙头者也。山上屡楼隐约掩映,悬絙树间,颜曰"来鹤"。④

园中诸景,可以近观细赏,可以俯瞰环顾,又四时皆宜。园不大,及登高眺望,便觉空间无限,墙垣阁闾、官署寺观、浦江帆影并收眼底:

> 南望则城上堞垸在几席,浦中帆樯在户牖;北望则朱门之甲第鳞次,民间之井邑突分,官署黉舍,梵宇龙宫,一一呈眉睫间,盖园中一大观也。若遇大雪,则一望琼瑶,此身又在尘寰外矣。⑤

其后增建之五老堂,堂前广庭,延袤百余步。"春日,落英满阶除,锦茵璀灿;夏日,最宜纳凉晞发;秋日,千顷琉璃,清光布地;冬日,群峰积雪,玉树璘珣。故五老堂又名四可堂,盖言四时无所不可也。"⑥全园诸景齐向主建筑拱卫,而"会于竹素堂"。日涉园各种山水、花木、建筑景观,风格互异,主次层级有别,又互相关联掩映,是一个完美的艺术整体。

艺成于人。日涉园这一精美的园林艺术创作是由主人陈所蕴和张南阳等"工巧冠绝一时"的山师艺匠密切合作共同完成的,其他私家名园莫不皆然。从主人方面讲,陈所蕴酷好园林,为了实现建造一座园林的梦想,投入巨大。始建啸台、据梧轩、响屧廊、耒青阁诸景,已花费不赀,他做过一个统计:"木百章,竹百竿,毛楮百

① 《竹素堂集》卷一八《日涉园记》,清抄本。
② 《竹素堂集》卷一八《日涉园记》,清抄本。
③ 《竹素堂集》卷一八,清抄本。
④ 《竹素堂集》卷一八,清抄本。
⑤ 《竹素堂集》卷一八,清抄本。
⑥ 《竹素堂集》卷一八,《日涉园重建友石轩五老堂记》。

勖,胶百脡,灰百斛,丹髹赭垩百斗,铜铁铅锡百铢,瓴甋百驮,石百尺,础磶百个,役工人百指,期百日,抑何董董,试与豪华贵介絜长比大,不可同年语明矣。^①他本想作"拳石"、"斗室"计,但期果腹自适,而不欲大张其事,与豪贵家"絜长比大"。及至工程一铺开,便无法收场,也就索性做到底了,自然投入更大了。仅搜求奇石一项,虽百金不惜,百计收罗,"后先所裒太湖、英德、武康诸奇石以万计"。英石奇绝,产自广东英德,"去吴中不下六七千里,又经洪涛峻岭,未可卒至,人得一峦半峰,长仅尺有咫,辄诧为奇玩,崇奉作案上供。而园中所聚,多至数十百,大者丈余,小亦不下五六尺,奇奇怪怪,骇目动心,见者惊谓不从人间来,啧啧叹赏"。^② 其好石成痴,真如海岳山人米芾。当初举事时,期以"百日"竣工,谁知直到万历二十四年(1596年),园始告成,万历四十一年、四十二年,"复大加葺治,增所未有,饰所未工,役既竣,以为可以无加矣"^③,孰知其后又增建五老堂、友石轩,前后所耗时日盖有二三十年。期间所蕴在外为官,屡有调动,还常常牵挂着家中造园的事情,"终不以珪组替丘壑念",每次休假归来,"无岁不与土木工"。园初成,张南阳年老故去,复聘曹谅及顾山师继之,才算彻底完工。持久性,大投入,都是执着园林的痴情表现。再者,陈所蕴深谙造园之道,将亲自设计的日涉园规划,内含总体结构、景观布置、建筑式样、施工程序等,交与张南阳,按簿实施:

> 亟命山人经始,仍手一簿,授山人曰:某所可山,某所可池沼,某所可堂宇亭榭,某所可竹树蔬果。山作某某法,池沼作某某法,堂宇亭榭作某某法,竹树蔬果作某某法。一一指诸掌上。山人按籍次第经营之,拮据不遗余力。比及一年,陈子以入贺归,园之大都略具矣。^④

所制规划具体合理,非行家不能,园师张南阳也很尊重主人的意见,按照既定规划施工,而且不辞辛劳,"拮据不遗余力",比及一年,此园已见雏形。

陈所蕴将自己的园林情结以及所作所为,归结为"天性":陈子雅好泉石,盖自天性^⑤,"予惟人情嗜好,惟本之天性者,为最真最笃,即有他好,必不与易"^⑥。天性即与生俱来的本性,亦即人性。陈所蕴将山水泉石园亭花木之好,视为人之常情,人之天性,与同时代王世贞所称"山水花木之胜,人人乐之"^⑦,相近,而直指人性论问题。又指出人情嗜好凡本于天性者,纯真而不假,笃实而不浮,见诸事端,沉潜执着,不弃不离,获得成效,有所建树。日涉园及其他名园所以能光照于世,究其根本,实缘于此。世间一些没有这种人性觉悟的权贵富豪也充风雅,斥巨资造园,其

---

① 《竹素堂集》卷一七《啸台记》。
② 《竹素堂集》卷一八《日涉园记》。
③ 《竹素堂集》卷一八《日涉园记》。
④ 《竹素堂集》卷一八《日涉园记》。
⑤ 《竹素堂集》卷一八《日涉园记》。
⑥ 《竹素堂集》卷一八《日涉园重建友石轩五老堂记》。
⑦ 《弇州续稿》卷一六〇《题弇园八记后》,景印文渊阁《四库全书》本。

实并无真好，"乃阳浮慕之者，虽迹若沾沾，其中固戛戛乎不相入矣"①。尝记一则逸事，以讥假冒风雅者：

> 尝忆一先辈，蚤岁罢官归，闻人言垒石至山，为高人雅致，不惜倾家特创一园，徒豪举耳，非其好也。园成，目不一眄视，终其身未尝窥左足闽山，日坐丘壑林麓间，与门下客谋为出山计。鄙秽可厌。②

唯有真好园者，能赏园，能造园，能享园林之乐，非有真好则不能。像这位下野官员，欲效"高人雅致"，倾家构一园，园成而目不一窥，其行"鄙秽可厌"，只能留下笑柄，且为后世之戒。尤其难得的是，陈所蕴念念不忘为创构日涉园付出辛勤劳动竭尽心智的张南阳、曹谅和顾某三位民间造园高手，对他们的技艺赞赏之至，称张南阳："胸中磊傀，故具有丘壑，工巧冠绝一时"，既擅叠崔巍大山，亦能制为小景，"山人一为点缀，遂成奇观"③。称曹谅："其伎俩直欲与山人抗衡，而玲珑透彻或谓过之。"④称顾山师："幼从主人醒石山人叠诸名园"，"而胸中故别具丘壑，高出主人远甚，出蓝青蓝，信不诬也"。又总评三位山师的特点和成就："盖始事于张山人卧石，继以曹生谅，最后乃得顾生某。人言张如程卫尉，曹如李将军，顾于程、李可谓兼之。亦庶几彷佛近似矣。"⑤拿汉代名将李广和程不识善于用兵的故事来比况张、曹、顾三位匠师的造园艺术，评价至高。张南阳八十寿辰，陈所蕴破天荒地为他撰写了一篇传记——《张山人卧石传》，以作寿礼。此传对南阳叠石造园的绝技推扬备至，还表彰他高尚人格和远见之识，他不垂涎千金而婉拒权贵富豪的聘礼，洞见其爪牙的奸利横暴而疏离之。传末赞云：

> 语有之："人巧极，天工错。"其山人之谓耶？山人始以绘事特闻，具有丘壑矣。彼亦一丘壑，此亦一丘壑，斯与执柯伐柯何异？取则不远，犹运之掌耳，宜其技擅一时，夐只无两也。若乃避祸若惊，辞荣若浼，此其智有大过人者，又进于技矣。⑥

有着进士官绅地位和名望的陈所蕴，能不受轻视百工匠人传统观念的束缚，能为一位农民出身的凿池叠山的艺匠立传，赞扬他的技艺、智识、人品皆大有过人之处，以此为寿文，送上真诚美好的祝福。这在嘉靖以前未曾得见，在园林史上实为一大变局，在造园思想观念上也是一大突破，意义深远。嘉靖以来，赞赏手艺人的杂记文章每见于载籍，非独匠石山师为然。由此可以窥见晚明文化风气的变异。

---

① 《竹素堂集》卷一八《日涉园重建友石轩五老堂记》。
② 《竹素堂集》卷一八《日涉园重建友石轩五老堂记》。
③ 《竹素堂集》卷一七《啸台记》。
④ 《竹素堂集》卷一八《日涉园重建友石轩五老堂记》。
⑤ 《竹素堂集》卷一八《日涉园重建友石轩五老堂记》。
⑥ 《竹素堂集》卷一九《张山人卧石传》。

二、陈继儒：百卉填满村　得君散花手

陈继儒(1558—1639 年)，字仲醇，号眉公，华亭(今上海市松江区)人。诸生，年二十九即绝意科举，筑室佘山，杜门著述。善诗文书画，学问博杂，名倾朝野，征者无虚日，远而云南土司也求其词章。著述繁富，有《陈眉公全集》。他交游广，名气大，游屐不远而近，多在苏、杭一带，自比"桃虫壤引"，不能像徐霞客"逐黄鹄"高骞远扬①。在短途旅行中，喜游观当地名园，如苏州甪直许自昌梅花墅，太仓王世贞弇山园、王衡澹圃，杭州黄汝亨寓林、包应登青莲山房、汪汝谦不系园，稍偏远者有溧阳史修之逸圃，等等。至于本郡华亭、上海两县名园多曾徜徉。

陈继儒始隐松江城西北二十余里之小昆山(山有晋陆机、陆云兄弟读书台遗迹)，构草堂数椽，后以书五千卷易得乡绅章宪文东佘山白石山房，增葺为东佘山居，有神清室、含誉堂、顽仙庐、苕帚庵、鹦鹉冢、雪梅井诸胜。佘山近小昆山，分东佘、西佘，西佘高不及百米，为九峰第二，林木蔚荟，东佘低于西佘，其势较平缓，面积不大，而多奇石，宜筑园。关于东佘山居，主人陈继儒有专文记其概要：

> 佘山居，有顽仙庐，有含誉堂，有蘦庵，此在山之南麓者也。有高斋，有清微亭，此在山之中央者也。有点易亭，有水边林下，有磊砢轩，此在山之西隅者也。有喜庵，道经山之上下，必取道焉，此依山近岸者也。山有松，有杉，有梧，有柏，有樟，有梓，有椿，有柳，有桃，有李，有石楠，有修竹；其下有梅，有杏，有紫薇，有丛桂，有枫叶，大率皆之；更多西府、玉兰、石榴、大柿，异种芙蓉，高柄大红藕花。石刻有东坡《风雨竹碑》，米元章《甘露一品石碑》，黄山谷《此君轩碑》，朱晦翁《耕云钓月碑》。墨迹有颜鲁公《巨川诰》，倪云林《鸿雁柏舟图》，又良常《草堂图》，黄鹤山樵《阜斋图》，钱舜举《茹菜图》，梁风子《陈希夷图》，梅道人《竹篠图》，赵松雪《高逸图》，吾明文、沈以及玄宰不暇记。山装有汉钩金鸠首，槲叶笠，箬笠，杨铁崖冠，木上座，松化石，陆放翁松皮砚，米虎儿研山书。山友有田父、汉丈人、且且先生、阿谁公。方外有达老汉、云栖老人、和潭和尚、麻衣僧、莲儒、慧解、微道人，时来作伴。荒山向无兔，今有兔矣；向无画眉，今有画眉矣；向无客，今有客矣。远渐桃源，近渐子真谷口。东坡云："行年六十，世间滋味，已略见矣，此外除见道人，皆无益也。"然哉。②

山居宜栖身置家，随地建草庐茅亭等七八座，分散点缀于小山南麓、西隅、中央各地，错落有致，布置如画。此山傍路临河，可达城中，交通方便。山居宜种植花木，品种繁多茂盛，如在园圃。山居宜赏书画珍玩，所藏宋元明法书名画以及器玩，件件皆是珍奇。山居宜待客，客有不知名的田夫野老，有著名僧道，晚明四大高僧有其二，即达观大师与云栖大师，还有已服黄冠的才女草衣道人王修微。至于来访

---

① 《陈眉公全集》卷五六《答徐霞客》，明崇祯刻本。

② 《白石樵真稿》卷二一《书山居》，民国二十四年《中国文学珍本丛书》本，又民国《佘山小志》本。

143

的文人雅士就更多了。以前这里还是荒寂的去处，自眉公居此，经他修葺润泽，如今生态与人文环境都改善了，一派清幽，彷佛就是桃花源，就是传说仙人子真停留的松江城西众水发源地华亭谷。一位高士，一座名园，对一个地方的自然与人文的影响力不可低估。证之陈继儒《田园诗十六首》益信。其三云：

> 买山先种松，买地先种柳。短者仅齐眉，大者已如肘。穿坎作沟池，秫田环数亩。岁俭不苦饥，岁穰还余酒。父老言此中，户口初八九。年来渐成聚，昔无今且有。画眉远近飞，麂兔抱儿走。百卉填满村，嬉者寅及酉。气运岂偶然，得君散花手。①

陈继儒辟地造园，首重植树绿化，兼顾农业生产，使生态环境得到改善，使自己和村民的温饱有所保障，友好往来。经过一番经营，佘山地区发生了很大变化，昔日荒凉贫穷、人口稀少，现在开发改良农田水利，丰年歉岁都不愁，户口增长，渐渐形成聚落，村民欢喜度日。生态环境大为改观，"画眉远近飞，麂兔抱儿走"，"百卉填满村"，便是绝妙描画，可与上文《书山居》"有兔"、"有画眉"等语互相映照。用正确的理念和科学的方法营造园林别墅，可以带动附近的生态、文化、经济建设，而绝不可以扰民，损害民众的利益。中国造园理论的核心思想是天人和谐，陈继儒营构东佘山居符合并丰富了这一思想，村民称赞他是"散花手"，他不仅构筑了个人私家园林，而且以大视野大手笔营造了佘山村落人居大花园。愿"散花手"越来越多，人世间越来越美。

陈继儒对自己的山居生活，非常知足，知足然后能乐。其诗云：

> 高梧修竹，静者之居。风飘不鸣，梦亦清虚。客至有酒，客去有书。披裘种花，著屐采蔬。南山雪霁，北牖风初。如此不乐，岁亦云徂。②

室庐以"高梧修竹"为背景，风致高洁。主人生活极寻常，而心态极佳，"梦亦清虚"，其乐融融。时值岁暮，刚下过一场雪，又起朔风，此居不见一丝萧瑟气息，居者但寻乐事，以送岁年。问作者何以能此？曰"静"，静能善对世事万象。又填词七首，调寄《霜天晓角》：

> 背山临水，门在松阴里，草屋数间而已。土泥墙，窗糊纸。匡床曲几，四面摊书史。若问主人谁姓，灌园者，陈仲子。不衫不履，短发垂双耳，邻叟偶来尔汝。九寸鲈，一尺鲤，菱香酒美，醉倒芙蓉底。旁有儿童大笑，唤先生，看月起。③

此词纯用白描，尽去雕饰，其居如见，其人活活，真绝妙好辞。山居朴野淡雅，"草屋数间"，"土泥墙"，"窗糊纸"，与那些华屋美庐相比，不免寒碜。然而主人居此，

---

① 陈继儒：《晚香堂小品》卷一《田园诗十六首》，民国二十五年《中国文学珍本丛书》本。
② 《晚香堂小品》卷五《山居》，民国二十五年《中国文学珍本丛书》本。
③ 《晚香堂小品》卷八《山居杂咏》，民国二十五年《中国文学珍本丛书》本。

如鱼得水,甘之若饴,这和他脱略不羁、一任天真、乐观豁达、安贫乐道的性格有关。真所谓"篱落不衫不履,草花半笑半啼,老我箪瓢陋巷,看人走马斗鸡"①。其园"不衫不履",其人亦"不衫不履",园即人,人即园,园林的风貌格局和主人的思想性格是一致的。

在陈继儒看来,作为主体的人和作为客体的园之所以能形成一种审美关系,是因为二者自然生命特质存在某些相似点、共同点,因而可以互相感应融会,此种状态昔人谓之"适",适者,遇合也,融洽也。陈继儒以陆树声小适园为例说明此理。陆树声(1509—1605 年),字与吉,号平泉,松江华亭人。嘉靖二十年(1541 年)会试第一,万历中官至礼部尚书,因与中官多忤,连疏乞休,赠太子少保(宫保)。有《陆文定公集》。尝以南京国子祭酒病归,归而于城南筑小园,仅二亩,名曰"适园",树声自为记②。当他年逾八十时,陈继儒作为同乡晚生也写了一篇《适园记》,以彰陆老先生高风与所以优游适园之故。其记云:

> 先生解学士之绶东归,治园二亩以息躬。树无行列,石无位置,独一小阁出于树杪竹篠之间,玲珑翕张,以收四面之胜。先生篮舆造之,日偕鱼鸟相与咏歌以共适其中。盖世之雕镂奇丽之观,先生淡而不御,如逃三公。而其云物之变幻,草木之郁蒸,则若先生之学问名节日引月长,所谓生则恶可已者也。③

陆先生为人重名节而轻名位,不恋栈,屡请辞,通籍六十余年,而居官才十载,知足寡欲,性情淡泊。他治园也取简淡,不慕"雕镂奇丽"。人与园与园中景物同以淡相结合,故能"日偕鱼鸟相与咏歌以共适其中"。又先生年过八十,犹重晚节,修学行,"学问名节日引月长",此与园中"云物之变幻,草木之郁蒸",也有相似之处,都体现了自然生命生生不息的质性,"生则恶可已者也"。人之性与物之性既同,则二者便可会通共适,主体与对象之间的审美关系也发生了。陈继儒还认为,在人与园的关系中,人占主导地位,掌握着主动权,"然园之权在目与足,而目与足之权在我"。"在我"意为我之性情适与不适,"性之善适",性情中存有与物会通的因子,才能善观善营园林。因此,陈继儒非常重视园主的品格修养,即使其人百年之后,其园没于荒烟野草,人们还是记住他的。《陆宫保适园记》最后感叹:

> 嘻!古今之园多矣,然皆化为落叶蔓草,而惟二公之荒坡遗迹,至今人称之,将无为世欣慕者,不独在园乎?知此,而后可与先生谈适园矣。

"二公"指白居易(曾建池上园)和司马光(曾建独乐园),其园只剩"荒坡遗迹",千百年来,人们钦仰欣慕的,不仅仅因为二公各拥有一座园林,尤其因为他们的高品嘉行和创造的文化业绩。评园先观其人,这是陈继儒评价园林价值的一杆重要

① 《晚香堂小品》卷五《山居》,民国二十五年《中国文学珍本丛书》本。
② 《陆文定公集》卷一二《适园记》,明万历刻本。
③ 《白石樵真稿》卷三《陆宫保适园记》。

标尺。他有一首五绝:"屋在嶙峋上,人宜淡宕中。每逢花信后,如意一枝筇。"①建在小山上的园林屋庐,白石嶙峋突兀,环境清幽,主人情性淡泊宁静,悠然自得,陈继儒和他的东佘山居融合混一,他的人生观与园林观也是一致的。

三、施绍莘:不作天地腐草 愿为构园而忙

施绍莘(1588—1630年)②,字子野,号峰泖浪仙,松江华亭人。少负俊才,但屡试不第,遂寄情声色,放浪山水,以园居为淡缘,视花鸟如生命,自谓"天生吾辈多情","吾辈终当为情死"。精音律,擅词曲,为晚明曲家翘楚,著有《花影集》。

施绍莘是明代散曲名家,也是一位精通园林的行家,他在十余年间营构了两座清美的园林,创作了情思词采并茂的园林散曲与散文。曲与园体现了子野的绝世才情和人生价值,后世但知他是曲坛妙手,而很少提及他构园的成绩,对园林的痴情,又有一种超然淡然的思想。他家原有故宅在松江城内东偏,万历四十四年(1616年),子野二十六岁,卜西佘山始营西佘别业,天启六年(1626年),园乃告成,首尾十载。其间,于万历四十七年(1619年)在园泖(与长泖、大泖并称三泖)之滨另购泖上新居,规模较小,然而"小小结构,致足乐也",春秋之季,多居西佘别业,迨冬夏乃憩泖上精庐③。主人自云:"每春秋则居山,享桃梅桂菊之奉,览烟云月露之奇;冬夏则居水,长禾黍鸡豚之社,乐池潭风雪之观。吾事不亦既济矣乎?"④他太会享受了,此功名富贵不得志,又富闲情逸志者能之,热中于荣利、混迹于官场者则不能深味其趣。施绍莘把这种人生爱好归结为"天性":

> 予烟霞痼疾,出于性成。犹记五六岁时,便喜种植。以盆为苑,以盎为池,竟日徘徊,欣然如有所得。七岁就塾师,或迁延避学,无他嬉也,止游戏于花草间耳。既壮,诱慕日增,时寄情于诗酒声色,要以铺衬林泉,未尝忘本也。……夫清福上帝所忌,自分福薄,何以堪此?但性有所近,天实赋之。违天不祥,拂性欺戾。惟愿折功名富贵之缘,供于一途,庶几当忏悔云尔。⑤

在他看来,山水烟霞花木园林之好,是人的本性,"天实赋之"。自己童年时代喜种花草,爱玩盆景,欣欣此生意,正是人性本真的表现。长大了,受外界环境的习染,物欲的蛊惑如功名富贵,以致天性渐失,发生"违天拂性"扭曲人性的现象。如今他已觉悟到这一点,割断"功名富贵之缘',而与山水花木园亭结为"清缘",回归人性之本然。这一园林观与其同乡前辈陈所蕴所称林泉园亭之好"盖自天性"看法

---

① 《晚香堂小品》卷五《山居》,民国二十五年《中国文学珍本丛书》本。
② 施绍莘卒年,梁乙真《元明散曲小史》作崇祯十三年(1640年),后谢伯阳诸家从之。考《徐霞客游记》,作者三谒陈继儒于东佘山居,又三过施绍莘西佘别业。首次在崇祯元年(1628年),不三年,复寻其胜,而施已卒,不胜人亡琴在之感。据此卒年当为崇祯三年(1630年),仅得四十三岁。
③ 《泖上新居》彦容跋,见《全明散曲》第3749页。
④ 《泖上新居》子野自跋,见《全明散曲》第3748页。
⑤ 《泖上新居》子野自跋,见《全明散曲》第3748页。

如出一辙,反映了晚明时代对人性的新觉醒、新认识,将山水泉石花木园林之好也视为人性应有之义,而非仅止于善恶道德之性、饮食男女之性。

西佘山居是一座以山林花木取胜的清丽可人的园林,五六年间,工程近半,已经显露其幽质妍容:"不五六年,树可荫人,而竹皆抱孙矣。更以亭台庵阁,点缀其间,虽不事华饰,然自是幽微妍稳。春花发艳,秋木陨黄,屋角参差,出没于红涛锦海之内。篇中'几间屋正与翠巍巍前山对,几个人只在艳腾腾群花内。'盖实录也。"[①]及至全部工程结束,园之景境尽显,华彩纷披。主人施绍莘为此送走十载盛年岁月,劳累忙碌,劳心劳力。"凡移花接果之方,开畦疏水之法,莫不悉心悉力为之",但长此以往可以安享园林之乐了,"既易之以劳,复享之以淡"[②]。"淡"是从山园中获得的一种恬淡清适的美感享受,也是一种大味、大美,《汉书·扬雄传》引雄《解难》:"大味必淡,大音必希。"

施绍莘为其别墅选址相地极具眼力,所以选择西佘山是因为看中这里优美的自然生态环境,善于运用中国传统的地理观、山水观来审察西佘山的地质、地貌、植被、形胜:

> 吾松水肤而山骨,而林木修美,更为之衣裳毛羽焉。盖分秀于天目,得其骨;借润于震泽,得其肤。而气趋东南,地暖宜水;且南接武林,北距金阊,卖花佣日载名卉,高橋大舻而至,宜其衣裳之日加丽,毛羽之日加丰也。以故九峰三泖间,处处有花木之胜。而东西二佘,尤为山水结聚处,花木为尤蕃。佘山居在西佘之北,东佘之西。西佘峭峛而尊严,东佘委蛇而飞翔,予之饮食坐卧皆在其空翠中。[③]

古人观察地理山川形胜,注重大观全局、脉络原委、生态环境、生命气场,具有整体性、系统性的特点,又含生态意识、生命意识、审美意识。落实到某一或大或小的地域,如果它的位置恰好位于大系统或支系统上,特别是山水会合处、"结聚处",那就是最佳位置了,也是人居所在最理想的地方。施绍莘运用传统地理观统览松江地区山川景观,其山发自天目而得其骨,其水源于太湖而得其肤,"骨"与"肤"将山水人化了,生命化了。又联系南北两个名郡杭州(武林)和苏州(金阊)的习俗、交通、商贸对本郡花市的影响。要之,松江的地理环境适宜花草树木的生长,"林木修美","处处有花木之胜",而花木山水之胜是构建园林最重要自然要素,也为施绍莘所瞩目、钟爱。再由大地理大环境谈到佘山景区,指点出东西二佘乃是松江山水、九峰三泖之"结聚处",故花木尤蕃,而山尤奇,西则"峭峛而尊严",东则"委蛇而飞翔",结庐于此,身在"空翠中"。传统地理形胜理论对园林相地和人居选址很有指导意义,施绍莘对其西佘山居所做环境分析可视为一个范例。

西佘别业分三个景区,施绍莘形象地称之为"山腹"、"山腰"、"山足",主人爱山,

---

① 《娑初度偶言》自跋,见谢伯阳编《全明散曲》,齐鲁出版社,第 3810 页。

② 同上。

③ 《西佘山居记》,见谢伯阳编《全明散曲》,齐鲁出版社,第 3849 页。

认山作友,故有此譬。"山足"即山麓,地势最下,范围最大,景点也最多,主建筑为"就麓新居";"山腰"即半山腰,位于山体中段,诸景"霞外亭"尤胜;"山腹"为山居最高点,有"春雨堂"、"太古斋"诸景,其"半闲精舍"是山居最先动工的建筑,主人云"丙辰冬,作半闲精舍在山腹,明年作就麓山居在山足"[1]。三个景区因山势地形,取远近景观特别是相邻东佘山色,进行精心营构,亭台庵阁错置点缀于青山繁花之中,"屋角参参出没于红涛锦海之内"[2],"虽不事华饰",而美不胜收。子野好友彦容对西佘山居有简略而美妙的描述:

> 子野有宅一区,在城东偏。然性宜泉石,不乐廛市,因营先公茔宅于西佘,遂葺就麓新居,斋曰三影,亭曰众香,庵曰秋水,楼曰罨黛、曰妍稳,轩曰语花、曰聊复,更有竹间水上,西清茗寮,一灯十笏诸胜。……由此南折而上,为霞外亭,桧柏蒙茸,松篁岑郁。又折而上,则萝蹊藤径,盘旋委蛇,渐抵山之峻绝处。肯堂三楹,扁曰春雨,曰诗境,曰太古斋。九峰若拱,万壑如萦,一鹤孤寒,片云低宿,杳非复人间世矣。[3]

此跋由山足而及山腰,终于山腹,得施氏西佘山居之大概。而主人自记洋洋洒洒约二千言,在单篇园林记中(非组合体园记如王世贞《弇山园记》、邹迪光《愚公谷乘》、祁彪佳《寓山注》),也算长篇大幅了。此记作于天启六年(1626年)西佘山居完工之时,像一幅横披长卷展现了这座园林清妍幽秀的全貌,也包含作者精妙的构思、淡泊的胸次,"胸中丘壑","如见其人"[4]。且看山足主建筑就麓新居景观:

> 辟两板扉,有疏篱曲水,细柳平桥。水上夭桃,照天耀日;人行花间,头面尽赤。入中门,榜曰"北山之北",繁荫郁然,下有曲径,抵方池,渡斜桥;桥南北皆植梅。有老梅一株,是为梅祖,狂枝覆地,轻梢剪云,与池上垂杨,黄金白雪,相亚而出。[5]

门户,篱垣,小桥,流水,曲径,方池,水上夭桃,池边垂杨,桥侧桃花,种种景物,巧妙配置,互相映衬,无一不入画图。作者有曲云:"忒清幽曲水篱笆,无弦琴水墨画。"再看妍稳阁:

> 阁不甚弘敞,然而据地独高,颇得诸胜。登此,则三影斋之梅、西清茗寮之竹、罨黛楼之雪月、众香亭之桂、秋水庵之竹、聊复轩之桃柳、济胜桥之芙蓉,以至霞外亭之桃梅、春雨堂之松竹,无不可坐而致也。[6]

形形色色的建筑景点都有花木为之衬托,"屋角参参,出没于红涛锦海之内",

① 《妾初度偶言》自跋,见谢伯阳编《全明散曲》,齐鲁出版社,第3810页。
② 同上。
③ 《卿上新居》彦容跋,见谢伯阳编《全明散曲》,齐鲁出版社,第3748页。
④ 《西佘山居》张汉水评,见谢伯阳编《全明散曲》,齐鲁出版社,第3852页。
⑤ 《西佘山居记》,见谢伯阳编《全明散曲》,齐鲁出版社,第3850页。
⑥ 《西佘山居记》,见谢伯阳编《全明散曲》,齐鲁出版社,第3851页。

都以山水为背景，又各具特色，及登妍稳阁可尽收山足美景于几榻之上。景物错落有致，视界分分合合，显示出设计者的妙思巧构，"莫不悉心悉力为之"，作者此言不虚。

施绍莘为什么要花费十年大好时光，尽心竭力打造西佘山居这座园林呢？除了发自"天性"而外，还有什么原因？他体认到，造园为的是实现自我，体现自身的价值。"夫吾辈进不能膏雨天下，若退又不能桔槔灌园，是真天地间一腐草，亦乌用此四大为？予自分无洪福，不敢负淡缘，凡移花接果之方，开畦疏水之法，莫不悉心番力为之。"①进不能登朝为官兼济天下，退不能作田父躬耕垄亩，倘若什么都不能，什么都不干，那就成了"天地间一腐草"了，"人间真弃物耳"。他"不敢甘自暴弃"，还要自励"自勖"，庶不"孤负老天眷顾盛心也"。于是他选择了种花植树，筑室造园，"筋力未尝无用处，要销花福为花忙"②；因为其中也有学问，也有艺术，可见才情智慧，"文采风流"，可获人生大乐，"但觉山水花木自来亲人，而我无应接之烦，是乃可为真享受矣③。总之，对人性内涵、人生价值和园林艺术的新认知，促使施绍莘把自己的"筋骸骨血"、智慧才情倾注于造园。

---

①　《妾初度偶言》自跋，见谢伯阳编《全明散曲》，齐鲁出版社，第 3810 页。
②　《妾初度偶言》自跋，见谢伯阳编《全明散曲》，齐鲁出版社，第 3811 页。
③　《西佘山居记》，见谢伯阳编《全明散曲》，齐鲁出版社，第 3852 页。

第七章　晚明园林审美之鼎盛(下)

明代嘉靖以来,南方园林繁盛地区除吴中、云间以外,还有浙东北环抱钱塘江杭、嘉、湖、绍四郡,以及东部沿海宁、台、温三郡,兹统称浙东。自东晋以还,永嘉山水,山阴道上,西湖潋滟,啧啧人口。明代中后期,其地名园绮布,例如杭州西子湖畔黄汝亨之小蓬莱,包应登之青莲山房,西溪江元祚之横山草堂。绍兴祁彪佳《越中园亭记》登载其郡园林几近二百,多建于嘉靖以后。温州向称山水窟宅,园亭亦多,以嘉靖、隆庆、万历名士王叔杲(1517—1600年)之阳湖别墅与玉介园为最著,为之作记者皆当世名人如王世贞、焦竑、茅坤、冯时可等。蔚荟的园林建筑和丰富的造园经验,促进了园林美学思想的发展,祁承爜、祁彪佳父子的成果尤其丰硕。地处长江中游的湖广地区缙绅大夫也好建园,响振文坛的公安派、竟陵派领袖中坚皆喜游园,精于鉴赏而有别解,其园林审美观也含创见。

第一节　浙东诸家说园

一、沈懋孝:园景日新　色色鲜活

沈懋孝,字幼真,号晴峰,学者称长水先生,平湖(今属浙江)人。隆庆二年(1568年)进士,授编修,历南京国子司业,万历间谪两淮盐运使判官,起河南巡抚,辞不赴。退居小淇,授徒讲学,读书著述,庭户萧然,寒暑不辍,著有《长水先生文钞》、《沈司成集》、《淇林杂咏》。

平湖有东泖,在县东北,上游与松江三泖相接。东泖之上有古村落名石庄。沈氏是一方巨富,有田千顷,地近海,一望平野远见烟波。沈懋学祖父两山公在石庄构日涉园,有逸民堂、耒青亭、碧云馆、小可轩、归云洞、抱狮峰、琅玕坞、桃花坞诸景。琅玕坞有竹三万竿,"积二十年,满林青玉,蔚然如送我乎淇之上矣"。懋孝幼年即随祖父游园学诗,有句云:"风暖鸟声碎,日高花影重。"嘉靖三十二年(1553年),东海广大城乡遭倭患,沈氏园林也在劫难逃。"东自浦溆,南自金山,西自盐官,三道并入,前后蹂毁者七八。吾林泉竹树荒芜尽矣,花坞犁为田,园林化为阡,两山之石累累存者十之三,因忆往事,泫然流涕"[①]。幸有琅轩坞未尽毁,竹林尚存,枝叶菁菁,复加修整,更名小淇园,为懋孝晚年居息研读之处,主人云:"所居园有竹万竿,郁如团翠,班龙奋角,灵鸠来鸣,风夕月宵,清英逼人,于是焉结茅立衡,曰小淇园者而居之。"[②]沈懋孝自述与家园的关系:"记得昔嘉靖庚子春大父翁在轩中执管涂写'之无'字,今万历庚子,俯仰六十年,世波千百变。由了心人视之,真无

---

① 《长水先生文钞·家园纪略》,《四库禁毁丛刊》本。
② 《沈司成集·小淇园杂言序》,《四库禁毁丛刊》本。

一可者,亦无一不可者,洵哉'小可'二字,一似至人玄德,可以含咀而深思也。"①六十年间,他生于斯,长于斯,终于斯,与此园结下不解之缘,从识字学诗到研究学问,玄览天地河海,深味世事人生,都以园为依托。园日涉以成趣,对构园之道也有深造妙解。

《与尤文学》这篇与友人书札仅五百字,是他园林美学思想精要的概括、浓缩。此札首论造园之规划设计与步骤次第:

> 园林之胜,大都历岁滋久,泉乃冽,石乃苍,霜雪洗刷,始出山之骨耳。昨共游杨氏园,想见初构时,必先匠意经营,疏其渠堑,使小大、圆直、横斜、断接处,各有曲折。乃使叠石为山,石者其所借,非所质也。山成矣,乃使种树,于所荫映点缀之间,杝(?)以蕙兰美蕖之属。最后乃为亭,为榭,为馆,为阁,不以为障以为象,不以为居以为驾,故色色鲜活,有如翅飞焉。山中所须用器与丹漆之物,则世世增之者。独其规摹创立时,须其人雅有胜襟逸气,长于诗歌,深于绘事,肝脾沁烟月,笔墨摇风骚,乃从小立中出一巨手,故非俗品可相方也。今其家官业三世,愈益修润,粉藻待四方之客,游人墨卿往往乐此忘去。②

沈懋孝论造园特重"初构时"、"规摹创立时",即设计规划阶段的艺术构思,"匠意经营",不是一般的建筑构图,而是独具匠心的园林蓝图,所谓"小大、圆直、横斜、断接","各有曲折",蕴含精妙的美学关系。要求设计者胸有"逸气",丘壑烟霞,又具艺术素养,"长于诗歌,深于绘事",方能由园见人,"乃从小立中出一巨手"。论造园工序,由山而树而建筑,秩序井然,雅合造园营造法则。对于亭榭馆阁诸建筑功能强调审美而非实用,主要目的不是为了遮阳避雨("障"),而是为了欣赏其外观妍貌("象"),不是为了居住息宿,而是为了游赏其美景("驾")。"色色鲜活,有如翅飞"云云,正指建筑艺术形象鲜活飞动之美。作者观园贵岁月积久,"园林之胜,大都历岁滋久,泉乃冽,石乃苍,霜雪洗刷,始出山之骨耳",千真万确,不但泉石经岁月风霜雨露洗刷滋润,显其骨色真容,树也因老寿而见峥嵘奇姿,旺盛的生命力。如果是世家之园,子孙能继其业,代代"修润"、"粉藻",人文积淀愈久,园也愈美。

其次评说杨氏园造景之巧妙,给予游观者的美感:

> 入其园,虽盛夏如登雪窦,沐冰雪,即盛冬若跻春台,向阳谷。石之黝然瘦也,木之泠然荫也,泉涧之凄然澄泓,竹卉之纷披开发,而无弗宜也。求之一拳一泓而小,适宜其大;纵之凌高眺远而旷,适助其平;参云滴雨,听鸟披林,而浓不逾其淡。可弦可奕,宜风宜日,而景常如其情,故园林之胜,甲于此邦。宇下器物,新新熠熠,与绮罗襟裾者森映往来而生色也,斯不亦超超良瞩已哉?

园中泉石、竹木、花卉景物尽显其形象特征、美质;景境小中寓大,高中见平,浓

---

① 《长水先生文钞·小可轩记》,《四库禁毁丛刊》本。
② 《长水先生文钞·与尤文学》。

中含淡;晴雨凉燠,四季宜人,物色常新,赏心悦目。作者以器物服饰为例,说明万物常变常新的道理,并推及园林艺术,也要给人以"新新熠熠"的美感,如此其园便可甲于一方。这是沈懋孝提出的一个新颖的符合审美规律的园林评价标准,关键在于初构设计时要有独特的艺术匠心,"巨手"的经营布置。

最后特别赞扬杨氏园造景能妙用高下远近、分隔连络的艺术方法:

> 余所取者,高复下,下必见水;下复高,高必见远。又皆障其四旁,如各一天,使人游览其中,似鱼游环岛,终日不见所穷际,则已大奇。至山之尽处,土冈如长虹,兀然高于山者三倍,青松翠柏,茂竹万竿。登览者至此,独立旷视,倦而忽醒,尽乃弥壮,俯兹百岫千岩,踞笑呼其上,人人如有凌云之气焉。

园林大小未变,由于巧为分隔,层次多了,景观更丰富了,"如各一天"。又景点和园路布置曲曲折折,环环相扣,游人"似鱼游环岛,终日不见所穷际",心生奇幻。入其腹中,在九曲回肠中见种种微象;出其背上,登土冈高处睹千岩万壑,令人胸襟壮阔,"如有凌云之气"。园林奇观产生的美感效应竟是如此微妙。

沈懋孝对文人士大夫所以殚精竭力构筑园林,和园林建成以后又自撰或倩人代作园记的思想动机,也有独见别解:

> 郡国山川,图牒称志焉,陬区上腴,星散棋布焉,兹流览不出户而称卧游,故足尚也。若夫步仞之丘,举足可尽,五亩之宅,游目无余,又何志焉?彼盖自负其文采,身隐矣,无所用之,稍稍托以自表见其一二。张细为巨,斥迩为遐,以棘樊为城,汙滨为池,培塿为山岳,沼泉为江海,畛畦为堤封,蓬颗为宫观,花木环卫,鱼鸟陪从。明为天下,亦如此园也,彼其视一园至足矣。深巢一枝,恶用九万里而南?为蚊睫可为栖,蜗角可为国,亦各适其适耳,何论大小?①

那些有抱负有才能的士人,因科场仕途受挫而不见用,退隐故里,叠山凿池,营构园亭,优游林泉花石之间,获得心理的慰藉,即所谓"自适","各适其适"。其时士人愈来愈认识到园林和诗文书画一样也是一种艺术创作,甚至可以产生传世留名的大制作,表现自己的"才情"和"文采"。稍晚于沈懋孝的华亭名士施绍莘也有造园以自表见"文采风流"一说。至于以造园比拟治国,编篱笆如筑城墙,开沟渠如修隍池,比喻未免失当,但表示落魄之士自慰心理也未尝不可。以园林志与方舆志相提并论,是一种新观念,值得注意。

二、祁承爜:不用格套 自有别肠

祁承爜(1565—1628 年),字尔光,号夷度,又号旷翁、密园老人、淡生堂老人,山阴(今浙江绍兴)人。万历三十二年(1604 年)进士,知宁阳县,调长洲,迁南刑部主

---

① 《长水先生文钞·会心园志后语》。

事转兵部,终江西右参政,著有《淡生堂集》。

祁承㸁生平有两大爱好,一是藏书,二是构园。自云:"余堕地无他嗜,独嗜书与构园之癖不能解。"①山阴祁氏淡生堂与宁波范氏天一阁、会稽钮氏世学楼齐名,并为浙东藏书大家。祁氏自幼勤于抄书,十指为裂,聚书逾万,校勘精核,深具鉴识,著有《淡生堂藏书约》,以训示儿孙。家在越中山水之乡,园林会聚之地,以此自豪,自诩:"余家傍鉴湖一曲,生长千岩万壑间,能游者宜莫如予。"②曾饱览苏、杭二州园亭,宦游河南、山东,又览北地名园。尝过河南辉县,观百泉名胜,作《泉上园亭》诗,序云,"环百泉皆园也,环园皆泉也","百泉之园以数十计"。其诗云"入门餐秀色,清隐若为招。是处临流畅,相看倚竹绕。林高分月易,地迥受山遥。深锁春风去,鹂声空自娇。"为当今明代园史所忽略的中州园林留下一道清丽的风景。其序又云:"余生平抱构园之癖,见猎辄不禁有喜心。"③他所猎各地园林甚多,又遍览诸家园亭记,尤其赞赏友人陈继儒为许自昌撰写的《梅花墅记》:"余阅园颇多,读园记亦颇广,安有映带烟霞于泉石之间,又飞喷泉石于楮墨之际者乎?"④他也作园林记,为自家密园所撰有《行园略》、《密园前记》、《密园后记》,合计约万言,洋洋大观,打破了同时代王世贞《弇山园记》和邹迪光《愚公谷乘》的记录。此记与其子祁彪佳所撰《寓山注》、《越中园亭记》及所编《寓山志》,并为明代绍兴园林史重要文献。

祁承㸁园林癖的突出表现是构筑密园。园始建于万历二十九年(1601年),赴会试败落归来时,仅一年已初具规模,越三年成进士,常年在外为官,每归休必加修治,至万历三十八年(1610年)仍有增建如"旷亭"。算来也有十年之功了,所得官俸多用于构园和购书。宦游中时时挂念着家乡的山水和他的密园,居家时睡梦中每每浮想翩翩,构思园景。"余自徙箸,与家季一庐共四壁也,而性癖于构园,每从梦寐中忽成境界,久不能自禁,乃易产而命工,大抵皆梦中所构景也。"⑤是真园痴也。如此专精和投入,终于创构了一座佳园。此园不大,在绍兴西城祁氏宅旁,主人记云:

辛丑上太常归,念无一枝可栖者,偶于家左得废园如掌大,纵不及百赤,衡倍之。古桧二章,已据三之一矣。桧而外,环为小溪,溪绕篱与池合,三隅皆水,据地又二之一矣。参差纡折,小构数椽,幽轩飞阁,皆具体而微,可歌可啸,可眺可凭,又可镇日杜门,夷然自适也。⑥

---

① 祁承㸁:《淡生堂集》卷七《竹居王孙鹚适园记序》,国家图书馆出版社景印本,2012。
② 同上。
③ 祁承㸁:《淡生堂集》卷二《泉上园亭》。
④ 祁承㸁:《淡生堂集》卷七《书许玄祐梅花墅记后》。
⑤ 祁承㸁:《淡生堂集》卷一一《园居十六观》。
⑥ 祁承㸁:《淡生堂集》卷一一《密园前记》。

"辛丑上太常"指万历二十九年会试不中归里,此前故宅曾遭火灾,"浮家泛宅,往来鉴湖",遂有筑室构园之举。园不大不华,然而具体而微,萧疏有致。有"淡生堂"、"壑舟"、"密阁"、"玉醉居"、"梅楼"、"栎荫"、"夷轩"、"桧巢"、"卧读书庑"、"竹径"、"芙蓉沜"、"旷亭"、"奏涛矼"、"删月榭"、"醉筠廊"、"澄鲜亭"、"惬林"、"自啸轩"、"泉石"、"快读斋"、"脉望窝"、"弄石龛"、"平等庵"、"汉阴"、"秋水台"、"最胜轩"、"舞鹤桥"、"小娜嬛"、"斗霞林"、"蒿室"、"拙似冈"等,多达三十余景,分期分批建成,而主要景点称佳胜者也不过十处。其子彪佳有记云:

> 先子生平有园林之好,上公车时即废箸构此,然止密阁、夷轩、淡生堂数处耳。嗣后俸余所入,尽用置园。旷亭一带以石胜,紫芝轩一带以水胜,快读斋一带以幽邃胜,蔗境一带以轩敞胜。先子于此有匠心焉。①

密园造景设境对映成趣,确实体现了主人的"匠心"。主人对造园也颇有成就感,称其园虽小而"自有别境":"蚁垤之能聚也,蜂房之能容也,彼其疏密得体,脉络有条,故能往来不窒,而屈伸自如。余园虽掌大,然而其中之纡回委折,夫固有条理焉。"②小园犹如蚁丘蜂房,看似狭窄,却给千百蚁群和蜂群留下足够的活动空间,"往来不窒,屈伸自如",而且构造复杂巧妙,"疏密得体","纡回委折"。比喻形象地揭示出构园的某些美学原理,即所谓"条理"、"得体"。

祁承㸁把密园的成功构建视为自身的重要文化业绩,与藏书成就同为自我价值的体现。自认为藏书与构园这两项文化工程的创获,皆缘于自性之"迂"之"癖"。其论癖与构园关系:

> 余观古人,非有高世之韵,绝俗之资,鲜堪言癖者。故嵇之锻,阮之屐,元章以石颠,元镇以洁疾,皆至性所钟,非苟而已矣。世人营营逐逐,语言无味,面目可憎者,为无癖耳。若癖则精凝神注,性命以之,安能浮游人世哉?且迂亦宜日远于世矣,余以方亩之园,快此七尺,方愧世情之太重,又奚以迂为?③

晋代名士嵇康性巧好锻,常在柳树下打铁,阮孚好屐,每自"吹火蜡屐",宋代书画名家米芾好石成痴,人称"米颠",元代画坛巨子倪瓒有洁癖,平日扫地焚香,远避污秽。此等癖好惟清高绝俗之士有之,是人之"至性"亦即人之本性的发露,有癖乃能专注其事,"精凝神注,性命以之",有所树立,取得成就,不枉度此生。反之,无癖好之人,庸庸碌碌,"营营逐逐",浑浑噩噩,无所作为,品位低下,"浮游人世",白来一趟了。癖发于人性,人之价值系焉。晚明士人多喜谈癖性,较早又高调议论者当推公安派领袖袁宏道:

> 嵇康之锻也,武子(王济)之马也,陆羽之茶也,米颠之石也,倪云林之洁也,皆

---

① 《祁彪佳集》卷八《越中园亭记》中华书局,1960。
② 《淡生堂集》卷一一《行园略》。
③ 《淡生堂集》卷一一《园居十六观》。

以癖而寄其磊傀俊逸之气者也。余观世上语言无味、面目可憎之人,皆无癖之人耳。若真有所癖,将沉湎酗溺,性命生死以之,何暇及钱奴宦贾之事?①

这两段话出自不同作家之口,何其相似乃尔,孰先孰后?祁承爜长袁宏道三岁,但袁宏道早成进士,早得大名,"中郎言语妙天下",诚非虚语。中郎"嵇康之锻"一段见于《瓶史·好事》,就花事、花癖而论,作于万历二十七年(1599年),以进士出仕已有七年,而这时祁承爜还未中进士做官,文名远不及中郎。他对癖性的见解和议论显然受到袁宏道的影响,由于与中郎心相通,思想一致,也不忌沿袭中郎言论,更何况有所发挥,由彼以养花说癖而推及我以构园论癖呢?花癖,园癖,皆属文化艺术之癖,对于提升人的品格与价值意义甚大。

祁承爜对于园林审美活动之有益于心灵世界、精神气质的陶冶提升有着丰富的体认,作《园居乐》二十首,分别列举二十件乐事,每首八句,起句设问"何谓园居乐?"然后解答。如第一首前二句:"何谓园居乐?能令宇宙宽。"省去"何谓"云云及"能令"二字,以下依次为"胸次舒"、"眼界空"、"道念深"、"心境平"、"意味长"、"吾道尊"、"形影亲"、"识趣高"、"俗态无"、"梦寐清"、"客气融"、"四体轻"、"感概消"、"交谊真"、"素志坚"、"惬避喧"、"解入群"、"应接闲"、"格套忘"②。二十件乐事从各个方面歌咏园林艺术对人的心灵世界的种种益处,在园林史上尚未见第二人有这样的表述。因此,祁承爜认为园林对于文人雅士太重要了:"有名士无佳园,如舞鹤槛鸡樊;有佳园无名士,如鼎彝落市侩。大抵素心人不能一日无园居,犹王佛大三日不饮酒,觉神形不相亲,非虚言也。"③名士得佳园,可享二十乐,因之神清、志淡、思远、趣高,否则如鹤入鸡笼,这是最糟糕的境地。佳园得名士,如遇知音,而被赏识、护爱;倘落入市侩之手,不是沾上铜臭,就是被弃置而荒芜。名士与佳园,二者相得益彰。园林对于清高绝俗的"素心人"尤其不可或缺。东晋名士王忱,字元达,小字佛大,尝言:"三日不饮酒,觉形神不复相亲。"事见《世说新语·任诞》。祁承爜也可称"素心人",他对功名富贵看得比较淡,有诗云:"功名鸡肋淡,身世羽毛轻。"④又云:"浮名飞羽事,著作蠹虫余。临流终日坐,吾自爱吾庐。"⑤在他心目中,"吾庐"、"吾园"的分量是很重,如王忱之嗜酒,不可一日无之。

祁承爜撰写《行园略》、《密园前记》、《密园后记》三篇园林长记,前有小引,将他的构园诀窍、要领、思想公之于世:

余自幼不欲袭人成迹,凡事多以意为之。作室亦然,大较不用格套耳,而世辄谬以余之构园有别肠。余何能为?要以地之四整者,每纵横之,而使相错;地之迫

---

① 《袁宏道集笺校》卷二四《瓶史》。
② 《淡生堂集》卷二《园居乐》。
③ 《淡生堂集》卷七《书许玄祐梅花墅记后》。
④ 《淡生堂集》卷二《病起》。
⑤ 《淡生堂集》卷二《密园杂咏》。

促者,每玲珑之,而使展舒。此亦童子时所闻于学究先生,如板题活做,长题短做之类也。余安有别肠?

虽然,有小道焉。园宜水胜,而其贮水也,即一泓须似于瀰漫;园宜竹多,而其种竹也,虽万竿不令其遮蔽。园之内,一丘一壑,不使其辄穷;园之外,万壑千岩,乃令其尽聚。若夫地不足,借足于虚空;巧不足,借足于疏拙;力不足,借足于淡雅。余前杂记言之详矣,因合以今之注略,而为《密园前后记》。①

这篇短文突显了祁承㸁造园思想的创新意识,以己意"别肠"设计营构,不袭成迹,不用格套。建筑,造园,必须遵循营造法式,也要参照其他园林的营构经验和建筑样式,但如果拘守绳墨矩尺而不知变通,照抄照搬别家园林图式而不差分毫,结果只能成为法式的模塑而非艺术,或为剽袭的赝品,也非独具风格的创作。园林艺术和其他艺术一样,其生命力也在创意和独特性,祁承㸁能认识到这一点,并在造园实践中贯彻之,难能可贵。这也是不拘格套、独抒性灵的晚明创新美学思潮在造园领域的反映。要突破常规,不拘格套,又须运用逆向思维,如整者错之,促者舒之,板题活做,长题短做,此之谓"别肠"。又小池要似泆漫,密匝的竹林要使通透,小景不使其穷,巨观能尽收眼帘,地不足以虚空补,巧不足以疏拙补,力不足以淡雅补,是逆向思维,也是辩证思维。"巧"指巧饰华美,"力"指财力物力,换言之,"力不足,则借足于心巧;华美不足,则借足于潇疏。翳然泓渟寥瑟,会心处政不在远矣"。又云:"令贫而好事者知构园自有别境,何必与大力者争阿堵之雄?"②又云:"素椽远胜珠帘画栋。"③祁承㸁偏爱朴素淡雅而含潇疏清远意境的园林,奉劝人们不必艳羡华园巨构,与富豪权贵争雄斗胜,要使寒士也能赏园甚至构园,关键在于构园者须有"别肠",所构园亭须有"别境"。

祁承㸁曾任苏州府长洲县县令,熟知吴中园林,世居绍兴,对越中园林更了如指掌。他对明代嘉靖以来私家园林最发达的吴越两地园林审美特征做过精彩的比较:

越之构园与吴稍异。吾乡所饶者万壑千岩,妙在收之于眉睫;吴中所饶者清泉怪石,妙在引之于庭除。故吾乡之构园,如芥子之纳须弥,以容受为奇;而吴中之构园,如壶公之幻日月,以变化为胜。④

越地园林以延纳外景取胜,着重在"容受"上做文章;吴地园林以营构内景称奇,尤须在"变化"上花功夫。越园如芥子须弥,吴园如壶天日月。祁承㸁对吴越园林审美特征的认识和表述精妙无比,并且见到这种差异是由于地理山水风貌的不同,而差异并不悬殊,而是"稍异",用词非常准确。芥子须弥与壶中日月,容受与变

---

② 《淡生堂集》卷一一《行园略》。
③ 《淡生堂集》卷四《淡生堂》。
④ 《淡生堂集》卷七《书许玄祐梅花墅记后》。

化,各有优长,互相渗透。"芥子"与"壶中"也可视为中国园林的两种艺术类型、美学范式,而以吴越园林为代表。

三、祁彪佳:开山我作祖　构园自有谱

祁承煠有五子:麟佳、凤佳、骏佳、彪佳、象佳。彪佳(1602—1645年),字虎子,一字幼文,又字弘吉,号世培,又号远山堂主人,山阴(今浙江绍兴)人。生而英特,丰姿绝人,十七岁举浙江乡试,二十一岁举天启二年(1622年)进士,与文震孟同榜。授兴化府推官,起御史,出按苏松诸府,寻以侍养归,居家九年,福王监国,拜大理寺丞,迁右佥都御史。清兵陷杭州,即绝粒,自沉所构寓山园池中而死,著有《祁忠惠公遗集》《祁彪佳集》《祁彪佳文稿》。

祁彪佳能继父业,克绍箕裘,在藏书和构园两方面都取得卓著成绩。他感念其父"一生孜孜矻矻,青缃世继",也喜藏书,计得"三万一千五百卷",不及尊人"十万余卷"①,但有特色,搜得杂剧与传奇图书多达七百余种,又一一著录品评,著为《远山堂曲品》与《远山堂剧品》,远山堂主人可与淡生堂主人后先并耀于世。彪佳之寓园与其父之密园同为越中名园,而寓园营构时的条件优于密园,所投入的财力、物力、人力和精力更大,园之美名与主人英名并垂史册。

寓园在绍兴府城西南二十里寓山之麓②。主人自记云:

> 予于乙亥乞归,定省之暇,时以小艇过寓山,披藓剔苔,遂得奇石,欣然构数楹始,其后渐广之。亭台轩阁,具体而微,大约以朴素为主。游者或取其旷远,或取其幽夷,主人都不复知佳处。惟是构造来,典衣销带,不以为苦,祁寒暑雨,不以为劳,一段痴僻,差不辱山灵耳。③

彪佳之所以选择寓山作为构园之地,一则因为寓山体量小,有泉石之奇,水田之利,估量财力可以买下;二则因为离城较近,距其父西城密园更近,仅"三里之遥",与其从兄豸佳(字止祥)柯园、友人王云岫彤云"近在咫尺","搴裳可至"④。崇祯八年(1635年)四月,彪佳乞归出都门,五月至杭州,稍事停留,六月抵家,拜亲会友,整理图书,九月至柯园拜访季父承勋及兄豸佳,同登寓山,遂有"结庐之志"⑤。起初并不想放手大干,将就着办是了,"仿止祥兄梅花书屋式,遂定小轩三楹之址"⑥,待到动工以后,欲罢不能,仅两年,钱也用光了,"摸索床头金尽","囊中如洗"⑦。每次往寓山料理土木之事,检查工程进度、质量,都是乘船,风雨无阻,寒暑

①　祁彪佳:《祁彪佳集》卷七《寓山注·八求楼》,中华书局,1960。
②　乾隆《绍兴府志》卷七二《古迹志》,台湾成文出版社景印《中国方志丛书》本。
③　祁彪佳:《祁彪佳集》卷八《越中园亭记之五》,中华书局,1960。
④　祁彪佳:《祁彪佳集》卷八《越中园亭记之五》,中华书局,1960。
⑤　祁彪佳:《祁彪佳文稿·祁忠敏公日记·归南快录》,书目文献出版社,1991。
⑥　同上。
⑦　祁彪佳:《祁彪佳集》卷七《寓山注》,中华书局,1960。

无间。"朝而出,暮而归,偶有家冗,皆于烛下了之。枕上望晨光乍吐,即呼奚奴驾舟,三里之遥,恨不促之于硅步。祁寒盛暑,体粟汗浃,不以为苦,虽遇大风雨,舟未尝一日不出。"劳苦得病,病愈复进山。官宦人家造园,主人辛劳未有如祁彪佳者。他把这一切都归结为"痴癖"①,至性如其父。寓园工役初兴于崇祯八年(1635 年),至十年(1637 年)基本完工,"曲池穿牖,飞沼拂几,绿映朱栏,丹流翠壑,乃可以称园矣"②。此后仍有局部改建、增建,直到清顺治二年(1645 年)未停修葺,《乙酉日历》五月十一日日记载:"于松径构小廊,构涧于竹深处,连日于雨中为之。"③为殉节前一月。"时见朝政日乱,奸邪日进,先生自分一死",及清兵逼杭州,"兼以书币聘",决计引诀,至寓山,五鼓自沉于梅花阁前水池,绝笔中有"含笑入九原,浩气留天地"句④,时在同年闰六月初六日。二子理孙、班孙遵遗嘱将寓园捐献于佛寺,并葬父于园旁,建堂塑像以祀。又据清阮元记载,"祁忠惠祠在城西北二十里十六都一图,柯山对河寓山园;墓在城西十里三十都一图,亭山南面"⑤。

寓山园建筑工程始于明崇祯八年(1635 年),终于清顺治二年(1645 年),持续了十余年。曹淑娟教授对工程分期、每期项目等做过精细的梳理,并附《寓山胜景施作修改年表》。三期工程为:第一期,崇祯八年冬至十年夏(1635—1637 年);第二期,崇祯十年冬至十二年(1637—1639 年);第三期,崇祯十三年至弘光元年(1640—1645 年)。自开工以后,"不论是新景的开辟,旧景的变更,或是花木的移植修剪,彪佳经营寓山园的心力,持续至沉水前夕犹未歇。"⑥有些先期完成的项目,以后续作修改、增饰的事是常有的,如完成于一期的静者轩、友石榭,二期的归云寄、小斜川,延至三期复加修治,精益求精,务期完美。正如主人所云:"如名手作画,不使一笔不灵,如名流作文,不使一语不韵。""至于园以外,山川之丽,古称万壑千岩;园以内,花木之繁,不止七松五柳。四时之景,都堪泛月迎风;三径之中,自可呼云醉雪。"其堂轩亭台、楼阁廊榭诸建筑,"参差点缀,委折波澜","而幽敞各极其致"⑦。他以慧眼相中寓山这座荒凉的小山包,经过十年持续不断的精心整治,辛苦经营,终于建成了名播四方的美丽园林,为号称"众香园"的越郡增添了又一处胜境。

"胎因要以痴,圆果要以癖。"⑧这是祁彪佳构园的经验之谈,心灵奥秘的披示。要构建一座具有艺术和文化含量的园林,必须有对园林的热爱、执着,以至于"痴

---

①　祁彪佳:《祁彪佳集》卷七《寓山注》,中华书局,1960。

②　同上。

③　祁彪佳:《祁忠敏公日记》,《祁彪佳文稿》,第 1437 页。

④　祁彪佳:《祁彪佳集》卷九《行实》,中华书局,1960。

⑤　祁彪佳:《祁彪佳集》卷一〇《遗事》,中华书局,1960。

⑥　曹淑娟:《流变中的书写——祁彪佳与寓山园林论述》,台湾里仁书局,2006。

⑦　祁彪佳:《祁彪佳集》卷七《寓山注》,中华书局,1960。

⑧　祁彪佳:《远山堂诗集·予始开寓山便闻横山草堂之胜》,《祁彪佳文稿》第 1525 页。

寓山志

癖",这是发自人心深处的潜能和动力,无此能力休言构园。明代中后期成功的园林主人大都具有这样的共识,又且认为其痴癖乃出自天性,既是对人性的一种新解,也是对传统鄙视物好观念的辩护。园癖、花癖、山水癖等等,虽与天赋有某种关联,但是主因在于后天的习染。"胎",可指娘胎,也可指家庭、社会环境的孕育。以祁彪佳为例,自幼受其父与兄长影响,以土石盆栽为戏,"往予童稚时,季超、止祥两兄以斗粟易之,剔石栽松,躬荷畚锸,手足为之胼胝,予时亦同拏小艇,或捧土作婴儿戏"①。成年后,家乡绍兴名园游观殆遍,盖不下数十百处。又在杭州西湖柳州亭一带建别墅偶居,湖上园亭也多寓目,如黄汝亨寓林,秦心卿嫩园,皆为名园,尤其

___

① 祁彪佳:《祁彪佳集》卷七《寓山注》,中华书局,1960。

欣赏杭人江元祚西溪横山草堂,以为"武林幽居,以横山为第一"①。崇祯十六年(1643年),舟过扬州,游瓜州于仲生园,过无锡游邹迪光愚公谷,过苏州登支硎山,观赵凡夫寒山别墅,至天平山游范长白园②。崇祯四年(1631年)在北京任御史期间曾游城内米万钟、李皇亲诸家名园。谓"米园绝胜,有江南风,微伤纤巧"③。评述李氏园亭:"园多植海棠,大者以数十计,拱把不可屈指,花蕊如绣,香触鼻能使人醉,亦都城之奇观也。"④他广览江南园林,间也涉足北方园林,还阅读当代名家所撰园林记,如王世贞《弇山园记》、邹迪光《愚公谷乘》、江元祚《横山草堂记》,都是名园主人自记其园。园林知识的大量储备,园林审美的深切体验,对于祁彪佳主持营造寓山园十分重要,此即所谓"胎",所谓"胸有丘壑"。

在营造寓山园实践中,祁彪佳重视借鉴别家造园的成功经验乃至建筑式样。相中某家园林可以参照,便带领工匠前去察看,甚至为了栏杆制式特地造访友人王云岫彤园,"呼木匠偕至彤山访王云岫所制栏杆式"⑤。又仿从兄止祥柯园梅花屋式,作寓园小轩三楹⑥。他还经常把谙于造园的亲朋好友请到寓山园,商量相地、设计、布置、修改等事宜,提出各种意见,酌斟定夺之后,让工匠们去做。日记中常提到的好友如张岱、王云岫、何芝田、金楚畹等,都是行家,多次来寓山巡园。例如,崇祯九年(1636年)四月二十八日记载:"午后,止祥兄偕赵水生来,王云岫亦来,为予相度构阁之所。"⑦同年七月初五:"适张宗子来访,共饭于静者轩,宗子出陈章侯所书联扁,为予指点修筑,殊为山林增胜。"⑧"宗子"即张岱,"陈章侯"即画家陈洪绶。祁彪佳还聘请了几位造园匠师,具体负责土木营构之事,日记中多次提及的郑九华、陈长耀、方无隅等人,可能是职业或半职业匠师,也可能是监工,而张轶凡则是造园大匠张南垣之子,技术高超。工程进行到后期,是祁彪佳命人到嘉兴把轶凡请到寓山的,对其技艺很是赞赏,且款待于溪山草阁。崇祯十六年(1643年)十一月二十三日记载:"午后,出寓山,见张轶凡叠石梅坡,大得画家笔意,携小酌于溪山草堂。"⑨祁彪佳尊重匠师,同他们建立了良好的协作关系。寓山园吸取了诸多名园的营构经验,集合了多位园林家和建筑师的构园智慧,而这些又离不开主人对园林的耽癖、谙熟、勇猛精进。祁彪佳用诗歌表述自己和江元祚的造园精神:

> 丘壑有静缘,真宰每获惜。解会非其人,不易言开辟。胎因要以痴,圆果要以

---

① 祁彪佳:《祁彪佳集》卷三《与人书》,中华书局,1960。
② 祁彪佳:《癸未日历》,《祁彪佳文稿》第1351、1352页。
③ 祁彪佳:《祁忠敏公日记·栖北冗言上》,《祁彪佳文稿》第944页。
④ 《祁忠敏公日记·栖北冗言上》,《祁彪佳文稿》第949页。
⑤ 《山居拙录》,《祁彪佳文稿》第1079页。
⑥ 《归南快录》,《祁彪佳文稿》第1035页。
⑦ 《林居适笔》,《祁彪佳文稿》第1051页。
⑧ 《林居适笔》,《祁彪佳文稿》第1056页。
⑨ 《癸未日历》,《祁彪佳文稿》第1354页。

癖。运之勇猛心,鸿濛便可劈。①

惟静者可与山林结缘,惟解人领会构园妙道,惟痴癖者一往深情,全力以赴,勇敢坚毅,精进不已,而底于成。又述自己与友人何芝田之开山造园精神:

鸿濛辟川岩,缺陷犹未补。补之以人工,开山我作祖。林壑秉清淑,静者乃能取。尔我抱奇僻,夙志在老圃。搜剔穷幽危,刻削化朽腐。赤日汗如浆,盘旋而伛偻。奈何致胼胝,乐此不为苦。②

作者再次谈及惟静者能识能抱有林壑之清淑,也惟怀抱山水园亭"奇癖"者,不畏艰危困苦,勇往直前,开山造园,不以为苦,反以为乐。自天地开辟以来,自然山川清淑美丽,也有"缺陷"须要以人工弥补,化腐朽为神奇。人有享受自然美的权利,也有修复自然缺陷和美化山河的义务,造园就是人类修复自然生态和美化大地山河的一种行动。将造园艺术与修复生态、美化环境相提并论的思想宏远深邃。

精通造园艺术的晚明文人,大都讲究园林艺术的美学原理、构建法则,认为其间含有妙思妙理妙道,深谙并能灵活运用于造园实践,才能建构佳园而具别境。如祁承㸁就很注重构园之"巧心"、"至理",每谓"位置之间别有神奇纵横之法"③,须要在观园、造园时用心体会,识得种种"神奇纵横之法",始称园林"解人"。祁彪佳受其父和许多园林家的影响,也屡屡强调营构"妙思"、"妙诀"。他构筑寓山园的诀窍:

大抵虚者实之,实者虚之,聚者散之,散者聚之,险者夷之,夷者险之。如良医之治病,攻补互投,如良将之治兵,奇正并用。④

造园须虚实、聚散、险夷并用,如果一方有缺失不足,就要设法用另一方加以补救,务使双方达到平衡,对映成趣。这是他父亲颇为得意的造园心法:"要以地之四整者,每纵横之,而使相错;地之迫促者,每玲珑之,而使展舒。"⑤亦即其所谓"神奇纵横之法"的具体说明。佳彪对此深有领悟,承认是其尊人传授的"妙诀",答友人何芝田诗云:

闻子构造缘,神色为轩举。开园有妙诀,惟子可与语。譬如行三军,奇正易其所。又如补与攻,良医中脏腑。实者运以虚,散者欲其聚。吾忆吾先人,废箸筑别墅。每夸具巧思,著之为乘谱。绍述作算裘,对子乃倾吐。⑥

诗中复陈造园家虚实聚散之法与良将奇正并用、良医攻补互施之道,有相通之处,都是对立同一辩证关系的妙用,同出于中国古典哲思,用于构园,则上升为园林

① 《予初开寓山后闻横山草堂之胜》,《祁彪佳文稿》第1525页。
② 《丙子夏予卜筑寓山何芝田投诗见赠》,《祁彪佳文稿》第1522页。
③ 《淡生堂集》卷七《竹居王孙鹓适园记序》。
④ 《祁彪佳集》卷七《寓山注》。
⑤ 《淡生堂集》卷一一《密园前后记引》。
⑥ 《丙子夏予卜筑寓山何芝田投诗见赠》,《祁彪佳文稿》第1522页。

美学、艺术哲学。赠杭州西溪横山草堂主人江元祚诗再陈造园心得：

予山愧不深，犹带风尘色。举目虽旷然，所少者幽极。写浓在于淡，收远在于窄。藏巧在于平，摄喧在于寂。此是开山谱，于今夸弋获。①

这里补充了"旷幽"、"浓淡"、"远窄"、"巧平"、"喧寂"诸园林美学范畴，并把巧妙处理这些美学关系并灵活运用于叠山理水，视为"开山谱"——构园之法则、规程、范式，如"琴谱"、"棋谱"之类，又有"石谱"、"砚谱"、"香谱"、"扇谱"、"梅谱"、"兰谱"、"菊谱"、"竹谱"、"茶谱"、"食谱"等，凡百艺事，大多有谱，说明对某一事物的认识提高了。"开山谱"概念的出现反映了晚明时代造园艺术的成熟和发达。

除上述所提美学范畴外，还有"高卑"、"远近"、"疏密"、"丰俭"等，含藏于造园艺术方面面，常体现于空间布置、景物营构，其中"幽旷"尤为祁彪佳所重视，因为这一范畴关涉全园境界、意境的营构。《越中园亭记》之五称赏其父密园，"快读斋一带以幽邃胜，蔗境一带以轩敞胜"，"幽邃"、"轩敞"二词合之而为"幽旷"。又述游者对寓园的品评，"或取其旷远，或取其幽夷"。同卷点评王云岫山居吞墨轩，"诸山环列，至此倍觉明秀"，"小池清浅，寒梅数株出篱竹间，极有幽邃之况"。"明秀"义近明敞清旷。《越中园亭记》之四对陶氏园亭评价甚高，既诧其"幽奇"，又叹其"畅绝"，"山水园亭，两擅其胜"，也以"幽"、"畅"相对。寓山园也具幽、旷二境，"旷览者神情开涤，栖遁者意况幽闲"②，既为客赏，亦自赏，但仍觉存在偏胜与不足，"吾园长于旷，短于幽"③，"举目虽旷然，所少者幽极"。他两次游西溪横山草堂，对其园推扬备至，称赞主人江元祚造园的非凡才思，并将自家寓园和江氏草堂进行对照，觉得在幽邃方面不若彼方：

一境具众妙，境境不相袭。各自出妍奇，亦复互委积。思穷路绝处，异景忽相值。又若固所有，安排去形迹。窈霭绿天庵，霏微香雪宅。江光出树杪，山影入几席。胡以尘世界，结此青莲国？是君笔墨灵，是君定慧力。庄严妙法海，大千藏一粒。君曰初构时，亦非意所及。缘到则神来，时至则趣集。始知烟霞人，乾坤恣所适。④

"窈霭绿天庵，霏微香雪宅"，是草堂幽绝处，而"江光出树杪，山影入几席"，则是草堂旷然处，两擅其胜。旷则视野开阔，大地山河，自然万象，皆入眉睫之间，令人心胸开阔，神思飞扬，物我皆忘，超乎尘世之外；幽则漫步曲廊小径，寻芳花丛荷池，听鸟观鱼，品茗熏香，令人心闲意舒，趣淡韵长。一园而具二境，幽旷互衬交映，乃称全胜，满足游者审美需要。此外，诗人亟赏草堂造景构境之美，景景皆妙，各出妍奇，不相袭，无雷同；景与景衔接巧妙，绝处逢新，柳暗花明；所有这些设置，皆若

---

① 《予初开寓山后闻横山草堂之胜》，《祁彪佳文稿》第 1526 页。
② 《祁彪佳集》卷七《寓山注》。
③ 同上。
④ 《予初开寓山后闻横山草堂之胜》，《祁彪佳文稿》，第 2526 页。

固有,出自天然,而无人工安排痕迹。究其成功原因,在于主人的坚定和智慧("定慧力"),是位摆脱了功名富贵羁绊而能沉酣于山林的"烟霞人",与山水结为情缘,相逢则契然心会,赏识真趣。祁彪佳高度评价横山草堂的艺术成就及其主人的高远志趣,也将自己的造园思想融积于诗句之中。

祁彪佳园林著作甚丰,主要有《寓山注》七卷、《寓山志》上下二卷、《越中园亭记》八卷、《祁忠敏公日记》十五卷。《寓山注》详载寓山园营造始末经过,对园中四十九个景点的逐一述评,接近万言,在明代私家园林记中,如此精详者实属罕见。《寓山志》是祁彪佳请诸多名人为寓山园所撰作品之汇集,包括诗、词、曲、赋、记、序、问、解、评、述、铭各类文体,并附张岱、胡恒、祁熊佳、张弘诸家评点,和陈国光所画总图,朱家琰所画十六景分图。其作者绍兴籍占比最多,如祁承勋(叔父)、祁麟佳(兄)、祁凤佳(兄)、祁象佳(弟)、祁豸佳(从兄)、王思任、张岱、张弘、孟称舜、陈洪绶、何继洪(芝田)等。外地名士如临海陈函辉、仁和江元祚、江道闇,嘉兴谭贞默,华亭陈子龙,嘉定侯岐曾、夏云蛟,长洲徐波,吴县范允临,太仓张溥,吴江沈自然,侯官曹学佺,贵阳杨文骢,南昌万时华,新建陈弘绪,歙县汪汝谦,祥符周亮工,还出现了几位才女的芳名,如柳隐(柳如是)、叶小纨、沈华蔓、沈宪英、梁孟昭等。祁彪佳将一百多名才士以及几位才媛题咏寓园作品,编辑成册,于崇祯十二年(1639年)首次刊行于世[①],又编续志,未及刊行,仅存抄本。这部寓园作品集从各个角度展示了寓园景观,记录了众多晚明文人的行迹和交游,具有较高史料价值。《越中园亭记》考述上自春秋下迄明代一百余座园亭,合为一卷,题曰《考古》,较简括。卷二至卷六着重记载品评明中后期本郡一百七十余座园亭,文字或详或简,是研究绍兴特别是明代中后期园林史必备之书。《祁忠敏公日记》其中《归南快录》(1635年)至《乙酉日历》(1645年)十一年间日记,除记国事、家事及己读书、交友诸事,笔墨最多的就数经营寓园了,诸如登山相地,构建景点,接待来客,聘请园师,准备木石砖瓦材料,估算土木瓦石诸匠工钱,琐琐屑屑,都有记录,很少见其他园林家这样从头到尾事无巨细将造园全过程和盘托出的,后世可由此获知古人构园的许多细节和艰辛。祁彪佳的这些园林著作是在为园林修史修志,"著之为乘谱",乘谱即史志,他具有为园林修纂史志的自觉意识。

第二节 荆楚名士说园

一、公安三袁:排当有方略 参差贵天然

万历中后期,"公安三袁"名震文坛。袁宗道、宏道、中道兄弟三人,湖广公安

---

① 《寓山志》崇祯己卯本卷前有章美序,末署"崇祯己卯春王正月古吴门人章美顿首书"。己卯,崇祯十二年。

（今湖北公安）人。都是进士出身，富才俊，能诗文，为"性灵派"中坚人物。三袁皆酷好山水花木，并嗜园林，尤其是宏道与中道好游成性，足迹颇广，游记脍炙人口，又喜游园、构园，所作园林记、园林诗清新隽永，其园林审美需要和审美情趣反映了晚明文人的生活态度与艺术趣味。

袁宏道（1568—1610年），字中郎，号石公。万历二十年（1592年）进士，授吴县令，官至吏部稽勋郎中。有《袁中郎全集》。宏道思想自由活泼，诗文浅近流丽，信笔挥洒，独抒性灵，不拘格套，令人耳目一新，影响深远，时人称"中郎言语妙天下"。惜天才早陨，得年仅四十二。袁宏道的人生观热爱人间美好生活，"爱恋光景"，又谓"人情必有所寄"[①]，肯定人的特殊爱好即所谓"殊癖"；美学观贵真，贵淡，贵本色，崇尚化工天成，而薄雕饰模拟；山水观最赏山水泉石草木花竹之活泼，谓之"活丹青"、"活水墨"，观山水"但论活不活"[②]，赞美大自然亦具"神气性情"，"巧心"、"幻思"，称其创构新奇诡怪，"布置擐巧"[③]，又将小巧奇峰怪石譬之"盆景"，赞美齐云山，"山山玛瑙红，高古复飞动，只是作盆景，鲜妍已堪弄"[④]。袁宏道的园林观和他的人生观、美学观、山水观有着密切的联系。

万历二十八年（1600年），宏道初任礼部仪制主事，数月，即请告归，未几伯兄宗道下世，绝荤茹素累年，无复宦情，偕弟与名僧谈佛理于柳浪馆。馆在公安城南，池注，"可三百亩，络以重堤，种柳万株，号曰柳浪"[⑤]，略具园亭之概。主人有七律二首，有句云："闲疏滞叶通邻水，拟典荒居作小山。"又云："凿窗每欲当流水，咏物长如画远山。"湖居为新近购得，严格说来还不能称园林，变湖居为园居，尚有许多事情要做，如疏通水道，要花许多钱，典卖不常住人的故宅"荒居"。宏道长期作官他乡，每次归里即住柳浪湖，前后共六年。后公安遭水患，便移居江北对岸沙市，购得敝楼葺之，名曰"砚北"，又于楼前隙地复构一楼曰"卷北"，登此楼见"大江如积雪晃耀，冷人心脾"[⑥]。万历三十五年（1607年）在北京任礼部仪制司主事期间，住宅狭溢，旁有一小块隙地，经过一番打理，俨然园矣：

一曲莓苔地，风光属老慵。稍除疏冗蔓，略植典刑松。徙石云纹出，移花月影从。买时才数本，栽处已三重。红叶刚遮砌，高枝未掩节。干唯求老健，姿不取纤浓。雏笋犹呼凤，稚藤也学龙。夜阶云淰淰，晴槛雨淙淙。障日聊铺箐，防窥且益封。公然藏小鸟，亦自集闲蜂。分翠来屏扇，流香扑酒钟。折攀愁楚女，浇别倩吴侬。景入单条画，清连怪石供。幽奇无大小，袖里九华峰。[⑦]

① 《袁宏道集笺校》卷五《锦帆集之三李子髯》，钱伯城笺校上海古籍出版社，1981。
② 《袁宏道集笺注》卷一二《广陵集·白鹿泉》。
③ 《袁宏道集笺校》卷五一《华嵩游草之二·嵩游五》。
④ 《袁宏道集笺校》卷九《解脱集之二·齐云岩》。
⑤ 《珂雪斋集》卷一八《吏部验封司郎中中郎先生行状》，钱伯城点校上海古籍出版社，1989。
⑥ 《珂雪斋集》卷一四《卷雪楼记》。
⑦ 《袁宏道集笺校》卷四十五《破研斋集之一·小斋有隙地植花木数本》。

其时公务清简，"萧然无事，偕诸客文酒赏适"①，与诗中"老慵"印合。闲人觑宅中前方寸闲地，徙石移花，植松种竹，新枝嫩叶，楚楚可爱，又细心呵护，一座洋溢着诗情画意的小园，从江南小巷移植到北京城的胡同里。石有"云纹"，月从花影，红叶高枝，雏笋稚藤，小鸟闲蜂，分翠流香，"单条画"，"怪石供"，小园中一物一景在诗人眼里都是美的，非精于构园之道者莫能述此，更不能构此小小宅园。末句"幽奇无大小，袖里九华峰"，画龙点睛，揭示出园林美学的妙旨。袁中道称仲兄："好修治小室，排当极有方略。"②又谓："独好架小小房屋，排当极有方略，亦其性然也。"③

在京期间，袁宏道饱览城内外山水名胜、园林别墅，曾游东南近郊韦氏庄，又名韦园，正德间太监韦霖别墅。王世贞有记云："韦园者，故中贵人霖别墅也，在崇文门外六七里许，凿沟引西山水环之，其中创招提，右为墓，左为居室，甚壮。屋后凿大池，榆柳四周，中蓄鱼鳖之类，藻荇明洁，凫鹭翔泳，亦一快地也。"④百年后唯剩寺院（"招提"），池水依然，更名弘善寺，仍是京郊旅游胜地。明清之际孙承泽载："弘善寺，在左安门外（左安门在崇文门外），所谓韦公寺也，正德中内侍韦霖建。寺后有西府海棠二株，高二寻，每开烂如堆绣，香气满庭，昔人恨海棠无香，误也。寺东临池一亭，亭后假山极其幽胜。"⑤明季蒋一葵也有记云："大通桥南有韦公庄，相去约四五里，一带路径甚佳，林木阴翳不知凡几百重。垣内寺馆俱新整，而临流一亭，尤为游屦所凑。"⑥盖在嘉靖间韦氏别墅已改为寺庙园林了，仍是游人凑集之幽胜处。宏道作五律三首咏其胜，其一其二云：

几叶菱蒲水，微风亦起澜。如何寻丈地，绰有江湖宽。种果栽花易，招鸥引鹭难。辋川如具体，画里试思看。

树历高云老，门临细水寒。乱中时有整，幽处偶然宽。芦笋芽将出，槟榔蕊渐残。游鳞真可喜，梦不到渔竿。⑦

北京少水，远引西山之水入园殊不易，园既得水便有无限生趣。及袁宏道之世，大池已缩为"寻丈地"，而园中花树、果菜，水旁蒲荇，水鸟游鳞，充满活机，而有江湖远意，如一幅辋川图。"乱中时有整，幽处偶然宽"，看似杂乱却含规整，既得幽深复见宽广，乃是园林美学之妙用。北京贵家园林也有失败的案例，如某氏十景园便是：

一门复一门，墙屏多于地。侯家事整严，树亦分行次。盆芳种种清，金蛾及茉莉。

---

① 《珂雪斋集》卷一八《中郎先生行状》。

② 《珂雪斋集》卷一八《中郎先生行状》。

③ 《珂雪斋集》，《珂雪斋游居柿录》卷七。

④ 《弇州续稿》卷四六《古今名园墅编序》，文渊阁《四库全书》景印本。

⑤ 《天府广记》卷三八《寺庙》，北京古籍出版社，1982。

⑥ 《长安客话》卷四《郊坰杂记》，北京古籍出版社，1982。

⑦ 《袁宏道集笺校》卷四七《破研斋集之三·游韦氏庄》。

苍藤蔽檐楣,楚楚干云势。竹子千余竿,丛梢减青翠。寒士依朱门,索然无伟气。鹤翎片片黄,丹旗榜银字。绨锦裹文石,翻作青山祟。兑酒向东篱,颓然索清醉。①

这座贵家侯门园林几乎处处是病:填塞拥挤,建筑密集,千门万户,几无隙地;整齐有余,变化不足,"树亦分行次";种竹植藤求满求高求密,藤蔽檐楣,势干云霄,竹林密不透风而减青翠;装饰太过分太奢侈,在仙鹤洁白如片雪的羽毛上涂上黄色,将奇石裹以丝绸锦缎,园圃中还插上锦旗银牌。如此奢靡,让不通园趣的贫士见了直觉得寒酸,而雅士唯感倒胃,欲速速离去,以向东篱求醉,没有给游园者带来美感享受。主人违反了造园规律和自然物性,夸奢炫富,欲求完美而以"十景"名园,譬之缘木求鱼,适得其反,留下许多笑柄。昔人园记园诗以彰优胜为主,而宏道此诗专刺弊端,旨存讽诫,是园诗中特例,别有深意。

此前,初为吴县令,政务繁剧,又不得应酬来往上官,因此叫苦不迭,凡上七札求去,可乐者唯公余畅游苏州山水,"曾以勘灾出,遍游洞庭两山,虎丘、上方,率十余日一过"②,也览悉园林之胜,作《园亭纪略》。尤赏徐同卿园,主人徐泰时,字叔乘,号舆浦,万历八年进士,长洲人,官至太仆寺少卿("同卿")。园中有画家周时臣所堆石屏,"高三丈,阔可二十丈,玲珑峭削,如一幅山水横披画,了无断续痕迹,真妙手也!"又有"太湖石一座,名瑞云峰,高三丈余,妍巧甲于江南",是天生奇石,原为湖州乌程董份家物,份为嘉靖进士,官至礼部尚书。宏道善赏奇石,又知掇山奥妙,他胸中广贮自然界奇峰怪石,又眼具精鉴,故欣赏园林中假山美石能得其奥窍。他对苏州葑门内徐参议园也很赏识:"画壁攒青,飞流界线,水行石中,人穿洞底,巧逾生成,幻若鬼工,千溪万壑,游者几迷出入。"叠山制瀑,人工之巧,如天生成,故可推赏。又作五律一首,也咏徐参议园:

古径盘空出,危梁减水行。药栏斜布置,山子幻生成。欹侧天容破,玲珑石貌清。游鳞与倦鸟,种种见幽情。③

此园叠山构景奇巧多变,往往出人意表,又能体现出自然生命的机趣,即所谓"幽情"。但袁宏道还是觉得不够自然,拿来同王世贞小祇园(即弇山园)比较,王园"轩豁爽垲,一花一石,俱有林下风味","徐园微伤巧丽耳"④,其审美批评是精当的,与人工巧丽相比,其审美趣取更重自然天成。

晚明文人雅士喜好游山玩水,并嗜园林花木,有所谓"园癖"、"花痴"者。袁宏道也酷爱花卉,善养花,在瓶中贮水养鲜花,撰《瓶史》十篇,前有小序,因以"瓶花斋"名其室。时在万历二十七年(1599 年),三十二岁,官居京师国学助教。花木是构园要素之一,《瓶史》所述有与造园相关。小序开宗明义说明摆弄瓶花的动机,是

① 《袁宏道集笺校》卷一六《瓶花斋集之四·十景园小集》。
② 《珂雪斋集》卷一八《中郎先生行状》。
③ 《袁宏道集笺校》卷三《锦帆集之一·引徐参议园亭》。
④ 《袁宏道集笺校》卷四《锦帆集之二·园亭纪略》。

出于对"山水花木"的热爱，每欲"欹笠高岩，濯缨流水"，因主客观条件限制而不能如愿，"仅有栽花莳竹一事，可以自乐"，加之"邸居湫隘，迁徙无常"，"不得已乃以胆瓶贮花，随时插换，京师人家所有名卉，一旦遂为余案头物"。他告诫自己："此暂时快心事也，无狃以为常，而忘山水之大乐。"瓶花终是案头物，摆弄它只是为了解馋，暂时寄托山水花木嗜好罢了，其志仍在自然界真山水大山水。园林是仿真建筑，以模拟自然山水为指归，具大境界，能满足众人的山水审美需要。

第一篇《花目》，是讲瓶花的选择。稀有名贵的花卉，"率为巨珰大畹所有，儒生寒士无因得发其幕，不得不取其近而易致者"。虽"近而易致"，也须衡其品格，观其时节。"入春为梅，为海棠；夏为牡丹，为芍药，为石榴；秋为木樨，为莲、菊；冬为腊梅。"选择四时花卉，不仅取悦目，还要发人联想，借以比德，有益情性。"取之虽近，终不敢滥及凡卉，就使乏花，宁贮竹柏数枝以充之"。同一类花卉分许多品种，又如何选择？也要看品格高下。第二篇《品第》分辨说："梅以重叶、绿萼……为上，海棠以西府、紫锦为上；牡丹以黄楼子、绿蝴蝶、西瓜瓤……为上，芍药以冠群芳、御衣黄……为上，榴花深红重台为上，莲花碧台锦边为上；木樨球子、早黄为上，菊以诸色鹤翎、西施、剪绒为上；蜡梅磬口香为上。"瓶花应分主从，要使配置相宜，且每种作陪衬的花也各具品性，不可不辨。第九篇《使令》以"使令"比主花，以"婢媵"喻陪花，例如梅花以迎春、瑞香为婢，海棠以苹婆、林檎为婢，牡丹以玫瑰、蔷薇为婢，石榴以紫薇、木槿为婢，菊以山茶、秋海棠为婢，蜡梅以水仙为婢，如此等等。作为陪衬的花种也各具特性、姿态、色泽，例如水仙之"神骨清绝"，"山茶鲜妍"，"瑞香芬烈"，"玫瑰旖旎"，"芙蓉明艳"等等，也要细辨，园林花匠不可不知。第五篇《宜称》讲插花艺术：

> 插花不可太繁，亦不可太瘦。多不过二种三种，高低疏密，如画苑布置方妙。置瓶忌两对，忌一律，忌成行列，忌以绳束缚。夫花之所谓整齐者，正以参差不伦，意态天然，如子瞻之文，随意断续，青莲之诗，不拘对偶，此真整齐也。若夫枝叶相当，红白相配，此省曹墀下树，墓门华表也，恶得为整齐哉？

这段百字随谈就养花插花艺术发论，兼涉文论、诗论、画谈、园论，主要讲艺术理论中结构位置问题，整齐与参差以及疏密、繁简、高低诸审美范畴，核心思想是"意态自然"。其中整齐与参差是园林美学中一对重要范畴，袁宏道特别强调"参差不伦、意态天然"之美，譬如作文"随意断续"，又作诗"不拘对偶"，才是"真整齐"，这与他的"独抒性灵，不拘格套"的美学思想正相吻合。造园若被对称规则所束缚，一味追求整齐，"若夫枝叶相当，红白相配，此省曹墀下树，墓门华表也，恶得为整齐哉？"又如北京某侯家十景园，事事求"整严"，"树亦分行次"，整齐是整齐了，而于艺术则相去千里。园林艺术贵在于整齐中求不整齐，参差不伦，又一切显得那么自然。《瓶史》不同于一般重在讲知识和技术的花卉著述，它注重谈人生、谈鉴赏、谈美学，切近园林审美，是雅致优美的小品散文。

袁中道(1570—1623年),字小修,号凫隐。少负才名,长随两兄游京师。万历四十四年(1616年)始举进士,授徽州教授,历国子博士,官至南京吏部郎中。有《珂雪斋集》。中道科途迟滞,两兄皆膴仕,而早逝,悲伤郁积于胸。性豪迈好游,"泛舟西陵,走马塞上,穷历燕赵齐鲁吴越之地,足迹几半天下"①。数尝具一舟,曰"泛凫",飘流栖泊江湖溪泽间,自万历三十六年(1608年)以后六年间,"率常在舟","一舟敝,复治一舟",舟中读书"沉酣研究,极其变化",作诗则"诗思泉涌"②,"当其波光皓淼,远山点缀,四顾无际,神闲意适"③,皆舟游之助。所作单篇游记甚多,又有旅游日记集《游居柿录》十三卷。

中道也有园林嗜好,游园治园之投入不让其兄宏道。他有闲时光,又豪奢,囊中羞涩,在构园上却舍得花钱。在老家公安曾购得杜园,故主竹亭翁善治生,手植松竹多百年物,其子孙不肖,以鬻中道,中道"家贫性奢,好招客",遂倾力纳之,整治一新。"园周围可二里许,有竹万竿,松百株,屋六楹",门外有塘,塘外有湖,"若夫听松涛,玩竹色,奇禽异鸟,朝夕和鸣,则固幽然隐者之居也"④。在公安,中道还有一座更心爱的园林,名叫"篔筜谷",居家时,或外出归里,大都栖息于此。此园原名"小竹林"、"香光林",为袁氏亲友公安举人王承光(字官谷)所有。袁宏道于万历二十八年(1600年)告病由京师返里,时常游小竹林,与主人过从甚密,作诗多首,如:"疏黄浓碧里,一树石楠红。""竹子一万梢,十里屯秋碧。""君看竹多处,无阴云亦满。""立窗石皱瘦,困雨竹簃颏。""江花排岸出,汕水到门回。"其诗均载《潇碧堂集》,可见小竹林之清韵。及承光卒,乃为袁氏所有。中道记其事云:

> 甲辰(万历三十二年),下第归来,无居处,适中郎宅后油水之畔,有一园,名为小竹林,乃予姻友王官谷名承光读书处也。有竹数万竿,梅桂柑橘之属具备,竹中列垣墙,置宅宇,极精整。官谷韵士,排当极有方略。官谷去世,此园转鬻于王秀才世胤,世胤偶有家讼,一夜愤然欲鬻此园。中郎一闻,急令予成之。予亦爱其竹树,乃倾囊并以腴田百亩鬻得,遂移眷属其中。中郎易名为"篔筜谷"。⑤

中道不惜以百亩良田易此三十亩园林,与其兄中道"相视点缀",细加修治,"数年间遂成佳丽"。在保留旧园格局和风貌的前提下,凸显了竹的主题,也更见精雅清逸,是旧园改新园的成功范例。主人从中充分领略到竹之美:"予耳常聆其声,目常揽其色,鼻常嗅其香,口常食其笋,身常亲其冷翠,意常领其潇远,则天下之受享此竹,亦未有如予若饮食衣服纤毫不相离者。"⑥此园旧名"小竹林",似太直太俗,别

---

① 《列朝侍集小传》丁集中《袁仪制中道》。
② 《珂雪斋集》卷一六《后泛凫记》。
③ 《珂雪斋集》卷一五《前泛凫记》。
④ 《珂雪斋集》卷一二《杜园记》。
⑤ 《珂雪斋集》卷八《游柿居录》。
⑥ 《珂雪斋集》卷一二《篔筜谷记》。

名"香光林",仍嫌俗而艳,与竹之清韵不合,故经中郎斟酌,乃易为"篔筜谷",题名也有出典,而非杜撰。苏轼姻友文同以擅画墨竹名世,曾任陕西洋州知州,其地多竹,竹之大者曰篔筜,置园池,凡三十景,其中一景即为"篔筜谷"。苏轼应园主之约,作《和文与可洋州园池三十首》,其《篔筜谷》诗云:"汉川修竹贱如蓬,斤斧何曾赦箨龙?料得清贫馋太守,渭滨千亩在胸中。"又作《文与可画篔筜谷偃竹记》一篇,记云:"元丰二年正月二十日,与可没于陈州。是岁七月七日,予在湖州,曝书画,见此竹,废卷而哭失声。"袁宏道取以为其弟园名,典而文雅,表达了主人对竹的情愫,也含有对旧主王官谷这位昔日好友的忆念(王官谷与篔筜谷,恰好关合),亦见袁氏兄弟深于朋友情谊。后请名士、书家王穉登(字百谷)题写园名,《游居柿录》卷三:"王百谷以八分书'篔筜谷'三字见寄。"王百谷、王官谷、篔筜谷,人名、园名同取一"谷"字,偶然巧合耶?抑其间有缘耶?园林题名殊非小事,关系到园林的品味、标识和影响。

袁宏道以故里公安遭水患而迁居沙市,得旧楼曰砚北,又建新楼曰卷雪,考虑到弟兄分居两地,遂劝中道也迁沙市。中道如命,适遇有人"以一园鬻者,其地稍僻,而其直甚省,且有花木园亭之娱,遂欣然成之","乃除瓦砾,剪草莱,去承溜阴翳之宇",经过一番剪除修治,经营布置尽显佳胜:

前有桂一株,虬龙矫矫,上干云霄,每开香闻数里。后有藕花堂可百亩,水气晶晶。临水有台,可亭。中有书屋二,竹柏杂花具备。而门临长渠,桃花水生如委练,垂柳夹之,可以荡舟。①

继建"楮亭"、"西莲亭"、"瓶隐斋"、"珂雪斋",园中老桂尤奇崛,因名"金粟园"。袁中道在家乡拥有的三座园林,即杜园、篔筜谷、金粟园,都是根据旧园改建,保留原来优质元素而去其秽杂,依据原生态小环境而稍加疏治,有增有减,既保持旧园的佳貌,又显示经过修治后的新颜和园主的个性、审美趣味,而且省工省费,确是旧园重建的成功借鉴。中道称其兄构园架屋"排当极有方略",他自己何尝不然。袁中道亲自参与改建三座自家私园,得了构园的实践经验,又游赏长江中下游和燕齐北京诸多名园,丰富和深化了他的园林审美经验。

楚为泽国,楚人习水,对水有特殊的感情。公安滨临大江,袁氏昆仲生于斯长于斯,天性习水爱水,对水之变态奇观备览深会,发于诗文竭态尽妍。宏道云:"夫余水国人也,少焉习于水,犹水之也。已而涉洞庭,渡淮海,绝震泽,放舟严滩,探奇五泄,极江海之奇观,尽大小之变态,而后见天下之水无非文者。"②文者,水文也,文理也,文章也,一言以蔽之曰:美。中道表白更直截了当:"予性嗜水,不能两日不游江上,尝醉卧沙石间,至夜犹不去。"③他多观天下胜水,如长江、澧水、洞庭、彭泽、大

---

① 《珂雪斋集》卷一四《金粟园记》。
② 《袁宏道集笺校》卷一七《瓶花斋集之五·文漪堂记》。
③ 《珂雪斋集》卷一二《远帆楼记》。

明湖、趵突泉等，谓泛舟作水上游"亦大快事也"[1]，"听水声，看水色，是又一快事也"[2]。此类观水赏水文字比比皆是。他观览园林之美也特重水景："大都置园以水为主，得水始可修治。"评沙市吴氏园，"园后台上，白水一湖，澄人心脾"，"此地据水之胜，为可喜也"，又记宏道来此园，"坐台上，谓大有幽意"[3]。外出每逢依水得胜的园墅往往赏叹留连。东游镇江，舟过丹阳，应贺虚谷邀游篁川园，园去城里许，"弥望皆水"，"水色澹澹"。泛小楼船游湖上，过"月榭"，"远望朱栏若鱼网曲折水上"[4]。篁川园水面开阔，依湖上高地用土石堆叠岛屿，楼阁稀疏，临阁凭轩可观鱼游，可听鸟鸣，可眺水外长堤梧桐、芙蓉，又从外远望，"朱栏若鱼网曲折水上"，一派水乡风光。以鱼网比喻水上曲折的朱栏，新奇绝妙。这座水上园林淡远雅致，如一幅云林湖上晴波图。北京城内少水，王公贵戚宦官显要皆争占水滨地构园建宅。位于城北积水潭的定国公园，为明开国功臣徐达后裔所建。有关记述、题咏甚多，袁中道也有简要记载："定国公园，门前即后湖水入宫道也。中有大堂，后瞰湖，见湖中芙蓉万朵。前列垂杨三株，婆娑袅娜。有方塘五六亩，种莲花。左有台，望西山了了。"寥寥数笔，点出此园佳胜：园外借后湖一泓之水，园内别开方塘，湖上芙蓉与塘上莲花互映；主建筑大堂，为湖塘一前一后所拥，堂前三株垂杨，风姿翩翩；登堂左高台，可远眺西山景色，历历在目。此园至简至朴，而饶幽致远意，审美意韵悠长。于城郊最赏米万钟海淀勺园："京师为园，所艰者水耳，此处独饶水，楼阁皆凌水，一如画舫。莲花最盛，芳艳消魂。有楼可望西山景色。"[5]唯对城南李戚畹新园褒中带贬："送客至李戚畹园，颇多奇花美石，惜布置太整，分行作对，少自然之趣耳。"[6]这同其兄宏道批评成国公十景园"侯家事整严，树亦分行次"的批评，忌对称死板，但求整齐，而贵乎"参差不伦，意态天然"的美学观是一致的。

袁宏道与其弟中道长兄宗道（1560—1600年），字伯修，号石浦。万历十四年（1586年）举会试第一，选庶吉士，授翰林院编修，充东宫讲官，至右庶子，终于官。有《白苏斋类集》。"为人修洁，生平不妄取人一钱"[7]。性恬淡，生平慕白居易、苏轼，名所居曰"白苏斋"，虽身处清贵，而素怀归山之志。"耽嗜山水"，京郊山川古刹皆穷其胜。也好治园亭，公安故居曰石浦山房，在石浦河西，因以得名，有忆诗云："竹里罗棋局，篱边费酒筹。"[8]为京官购一宅，"阶上竹柏森疏，香藤怪石，大有幽意"[9]，筑一水亭，弟宏道记云：

---

① 《珂雪斋集》卷一三《东游记一》。

② 《珂雪斋集》卷一五《玉泉拾遗记》。

③ 《游居柿录》卷四。

④ 《游居柿录》卷三。

⑤ 《游居柿录》卷一一。

⑥ 同上。

⑦ 《珂雪斋集》卷一七《石浦先生传》。

⑧ 《白苏斋类集》卷四《马上起忆石浦山房》，上海古籍出版社，1989。

⑨ 《珂雪斋集》卷一二《白苏斋记》。

伯修寓近西长安门,有小亭日抱瓮,伯修所自名也。亭外多花木,正西有大柏六株,五六月时,凉阴满阶,暑气不得入。每夕阳佳月,透光如水,风枝摇曳,有若波纹,衣裳床几之类皆动。梨树二株甚繁密,开时香雪满一庭。隙地皆种蔬,瓜棚藤架,菘路韭畦,宛似村庄。……凡客之至斯亭者,睹夫枝叶之蓊郁,乳雀之哺子,野蛾之变化,胥蝶之遗粉,未尝不以为真老圃也。①

作者于抱瓮亭建筑构架未着一笔,重在渲染小亭环境的洁净、凉爽、清华,和隙地菜圃"宛似村庄"所透露出一种朴野自然的气息。其时主人任东宫讲官,身居清要,却持有清恬修洁的品格和归山之志,朋友们称他是"真老圃",一语道破其中机关。此园寄意遥深,凡是高雅的文人园林总能体现园主的性格和志趣,抱瓮亭其一也。

二、竟陵钟惺:部署含妙理　静者乃得之

钟惺(1574—1625年)字伯敬,号退谷,湖广竟陵(今湖北天门)人。万历三十八年(1610年)进士,授行人,寻改南京礼部主事,曾奉使入四川、山东、贵州,官至福建提学佥事。与同里解元谭元春共定《诗归》,名声大噪,人称"竟陵派",是继公安派之后又一晚明文学革新流派。著有《隐秀轩集》。钟、谭美学思想也属主情派,其论情又强调"独"、"孤"、"幽深"、"冷峭",从自己的情思中抽绎出一种旁人未尝触及的一丝"单绪",而其表情达意则主张曲折、生冷,而忌直露浅俗。公安、竟陵都是尊情派,但在情的理解和表情方法上存在差异。两派代表人物又都酷爱山水,钟惺引其师公安派名士雷思霈语云:"人生第一乐是朋友,第二乐是山水。"②其诗亦云:"人生客游何者美,其一友朋一山水。"③可见在他们心目中山水之与人生是多么重要了,晚明才俊谈及人生观与山水观的关系大致皆然。

钟惺观照山水深细精妙,尤其注重洞见山水之理,在他看来,山水形象的建构在空间、时间、形质、景境诸方面都存在某种美学法则,此即所谓"理",或"思理"、"情理"、"妙理"、"至理"。《新滩》诗云:"吁嗟平陂理,真宰难思议。"又《飞云岩》:"石飞云或住,动定理难诘。"《寄吴康虞》:"友朋山水理,言下特津津。"《过溪至万年宫》:"登山从水始,此理有难言。"《出山十里访水帘洞》:"各自成思理,耻为武夷隶。"《自仙人桥观于舍身崖》:"不独高深理,河山之所盘。"观山水者,须深心领略方得其理,否则不能,"山水说理,学浅人不知"④。钟惺是山水解人,游赏各地名胜辄得山水理趣。如游四川眉山中岩记云:"诸峰映带,时让时争,时违时应,时拒时迎,衰益避

---

① 《袁宏道集校笺》卷一七《瓶花斋集之五·抱瓮亭记》。

② 《隐秀轩集》卷三五《题胡彭举画赠张金铭》,上海古籍出版社,1992。

③ 《隐秀轩集》卷五《暂驻夔州》。

④ 《诗归》卷一○,湖北人民出版社,1985。

就，准形匠心，横竖参错，各有妙理，不可思议。"①其中"让"与"争"、"违"与"应"、"拒"与"迎"、"避"与"就"、"横"与"竖"，还有记中所举"向背"、"往复"、"亏蔽"等，以及《修觉山记》中山径石磴之"乱整枉直"，江流行于碛渚间之"或圆或半，或逝或返"，都是讲山水布置的妙构，将种种对立因素结合为统一和谐的奇胜，而与艺理美学暗合，"甚有思理"，"各肖其理"。用现代美学审视，山水之理乃是山水审美对象的"形式因"和审美主体的心理结构互相交流感应而产生的美学范畴，山水妙理的发现离不开主体的思想情趣，所以钟惺再三指出，心浮气躁的人虽身在山水中也不得其理，他以武夷山水帘洞为例：

> 拾级凭栏，如人执喷壶。往来绝顶，飘洒如丝，东西游移，或东或西，弱不能自主，恒听于风。洞以水得石，峰势雄整，而水之思理反细。声光微处，最宜静者，非浮气人听睹所及也。②

惟心静者能见山水思理妙趣，"静者领斯山，意匠妙经营"③"静者夜居高，睹闻自孤远"④。心境，审美心态，对观照山水乃至欣赏各种艺术，都至关重要。

看山观水要能领会其中理趣，赏园造园亦然。钟惺观赏园林与观照山水一样也注重发现，抉发其中思理。《游梅花墅》："动止入户分，倾返有妙理。"《返赵凡夫寒山所居》："吁嗟志气一，思理为之通。"《访邹彦吉先生于惠山园》："选声穷静理，结构换清思。"许多咏园诗虽字面上未见"理"字，细味其词，实含构园妙理。如咏苏州文震亨香草垞，有句云："一厅以后能留水，四壁之中别有香。"⑤厅后凿池可观水，四壁藏书册挂字画可闻香，设计布置亦具新裁，而见主人修养。咏福建曹学佺园居："扁舟转见山多面，一水围周阁数巡。"⑥曹氏园倚山傍水，泛舟园中，能见山之面面，楼阁为水环绕，在舟中能数见其丽观。如此巧构，也见主人"意屡新"之匠心。范允临字长倩，号长白，吴县人。万历二十三年(1595年)进士，官至福建布政司参议。善书画，晚筑别业于天平山之阳，名天平山庄，为苏州名园之一。钟惺有题咏一首：

> 始吾来此地，祇作范家园。是日登临半，兹山本末存。天将全物与，人许凤怀敦。径借廊分合，岩随树吐吞。会心频拜石，寻响或逢源。孤月照登阁，千峰生闭门。高深如一气，坠倚互为根。自幸游皆静，秋冬事不烦。⑦

分与合，吐(显)与吞(藏)，高与深，坠与倚，家园与山林，人工与天巧，种种对立同一因素，结成一体，贯通一气，范园之经营布置深契造园妙理。天平山泉石美，范园建

---

① 《隐秀轩集》卷二〇《中岩记》。
② 《隐秀轩集》卷二〇《游武夷山记》。
③ 《隐秀轩集》卷三《钦山鱼仙洞》。
④ 《隐秀轩集》卷四《月宿天游观》。
⑤ 《隐秀轩集》卷一一《过文启美香草垞》。
⑥ 《隐秀轩集》卷一一《访曹能始园居》。
⑦ 《隐秀轩集》卷一二《游天平山范长倩园居》。

构美,长白人亦美,"天将全物与,人许夙怀敦",老天将整个天平山赐予主人,而主人之雅怀高韵又得众人赞许,因而范氏园成了苏州西郊的一处佳胜。福建武夷山乃天下名胜,长乐人陈省,嘉靖三十八(1559 年)进士,官至兵部右侍郎,晚归在武夷山笋峰下筑山庄"云窝"。钟惺游其地,称赏备至:"接笋峰雁次相缀,书院(朱熹所构)在峰前,而云窝在其后。云窝者,陈少司马省所营,公长乐人,住山十二年,因崖割胜,居处庐旅,部署历历,法趣相生,使后至者有鸠借鹊巢之思焉。"①"云窝"佳构在于主人精于选胜,接笋峰山水、人文环境俱美,陈氏又谙构园之道,善于布置,"部署历历,法趣相生"八字,正指构园妙道,"法趣"即"法味",借用佛家语,亦即造园之思理、妙理,"相生"者,言其层出迭见。山水之理与造园之理也相因相生,从本源上说,造园之理来自对自然山水的审美感悟,园林艺术产生于人对山水审美的需要,园林造景是对自然山水的创造性模仿和缩微。因此造园家多善山水画,必明山水画理,常观真山真水。钟惺所举山水景观中种种矛盾统一因素,例如横竖、平陂、向背、偃仰、迎送、揖避、升降、蔽亏、纡直、高深、吞吐、倚坠、断续、离合,等等,这些空间部署位置的自然法则、妙趣,与园理、画理、书道等艺术美学都是相通的,互相影响,互相借鉴。钟惺称述安庆浮渡山景观布置之胜:"大抵浮渡无岩不树,无径不竹,无石不苔,无涧不花。"②岩树、径竹、石苔、涧花,自然景物配置之妙,为园林构景提供了绝佳样本。

钟惺写了不少园林诗,而《隐秀轩集》仅收园林记一篇,即《梅花墅记》,却是一篇精心结撰之作,美学意蕴深长。以构园思理解构梅花墅,又通过对梅花墅的记述提点园林美学,洵为理、识、情、文俱到的园林记佳作。主人许自昌(1578—1623 年),字玄佑,长洲甫里(今苏州甪直)人。许氏为一方巨富,尝以赀授文华殿中书舍人,人称"许秘书"。其为人略见友人李流芳所记:"中书虽以赀为郎,雅非意所屑,独好奇文异书,手自雠较,悬自国门。暇则辟圃通池,树艺花竹,水廊山榭,窈窕幽靓,不减辋川、平泉。而又制为歌曲传奇,令小队习之,竹肉之音,时与山水映发。"③梅花墅位于甫里水网地带,丰富的水资源是其得天独厚的环境条件,许氏可以充分利用优越的水环境,做足水的大文章,但是弄得不好,也可能成为局限性,园内人造水景与园外天然水景一模一样,那么所构之园便不会给人带来异样的感觉,独特的审美享受。梅花墅的独特之处在于,虽以水取胜,而其景观与三吴地区常见水景有别,"玄佑之园皆水,人习于亭阁廊榭,忘其为水"。园中丰富的水体从何而来? 不是开凿明渠直接引流入园,而是通过涵洞导入。"墅外数武,反不见水,水反在户以内,盖别为暗窦,引水入园",园址附近不见水,水反在户内,引水之妙出人意外。由于水源丰富,可以源源不断流进,供营造水景之需。构园者偏不营构汪洋浩荡的大面积水景,此类水景在三吴地区、甫里左近有的是,而且此园广达百亩,完全可以造

① 《隐秀轩集》卷二〇《游武夷山记》。

② 同上。

③ 《檀园集》卷九《许母陆孺人行状》,景印文渊阁《四库全书》本。

一个人工大湖。他没有这样做。而是通过修廊、围墙对园区水体进行巧妙分隔，"廊周于水、墙周于廊"，其间建筑除亭、阁、廊、榭之外，又有堂、斋、石洞、门洞、桥梁、浅滩、假山等等，经营部署，"往复曲折"，"钩连映带"，"隐露断续"，皆妙合构园之道。亭阁远近，墙廊内外，竹树表里，所见迥异，景观丰富多彩，变幻莫测。墙外，"林木荇藻，竟川含绿，染人衣裾，如可承揽，然不可得即至也"；水外，"竹树表里之，流响交光，分风争日，往往可即，而仓卒莫定其处"；阁外，"林竹则烟霜助洁，花实则云霞乱彩，池沼则星月含情"。景景互借，物物相映，非深谙园理者莫能办。故钟惺认为此园可与吴地其他名园媲美：

> 予游三吴，无日不行园中，园中之园，未暇遍问也。于梁溪，则邹氏之惠山；于姑苏，则徐氏之拙政，范氏之天平，赵氏之寒山。所谓人各有其园者也，然不尽园于水，园于水而稍异于三吴之水者，则友人许玄佑之梅花墅也。

三吴之地水源丰饶，水景与人文景观交相映辉，是天造地设之特大园林，"其象大抵皆园也"，"无日不行园中"，指此。"园中之园"指在天然大园中另辟私家园林。吴地名园大都善用水源、善营水景，又非都以水景称胜。如无锡邹迪光惠山愚公谷，苏城拙政园（始造者王氏，后归徐氏），苏郊天平山范允临山庄，支硎山赵宦光寒山别业，这四座吴地名园或在城中，或在山麓，有水泉之胜，毕竟水源欠丰，"不尽园于水"。唯许氏梅花墅依水构园，又与园外大片水景"稍异"，这是它的独特审美个性，体现审美个性的园林才有存在传世的价值。此又取决主人心境之静，"静者能通妙理"，"高人有静机"[①]，"情事频生静者心"[②]。心之静乃能见物之理，凡百诸事，莫不皆然，不独造园也。

三、麻城刘侗：朴野具思致　闲静得妙理

刘侗（1593—1636 年），字同人，号格庵，湖北麻城人。崇祯初，捐资入太学，六年（1633 年）举顺天乡试，明年成进士，授吴县令，取道金陵，未及赴任，卒于维扬舟次。与竟陵派首领谭元春友善，在京师五年，与宛平人于奕正（1597—1636 年）游，合作编写《帝京景物略》，"奕正职搜讨，侗职櫽词"，刘侗同乡好友周损负责采集有关诗歌，"三人挥汗属草，研冰而成书"[③]，崇祯八年（1635 年）刊于金陵。《景物略》是一部关于明代北京的地理游记著作，内容丛杂，详于山水、园林、寺观、风俗，于史可资证验，于文可供欣赏，论竟陵派散文成就，刘侗不逊于钟惺、谭元春，三人并成鼎足。

明中后期北京私家园林繁盛，园主多为皇亲、贵戚、宦官、大臣，园址多分布在湖滨水边。例如城北之积水潭，又称海子、北湖，崇文门东城角之泡子河，右安门外一里之草桥，左安门外二里之韦庄，都是园林、寺庙密集的地带。邻近皇城南接西

---

① 《隐秀轩集》卷八《喜邹彦吉先生至白门》。
② 《隐秀轩集》卷一一《茅止生五龙潭新居》。
③ 《帝京景物略》刘侗序，北京古籍出版社，1982。

苑的北湖(什刹海)，水质清甘，飞鸟翔集，园亭相望：

> 沿水而刹者、墅者、亭者，因水也，水亦因之。梵各钟磬，亭墅各声歌，而致乃在遥见遥闻，隔水相赏。立净业寺门，目存水南；坐太师圃，晾马厂、镜园、莲花庵、刘茂才园，目存水北。东望之，方园也，宜夕；西望之，漫园、湜园、杨园、王园也，望西山，宜朝。[①]

每年秋天七月中元节之夜，水上有放河灯的民俗，还放烟火，"作凫雁龟鱼，水土激射"。冬季水面结冰，则有"冰床"、"溜冰"之戏[②]。刘侗曾乘醉试坐过冰床，还写了一首诗，附载《景物略·水关》后，题曰《醉后据冰床过后湖》："立春冰未觉，尚可数人航。固结深冬力，熹微寒日光。坐观思解泮，中渡且康庄。醉里知前岸，侎侎语复长。"他是一个有趣的文人，所以能捕捉到许许多多饶有生活情趣的人与事，并栩栩如生地形诸笔墨文字，而这些是道学先生不屑一顾的。良好的水环境是营构园林需要特别留意卜择者，水也给人们带来无穷的欢乐。北京西郊群峰耸翠，山泉涌流不歇，提供了丰富清洁的水源，水急而清的高梁河，从碎石细沙、绿藻翠荇间流过的玉泉，汇诸泉为巨浸的西湖，沼泽与水田相间的海淀，水体形态多样，都是卜居构园的胜地。

在京旅居游学五年期间，刘侗游过的园林(包括寺园)盖不下数十处。其中王公贵幸之家园林大都富丽豪华，步武皇家宫苑建筑式样，缺少山水田园风味，正如王世贞所批评，"有廊庙则无山林"。万历末年举人嘉兴沈德符幼随在京为官的祖与父，习闻前朝掌故，京师山川人物，时事风俗，他对北京贵戚家园亭也持批评态度，所见与王世贞相同，"大抵气象轩豁，廊庙多而山林少"[③]。与此有关的另一个缺点就是太重雕饰，太讲整齐对称，而乏天然之致，诚如袁宏道所讥评，如衙门前两行树木，"墓门华表"。这与晚明士流崇尚真朴自然的审美思潮格格不入，作为竟陵派重要成员的刘侗也深受浸染，但带有地志性质的《景物略》不能不记北京贵家园林，且其中也有不乏审美价值者。如位于北湖的定国公园：

> 环北湖之园，定园始，故朴莫先定园者，实则有思致文理者为之。土垣不垩，土池不甃，堂不阁不亭，树不花不实，不配不行，是亦文乎？
>
> 园在德胜桥右，入门，古屋三楹，榜曰"太师圃"。自三字外，额无扁，柱无联，壁无诗片。西转而北，垂杨高槐，树不数枚，以岁久繁柯，阴遂满院。藕花一塘，隔岸数石，乱而卧。土墙生苔，如山脚到涧边，不记在人家圃。野堂北，又一堂临湖，芦苇侵庭除，为之短墙以拒之。左右各一室，室各二楹，荒芜如山斋。西过一台，湖于

---

① 《帝京景物略》卷一《水关》。

② 《帝京岁时纪胜》："寒冬冰冻，以木作床，下镶钢条，一人在前引绳，可坐四五人，行冰如飞，名曰拖床。""冰上滑擦者，所着之履皆有铁齿，流行冰上，如星驰电掣，争先夺标取胜，名曰溜冰。"作者潘荣陛，清初人，北京古籍出版社，1981。

③ 《万历野获编》卷二四《畿辅》，中华书局，1959。

第七章　晚明园林审美之鼎盛（下）

177

前,不可以台也,老柳瞰湖而不让台,台遂不必尽望。盖他园,花树故故为容,亭台特特在湖者,不免佻达矣。

园左右多新亭馆,对湖乃寺。万历中,有筑于园侧者,掘得元寺额,曰"石湖寺"焉。①

明开国功臣徐达次子增寿死于"靖难之役",后追封武阳侯,复进封定国公,子孙袭爵,居北京。增寿五世孙徐光祚于嘉靖五年(1526年)加官太师,故其北湖别业榜曰"太师圃"。主人乃功勋世臣后裔,地位显赫,然其园毫不张扬,一扫富贵炫耀习气,唯存一"朴"而已,简朴,朴素,古朴,拙朴,"故朴莫先定园者",凸显了定园最显著的特色。土垣,土池;古屋三间,仅有题额"太师圃"三字,无扁,无联,无诗屏,不加任何装饰,不显富丽堂皇气象;临湖一堂,邻接芦苇,其室二楹,荒落如山斋。太简朴了!但朴非卑陋,非平庸,朴中含大雅,蕴大美。朴者,回归本真自然也。在皇城根下,在金碧辉煌的建筑群包围中,而在定园,却闻到了泥土芳香,为荒野留下了些许空间,让芦苇侵入庭阶,为老柳让路。数石令其散乱而卧,土墙令其生长青苔,"如山脚到涧边",小小布置亦有讲究。堂前左右不建阁与亭,植树不花不实,不配不行,不是特意追求美观,而令"花树故故为容",自自然然便是美。刘侗觑见定园背后有位高人妙手,由他设计、修治而成,"实则有思致文理者为之"。"思致文理",就是钟惺常说的"思理"、"妙理",就是美学法则、艺术思维、造园妙道。在京师贵家园林竞尚富丽轩豁气象,"廊庙多而山林少"氛围下,而定园能以朴名世,保留了一点山林野味、自然色调,难能可贵,亦见构园艺匠之良苦用心。

英国公新园也近北湖,靠银锭桥。清乾隆间浙江仁和人吴长元云:"银锭桥在北安门海子三座桥之北,城中水际看山第一绝胜处。"②主人为永乐间英国公张辅后裔。其赐第在东城,有宅园,宏丽繁富,俗称张园。吴长元载"园亭之在东城者,曰梁氏园,曰杨舍人泌园,曰张氏陆舟,曰恭顺侯吴国华为园,曰英国公张园。"又有成国公适景园,万驸马曲水园,冉驸马宜园。③刘侗详记其园。后来张氏又于银锭桥在什刹海之前海与后海交界处购得观音庵土地之半,构新园,故称"英国公新园"。此园规模狭小,至简,"一亭、一轩、一台耳",但其地适在观景"绝胜处"。其南,邻近西苑,"望云气五色长周护者",即太液池中万岁山;其东,是一片稻田,"春夏烟绿,秋冬云黄";其北,万家烟树,"烟缕上而白云横";其西,可远眺西山,"层层弯弯,晓青暮紫,近如可攀"④。此园二面环湖,湖滨古木古寺,人家园亭,若己所有,四周胜景,万千气象,尽收眼底。许多显贵斥重金营造宏丽的园林,"长廊曲池,假山复阁",构造齐全精美,但是巡游周遍,仍不得山水之趣,"杖履弥勤,眼界则小矣",反不如这

① 《帝京景物略》卷一《定园公园》。
② 《宸垣识略》卷八《内城四》,北京古籍出版社,1982。
③ 《宸垣识略》卷六《内城二》,北京古籍出版社,1982。
④ 《帝都景物略》卷一《英国公新园》,北京古籍出版社,1982。

一亭一轩一台小小园墅之可人意。此园于至简中而揽全胜,正合芥子纳须弥的园林审美理念,然而运用之妙存乎一心,亦见主人与匠师之文理思致。

位于东城的万驸马曲水园,主人万炜娶神宗同母妹瑞安公主,崇祯时官至太傅。此园以水竹胜,"燕不饶水与竹,而园饶之"。其水汲引于外河,因善于疏导调节,水质澄鲜,水流曲折而长,竹径随之。沿曲水构曲廊,构亭,构台,亭台之间,竖松化石,"肤而鳞,质而干,根拳曲而株婆娑,匪松实化之,不至此"①。园以曲水名,非虚,又得稀世奇石点缀,增胜不少。万驸马在西直门外白石桥北另辟墅园白石庄,因得西郊山水之助,疏旷清幽,别具远韵:

白石桥北,万驸马庄焉,曰白石庄。庄所取韵皆柳。柳色时变,闲者惊之;声亦时变也,静者省之。春,黄浅而芽,绿浅而眉,深而眼,春老,絮而白。夏,丝迢迢以风,阴隆隆以白。秋,叶黄而落,而坠条当当,而霜柯鸣于树。

柳溪之中,门临轩对。一松虬,一亭小,立柳中。亭后,台三累,竹一湾,曰爽阁,柳环之。台后,池而荷。桥,荷上之,亭,桥之西,柳又环之。一往竹篱内,堂三楹。松亦虬。海棠花时,朱丝亦竟丈。老槐虽孤,其齿尊,其势出林表。后堂北,老松五,其与槐引年。松后一往为土山,步芍药牡丹圃良久,南登郁冈亭,俯瞰月池,又柳也。②

白石庄亭台堂阁诸建筑分布稀疏,无华贵缛丽之气,简简单单,一点也不显山露水。假山以土堆成,不为怪石奇峰。为水有溪有池,溪畔植柳,池种荷花。园中植物,柳树之外则松与槐,皆入老年,令人尊仰。有竹一湾。花则芍药、牡丹、海棠,也是常见品种,唯海棠花朱丝长丈许,算是珍品了。此园最大特色是以柳为主题,以柳作为构园的基本要素,亭台楼阁、径桥溪池,皆以柳环之、缀之,全园呈现了一派柳色。柳是易生易长的寻常树种,以之作为构园的基本要素,成为园林的主色调,并产生审美奇效,且与北京郊野景色、自然环境非常协调。其时过白石桥的游客诗人或称"野人",远眺西山景色曰"野望",而把疏旷简淡柳色满园的白石庄叫做"野圃",这野圃竟成一座名园,而且拔乎同类,"名园迥不群"③。个中原因耐人寻味。柳所以能成名北方一座名园的主题,主色调,还因为它给人带来独特的美感。白石庄是一座柳园,荟萃了柳之美,而刘侗对此感悟尤其细致入妙。于柳之色之声之形之态,又柳之芽之絮之丝之叶之条之柯,观察描摹无微不至,如在目前,文字省俭活泼,诚获妙悟而具妙手。而能感悟、捕捉到柳之美者,不得不归之于"闲者"、"静者"。闲静是一种审美心态,是一种人生境界,是竟陵派首领钟惺和谭元春经常提及的审美范畴,也适用于观照园林。后继者刘侗心悦诚服地接受了。

白石庄西北,是一片广大的湿地,大湖小溪稻田沟塍,林木翳然,水草丰茂,俗

① 《帝都景物略》卷二《城东内外》。
② 《帝京景物略》卷五《西城外》。
③ 《帝京景物略》卷五《白石庄》附吴惟英诗。

称海淀，"水所聚曰淀"。北为北海淀，南为南海淀。遥见西山诸峰，碧树参差。"盖神皋之佳丽，郊居之选胜也。"①其名园巨墅有二：一为明神宗生母之父武清侯李伟之李皇亲园，在南淀；一为太仆少卿、书画名家米万钟之勺园，在北淀。李园乃贵戚别业，规模宏大，占地十里，建构奢丽，"每一石辄费数百缗购得之"②，而灵璧、太湖、锦川诸种奇石以百计，又"乔木千计，竹万计，花亿万计"③。在广阔的水面上，筑岛屿百座，乘舟皆可达。如此奢华，然布置精善得法，叠假山，"剑芒螺矗，巧诡于山"，"则又自然真山也"。飞桥之下，金鱼如"锦片片花影中，惊则火流，饵则霞起"。高楼之上，"平看香山，俯看玉泉，两高斯亲，岹若承睫"④。此戚畹巨园亦必有"思致文理者"为之。勺园主人米万钟(1570—1628 年)，字仲诏，号友石，北京人。万历二十三年(1595 年)进士，历江西按察使，至太仆少卿。善书画，与董其昌齐名，人称"南董北米"。性嗜奇石成癖，又好构园，有漫园在北湖，湛园近西长安门，以海淀勺园最为时人称道。此园体量巨大，广达百亩，弥望皆水，种白莲花。堂楼亭榭多临水而构，有径可达，无径以舟，无舟以渠，渠上架木为阁道，曲曲折折，水陆引导尤其别致。时人题诗云："堤绕青岚护，廊回碧水环。""家在濠中人在濮，舟藏壑里路藏河。""到门惟见水，入室尽疑舟。"⑤勺园与李皇亲园都是水景园，各具特色，勺园不如李园豪华富丽，亭榭楼台不密，松竹槐柳也很平常，而经营布置多有创意，其水上长廊阁道蜿蜒曲折最足称赏，也最得水之趣。刘侗引大学士叶向亭的评语来标示二园的特色："李园壮丽，米园曲折，米园不俗，李园不酸。"⑥"不俗"谓有创意而不落俗套，"不酸"谓宏丽中含精雅而去陈腐之气。俗与酸并为造园之病，不俗不酸，近雅，始得园林真趣。

《帝京景物略》叙事记物，态度客观持平，如实书写，但字里行间仍透露出作者的思想倾向、审美情趣，正如于奕正书前《略例》所说："比事属辞，不置一褒，不置一讥。习其读者，不必其知之，言外得之。"刘侗描述园林真切细微，尽量不作评论，而其园林审美态度、审美观念，细细寻绎，可从"言外得之"。其园林审美取向，尚简淡朴野，贵天然本真，也不摒弃宏丽、奇巧，重个性，能包容，关键在于要有文理思致，契合构园妙道。

①　《长安客话》卷四《郊坰杂记》，北京古籍出版社，1982。
②　同上。
③　《帝京景物略》卷五《海淀》。
④　同上。
⑤　《帝京景物略》卷五《海淀》附诸家诗。
⑥　《帝京景物略》卷五《海淀》。

第八章　园林美学之集大成

自明代洪武开国以降,直至嘉靖前期,关于记载或赏评园林的诗文多为单篇短章,虽似散珠碎玉,却不乏思想闪光点,而带理论色彩。嘉靖后期以迄明末,园记日繁,动辄数千言,咏园之作连篇累牍,或专述某个私家园林,或综述某一地区园墅,叙述吟咏中也含美学鉴赏品评。其间还出现了园林史和造园论专著,前者如王世贞《古今名园墅编》(已佚)、祁彪佳《越中园亭记》(先是万历间有余姚吕天成《越园纪略》),后者如文震亨《长物志》。造园界还出现了一个特殊群体——山师,他们出身能工巧匠,负责指挥施工,具有丰富的构园实践经验,也有一定文化素养,多通绘事,亟须理论指导,使技进于道。造园美学和造园实践的发展,呼唤理论与实践相结合,能吸收诸家成果又有自家创获的园林美学著作问世,这一文化担当历史地落在了既是文人又是山师,苏州吴江人计成肩上,他创构的《园冶》就是一部造园美学集大成之作。

第一节　山师:园林界特殊群体

一、上海张南阳

园林作为一种综合性艺术,其创构主体由深谙造园的主人和土木瓦石诸匠构成。山师则是众工之首,是工程的组织者、指挥者,他们出身于能工巧匠,技艺精湛、全面,通绘画,也能设计规划,具有统筹、实施全部或局部工程的能力。山师是职业园林工程师。私家园林主人多为文人士大夫,其构园往往寄托自己的人生态度、审美情趣,表现自我的个性才情,明代中后期文人尤其如此。凡有兴造,并不完全假手于人,一切交给园师去办,自己只要拿出一块地、大把银子就行了,而是力求参与设计规划、结构布局、景点营造,乃至细部装饰、器物陈设诸事宜,务期使匠师明白其意图而后实施之。陈所蕴在外为官留给张山人非常详细的构园规划簿册,祁彪佳营构寓山园事必亲躬、风雨寒暑无阻,都表明了这些文人的积极参与意识。"是惟主人胸有丘壑,则工丽可,简率亦可。否则强为造作,仅一委之工师、陶氏,水不得潆带之情,山不领回接之势,草与木不适掩映之容。所苦者,主人有丘壑矣,而意不能喻之工;工人能守,不能创,拘牵绳墨,以屈主人,不得不尽贬其丘壑以徇,岂不大可惜乎?"[1]主人与山师、文士与巧匠,必须心领神会,配合默契。

中国私家园林盖始于西汉,同时也有了以人工堆土积石的假山。明万历间福建名士谢肇淛云:

> 《西京杂记》载,茂陵富人袁广汉筑园四五里,"激流水注其内,构石为山,高十

---

① 郑元勋:《园冶题词》,载陈植《园冶注释》,中国建筑工业出版社,1988,第37页。

余丈"。此假山之始也。然石初不甚择,至宋宣和时,朱勔、童贯以花石娱人主意,如灵璧一石高至二十余丈,周围称是,千夫舁之不动;艮岳一石高四十余丈,封为盘固侯,石自此重矣。……自宣和作俑而后,人争效之。①

爱好奇石,以石妆点园林,以石堆叠假山,唐代已经盛行,李德裕和牛僧孺是水火不容的政敌,而于奇石则有同好。李德裕在洛阳城南三十里营构平泉庄,庄内聚集了从全国各地征得的奇石,如"日观、震泽、巫岭、罗浮、桂水、严湍、庐阜、漏泽"等。大诗人白居易也有石癖,尤爱太湖石。作《太湖石》诗,赞其"远望老嵯峨,近观怪嵌崟,才高八九尺,势若千万寻。"又作《太湖石记》,品第诸石,以太湖为甲。宋徽宗大兴"花石纲"之役,建艮岳,命朱勔总其事,"于太湖取石,高广数丈,载以大舟,挽以千夫,凿城断桥,毁堰折牐,数月乃至"②,海内骚动,苏、杭二州受害最深。皇家花石好尚虽然受到百姓的诅咒,但也传播到民间,扩大了叠石造园的影响,"人争效之",其遗风一直沿续到后世。正德、嘉靖间苏州名士黄省曾云:

> 至今吴中富豪,竞以湖石筑峙奇峰阴洞,至诸贵占据名岛以凿凿,而嵌空绝妙,珍花异木,错映阑圜。虽闾阎下户亦饰小小盆岛为玩,以此务为饕贪,积金以充众欲。而朱勔子孙居虎丘之麓,尚以种艺垒山为业,游于王侯之门,俗呼为"花园子"。③

正德前后,苏州地区富贵之家叠石造园者渐多,小户则喜玩盆景,适应这一需求,虎丘山下出现了以种植花木、堆叠假山为生的"专业户",俗称"花园子",大多姓朱,未必尽是朱勔的后代子孙。为了争取主雇,开拓市场,常入朱门官邸推销构园业务。在"花园子"中间,必有技艺精湛、多面,能够协调、指挥诸匠施工,被称为"山师"的人物。从木石泥瓦诸匠中分化出"花园子",再从"花园子"中分化出"山师",反映了造园艺术的发展,日益精进。

"山师"称谓见于王世贞《弇山园记》和陈所蕴《日涉园记》,用以专指造园专称工程师最为确切。又泛称"山人",容易与"隐士山人"之类混淆。或于姓氏后缀以"生"字,称某某生,又容易与"书生"、"后生"之类相混。"山师"是木石泥水诸匠中出类拔萃的人物,具有较高的综合技能和文化素养,作为造园界的一个特殊群体,盖形成于明代私家园林初盛期的嘉靖、隆庆之际。他们关系着工程的质量、园林的品位,受到造园之家的重视和礼遇。谢肇淛评述苏州山师艺匠叠山构园之妙:

> 吴中假山,土石毕具之外,倩一妙手作之,乃异筑之费,非千金不可,然在作者工拙何如。工者,事事有致。景不重叠,石不反背,疏密得宜,高下合作;人工之中,不失天然;偪侧之地,又含野意。勿琐碎而可厌,勿整齐而近俗,勿誇多斗丽,勿太

① 谢肇淛:《五杂组》卷三《地部一》,上海书店出版社,2001。
② 《宋史纪事本末》卷五〇《花石纲之役》。
③ 《吴风录》卷一〇,上海涵芬楼景印《百陵学山》本。

巧丧真，令人终岁游息而不厌，斯得之矣。①

山师水平有高低工拙之分，其高手妙手不易得，须以重金聘之。出自妙手之作，"事事有致"，契合造园思理，饶含审美情趣，"令人终岁游息而不厌"。所谓"疏密"、"高下"，工巧而合天然，地窄而含舒旷，造景而不重复，叠石而不逆势，等等，都体现出构园妙道，美学法则。高明的山师皆通乎画脉画理，深于造园妙艺，非仅以技能擅场。山师也是有艺术思想的，惟没有著述，其审美观念、意识都由文人转述或评议，又多为片断记载，却含真知灼见。

张南阳，始号小溪子，后更号卧石生，人称卧石山人，上海人。他是万历年间山师中第一位有姓有名有字（因传记中字迹残损而缺）有号有完整传记，"以累石为名高"的造园巨匠。传记作者为万历间沪上名宦、上海日涉园主人陈所蕴。据陈氏《张山人卧石传》记载，山人世代务农，父某善画，山人幼年一边随父学画，一边从塾师习诵《四书》之类。及长，"则以画家三昧法试叠石为山"，"而奇奇怪怪，变幻百出"，大获成功，名声鹊起，大江南北欲叠石造园者竞相礼聘，"竿牍造请无虚日"。其所构名园如太仓王世贞弇山园，上海潘允端豫园及陈所蕴日涉园，皆著称于世。张南阳构园，善于根据园址面积和地势地貌，建筑材料数量、特点，"视地之广袤与其所衰石多寡"，在综理各种客观条件，并参酌园主的意愿、要求的基础上，进行通盘构思经营，然后施工，"胸中业具有成山，乃始解衣盘薄，执铁如意指挥群工，群工辐辏，惟山人使"。张南阳尤擅叠造雄伟的大假山，若豫园大山高约四丈，用武康石堆成，登其巅视黄浦、吴淞两江皆在足下。弇山园分东弇、西弇、中弇三大景区，张南阳任中弇与西弇，另一位山师"吴生"任东弇，各极其巧，各擅胜场。南垣既擅大假山，也能以拳石制作小景，尝于日涉园中建一小阁曰"舴艋"，阁外有一小块空地，"山人复聚武康叠雪石成小景，嵌空玲珑，不减米家袖中物，因名'小有洞天'"②。能以狮子搏象之力高垒巍峨大山，也能以猫儿捕鼠之戏巧制玲珑盆石，非大匠莫办。陈氏日涉园"非一手一足之力"，"盖始事于张山人卧石，继以曹生谅，最后乃得顾生某"③。曹、顾二生，也是叠山高手，同为上海人。"于时张山人已物故，复有里人曹生谅者，其技俩直欲与山人抗衡"④。顾山师"故朱氏奴产子，幼从主人醒石山人垒诸名园"，后来其技超过师傅，"出蓝青蓝，信不诬也"⑤。陈所蕴在他的园记中，提到四位山师，即卧石生张南阳、醒石山人、曹谅、顾生。万历间，上海一地就出了四位造园名师，幸得陈所蕴记载，而未载者又不知凡几。又陈所蕴和王世贞不约而同地被冠以"山师"名称，这一特殊群体已确然登上了园林建筑业舞台，令人瞩目。

①　《五杂组》卷三《地部一》。
②　陈所蕴：《竹素堂全集》卷一七《啸台记》
③　陈所蕴：《竹素堂全集》卷一八《日涉园重建友石轩五老堂记》。
④　陈所蕴：《竹素堂全集》卷一八《日涉园记》。
⑤　陈所蕴：《竹素堂全集》卷一八《日涉园记》。

二、华亭张南垣

继张南阳之后,松江府又出了一位造园大匠——张南垣。名涟,南垣其字,华亭人,后徙秀州(浙江嘉兴),又为秀州人①。一说,张涟号南垣,秀水(即嘉兴)人,学画于云间(松江)②。明清之际大诗人吴伟业、大学者黄宗羲均为之作传。吴伟业当南垣晚年退居嘉兴南湖时,曾拜访过他,故知之甚详,黄传主要内容同吴传。据吴传记载,南垣以善造园游于江南诸郡五十余年,自华亭、秀州外,"于白门(南京)、于金沙(南通)、于海虞(常熟)、于娄东(太仓)、于鹿城(昆山),所过必数月,其所为园,则李工部之横云、虞观察之预园、王奉常之东郊、钱宗伯之拂水、吴吏部之竹亭为最著"。所举华亭李逢甲之横云山庄、太仓王时敏之乐郊园、常熟钱谦益之拂水山房等,皆明季名士之名园。张南垣构园秉持"因深就高、合自然、惜人力"的理念,"树取其不凋者,松杉桧栝,杂植成林,石取其易致,太湖、尧峰,随意布置,有林泉之美,无登顿之劳"。他对好事之家斥巨资,劳众力,从远方险地罗致奇石,构筑峻岭深洞,"崭岩嵌特",甚不以为然:

> 是岂知为山耶?今夫群峰造天,深岩蔽日,此夫造物神灵之所为,费非人力所得而致也。况其地辄跨数百里,而吾以盈丈之址,五尺之沟,尤而效之,何异市人搏土以欺儿童哉?惟夫平冈小坡,陵阜陂陁,版筑之功可计日以就。然后错之以石,棋置其间,缭以短垣,翳以密篠,若似乎奇峰绝嶂累累乎墙外,而人或见之也。③

南垣认为,自然山水体量巨大,形态千奇百怪,造园者不可能照搬照抄,"非人力所得而致也";再则,私家园林范围狭小,或五亩或十亩不等,虽大至百亩,也装不下自然界名山大川,如法效尤也办不到。那么,该如何堆叠园林假山呢?必须经过再创造,艺术性地再现自然,而不是简单模仿某山某壑,或不惜财力人力将自然界中诡怪巨石搬运矗立园中。构园者必须遵循求神似、重大势的美学原理,根据园内外地形地物进行总体规划设计,"规模大势",擘画山体走势,先以土石堆成大致轮廓、脉络,然后对局部山峦陂池进行整治修饰。如传中所述,"经营粉本,高下浓淡,早有成法。初立土山,树石未添,岩壑已具,随皴随改,烟云渲染,补入无痕,即一花一竹,疏密欹斜,妙得俯仰"。南垣所构园林得到华亭画派巨匠董其昌和陈继儒的赞赏:"此知夫画脉者也。"另一位华亭派名家莫是龙论山水画法:"山之轮廓先定,然后皴之,今人从碎处积为大山,此最是病。"④华亭画派又一名家赵左论山水画也重取势,"画大水大幅,务以得势为主",贵乎"取势布景","合而观之,若一气呵成,徐玩之,又神理凑合,乃为高手"。"至于野桥、村落、楼观、舟车、人物、屋宇,全在想其

---

① 吴伟业《吴梅村全集》卷五二《张南垣传》,上海古籍出版社,1990。
② 黄宗羲《黄宗羲全集》第十册《张南垣传》,浙江古籍出版社,1993。
③ 同上。
④ 莫是龙:《画说》,载俞剑华编著《中国古代画论类编》第四编《山水》,人民美术出版社,2005。

形势之可安顿处,可隐藏处,可点缀处,先以朽笔为之,复详玩似不可易者,然后落墨,方有意味"①。作画如构园,构园如作画,艺理相通。张南垣早年学画于华亭,后来以构园为业,遂以山水画意叠石,园林创作风格也类华亭山水画风,善作"平冈小坂","不事雕琢,雅合自然",似画中平远山水,柔淡潇疏,体现了"合自然、惜人力"的造园叠山原则。二张同为松江造园大匠,而其所长和美学风格有别。南阳擅堆大假山,层峦叠嶂,气象雄伟,近乎吴门画派;南垣善为平冈远水,意趣秀润潇洒,取乎华亭变法。双峰并峙,同为一代巨匠。

张南垣有四子,能传父业,仲子然,字陶庵,尤著名,清初曾至北京,参与修建西苑瀛台,玉泉、畅春诸园亦其所构。另一子轶凡亦造园高手,关于他的记载很少,惟祁彪佳日记载之甚详。崇祯十五年(1642年)十二月,祁彪佳曾奉诏入北京,明年南归,十月过嘉兴,"以小舟走西马桥,乃得张南垣寓,晤其令郎张轶凡"②。时祁氏寓山园工程已基本结束,还有一些项目需要修改、增建,主人很想请名家来园检视、扫尾,遂邀轶凡至寓山,其父以年老不能往。是月,主人至寓山,"见张轶凡垒石梅坡,大得画家笔意,携小酌于溪山草阁"③。不久,轶凡回嘉兴,十七年复至寓山,"垒石于归云寄","删石于友石树,傍垒高峰始竣"④。翌年,明亡,轶凡仍留在寓园操持改旱桥、移长廊诸事,迨至彪佳沉池殉节前夕,他才离开寓园回到嘉兴。贤主人与大匠后人惺惺相惜,愉快合作,谱写了造园史的一段佳话。

三、嘉定夏华甫

夏华甫名斗,华甫其字,苏州嘉定(今上海市嘉定区)人。历万历、天启、崇祯三朝,与张南垣同时。他是一位家境贫寒的士人,栖隐嘉定南郊。性豪迈,好客,有侠士之风,与嘉邑唐时升、李流芳、程嘉燧诸名士友善,过从甚密。唐时升诗云:"侠客中宵豪饮,高人暇日晤言。竹留前度题字,苔有旧游履痕。"又云:"竹荫巧藏三伏,茶香分入四邻。波间先辨来客,石畔长眠醉人。"⑤"竹荫"、"波间"云云,写的是华甫所构小园水亭。纵观唐、李、程诸先生诗,知此园在嘉定南郊,临水,主人引流入池,池中构茅亭,池水清澈,风动波起,星光月影,如梦如幻。园中小山奇石,疏密掩映,饶有画致。房前屋后,杂植青松翠竹,古梅寿藤,池有莲藕,圃种瓜菜。小园一池一石,一草一木,一亭一室,皆匠意为之,简朴疏淡,含天然朴野之趣。园林行家李流芳咏叹其园,"无多成水石,随意得房栊。雨气先梅到,风光隔竹通。"⑥又称赞主人贫而好客,真挚待友,对自己的造园技艺甚为得意:"贫向交游诗好事,巧于林壑见

---

① 赵左:《文度论画》,载俞剑华编著《中国古代画论类编》第四编《山水》,人民美术出版社,2005。
② 《祁忠敏公日记·癸未日历》,载《祁彪佳文稿》,第1353页。
③ 《祁忠敏公日记·癸未日历》,载《祁彪佳文稿》,第1354页。
④ 《祁忠敏公日记·甲申日历》,载《祁彪佳文稿》,第1370页。
⑤ 唐时升:《三易集》卷六《夏氏园池》,《四库禁毁书丛刊》本,北京出版社1997年版。
⑥ 李流芳:《檀园集》卷三《夏华甫水亭邂逅甬东朱汉生》,景印文渊阁《四库全书》本。

天真。看君杯酒飞扬意,结客场中少此人。"①"好事"、"天真",指华甫善构园亭,又能巧制盆景,"疏密掩映,颇有画意"。夏华甫与画坛名家李流芳交谊甚厚。天启间,华甫几次持册乞画,流芳皆慨然允之。有题跋云:"四年前,夏华甫持此册乞画,苦其太多,置笥中,经岁始得卒业。"②又一则记二人同往苏州访友,时"秋热甚酷","舟还至鹿城(昆山),稍有凉意。同舟夏华甫携得宋笺册子,爱其光润宜墨,辄作小景,两日间遂尽此册,自谓稍存笔墨之性,不复寄人篱壁。"③华甫爱画,通画,或也能作画,故其所构园亭及盆景"颇有画意"。

盖在崇祯三年(1630年),夏华甫随程嘉遂至常熟拜访钱谦益,并由程推荐为钱氏拂水山庄构筑高台。山庄在常熟虞山拂水岩下,有耦耕堂、朝阳榭、秋水阁、明发堂诸胜,但诸建筑所处位置地势低下,视线被丛林茂树遮挡,不见周围奇峰绝壁自然景观。钱氏拟筑一高台以收庄外奇观,适松圆老人程嘉燧偕夏华甫至山庄,遂承接其事。及拂水台完工,景观顿改:"耦耕堂东南之茀地,瓦砾丛积,登之有异焉。因而为台,状如敦丘,起屋半间,以障风雨。于是厓之为拂水,石之为三沓,峰之为石门、石城,合沓攒簇于寻丈之内。"④主人喜出望外,作七言长歌一首以赠华甫:

拂水山高屋庳下,况复蒙茸隔林莽。墙外青山自矗立,招邀未肯入庭户。徒倚观山意未惬,何縣收揽得十五。今年叠石为此台,面势轩敞恣所取。向背数步藏曲折,位置群山就仰俯。剑门阖扇手可排,石城雉堞指能数。此山与我非生客,欣然故人觑眉宇。蜿蜒似可下枕席,傲兀颇欲分笑语。登台四顾咸叹息,问谁筑者夏华甫。夏生豁达侠者流,酒后槎牙出肺腑。为山一篑虽细事,如登将台握齐斧。山氓蚩蚩囿丁笨,转圆斗笋类摶土。刻漏立表各命工,能驱市人束部伍。與谲声阗畚筑罢,独提巨石手撑拄。不烦执梜争用命,日昃奋迅逾亭午。又如大将督战阵,身先士卒共甘苦。人言夏生筑台好,生也俯躬但伛偻。指挥幸有松圆老,敢贪天功僭旗鼓。此意迢巡人岂知,说《礼》惇《诗》闻自古。君不见东方羯奴蹹畿辅,去年血溅芦沟桥,今年尘暗平、滦土。朝廷将吏尽贾竖,天子拊髀思文武。夏生夏生吾惜汝,投石驭众气如虎。何不置之遵、永间,付以长绳缚骄虏。⑤

这首七言长歌生动地描绘了夏华甫指挥众工筑台的施工场面,表现了他作为一个高明建筑师的品质和才干。他精通土木建筑技术,对施工高标准严要求,从勘测日影,确定高台方向位置,到垒土砌石,"转圆斗笋",每个环节都严格把关,决不含糊马虎。尤其难得的是,他还带头苦干,"独提巨石","身先士卒",作出表率,使出身"山氓"、"市人"的工匠们非常感动,竞相"用命",按照规程施工。他性格豁达豪

① 李流芳:《檀园集》卷四《赠城南夏君》,景印文渊阁《四库全书》本。
② 李流芳:《檀园集》卷一二《题画册》,景印文渊阁《四库全书》本。
③ 同上。
④ 《牧斋初学集》卷四五《朝阳榭记》,上海古籍出版社,1985。
⑤ 《牧斋初学集》卷九《戏为拂水台歌赠嘉定夏生华甫》,上海古籍出版社,1985。

爽,属侠者之流,又好饮,酒兴发则匠心涌出,"夏生豁达侠者流,酒后槎牙出肺腑",此与唐时升"侠客中宵豪饮"诗句正相印合。他还是谦谦君子,知书达礼,"人言夏生筑台好",却无矜诿之色,而将筑台成绩归功于松圆老人程嘉燧。能指挥来自山乡市井的民工齐心协力为筑台工程苦干,是其智;"说《礼》惇《诗》",谦躬能让,是其仁;"独提巨石手撑拄","投石叠众气如虎",是其勇。园师艺匠而具此三德,难能可贵。故在钱谦益看来,夏华甫堪当大用,可任将领立功疆场,惜乎埋没木石草莱之间,此钱氏有鉴于朝廷文臣武将庸碌无能如"贾竖"而发。明季藏书家、戏曲家、园林家、寓园主人祁彪佳认为,造园者不论是园主,抑或匠师,必须具备两种品格,一是"勇猛心"①,二是"定慧力"②,否则难成,成也不佳。夏华甫都具备了,所以他成功了,他自家的园池和钱氏拂水台都是骄人的实绩。

夏华甫或在崇祯三、四年从常熟回到嘉定,数年后,即逢五十岁生辰,程嘉燧作七律一首祝贺:

> 种松编竹引柴荆,凿涧通篱放沼平。野鹤来时同饮啄,檐蜂分后少经营。吾庐总破欢颜足,何肉都忘嗜味轻。渐老并抛渔佃业,香炉瓦钵究无生。③

夏氏园池未改昔日朴野的风貌,但冷清了许多,而且室庐亭舍也已破旧。五十岁的主人渐露衰老,既无力或无心料理渔佃治生之业,生计陷于窘困,不见了往昔那个逸兴遄飞、豪情满怀的华甫。然而不改贫而能乐的习性,心境也日趋淡泊,于世味嗜欲都忘,以至勘破生死,参究佛家无生无死的境界。他大概卒于明清之际那沧海横流、风雨如磐的年代,贫病死耶? 忧愤死耶? 俱不得而知。

四、吴江计成

计成(1582—?),字无否,号否道人,吴江同里人。少时习画,喜模五代名家关仝、荆浩笔意,小有名气。自云:"少以绘名,性好搜奇,最喜关仝、荆浩笔意,每宗之。"④阮大铖称其人"最质直,臆绝灵奇,侬气客习,对之而尽,所为诗画,其如其人。"⑤又赏其诗:"有时理清韵,秋兰吐芳泽。静意莹心神,逸响越畴昔。"⑥人品高尚,质朴脱俗,而胸臆"灵奇",诗格清逸,越度前人。"静意"是心境,亦画境,殊不易到,而大铖后来一败涂地,原其心迹正在躁竞不静。计成和许多晚明文人一样,也好游历,"游燕及楚,中岁归吴,择居润州"⑦。足涉南北山川,中年移居镇江(润州),

---

① 《远山堂诗集·舟中咏怀小引》,载《祁彪佳文稿》,文献书目出版社,1991,第1563页。
② 《远山堂诗集·予初开寓山便闻横山草堂之胜神往久之》,载《祁彪佳文稿》,文献书目出版社,1991,第1525页。
③ 《耦耕堂诗集》卷上《赠夏华甫五十》,《续修四库全书》本,上海古籍出版社,1996—2002年版。
④ 《自序》,见《园冶注释》第42页。
⑤ 《冶序》,见《园冶注释》第32页。
⑥ 阮大铖:《咏怀堂诗外集》乙部《计无否理石兼阅其诗》,《续修四库全书》本。
⑦ 《自序》,见《园冶注释》第42页。

大江、三山雄秀奇丽。人品、学问、诗文、绘画、游历,有了各方面的储备,乃能成就计成这位大造园家。正是镇江雄秀的山水触发了他造园的冲动,开启了他造园的生涯。"环润皆佳山水,润之好事者,取石巧者置竹木间为假山,予偶观之,为发一笑。"他不满意俗工所为,于是自己动手,做成一壁山,"俨然佳山也,遂播闻于远近"①。他还有一个宏大的心愿:

> 常以剩水残山不足穷其底蕴,妄欲罗十岳为一区,驱五丁为众役,悉致琪华瑶草古木仙禽,供其点缀,使大地焕然改观,是亦快事,恨无此大主人耳!②

计成具大气魄、大智慧、大手笔,欲构特大园林,将天下名山胜水包罗其中,又以古树琪花珍禽奇兽点缀其间,此只有帝王公侯巨富能办到,时值天下倾危之际,哪里去找这样的"大主人"?更何况自己一介布衣隐于土石之匠呢?但其构想给人以深思。

计成承建的第一项大工程,是为常州武进人吴玄构东第园。吴玄,字又于,万历二十六年(1598年)进士,曾任江西参政。得城东地十五亩,欲以十亩为宅,五亩为园。计成观其地基高,水源长,又乔木参天,提出设计方案:"此制不第掇石而高,且宜搜土而下,令乔木参差山腰,蟠根嵌石,宛若画意;依水而上,构亭台,错落池面,篆壑飞廊,想出意外"。园成,大获主人赞赏:"谓江南之胜,惟吾独收矣。"③显示了计成善于利用地形地物,因高就深,巧构山水花木亭台飞廊景观的高超艺术。接着又为扬州仪征汪机构寤园。汪机字士衡,崇祯十二年(1639年)奉例助饷,授文华殿中书。此园有湛阁、灵岩、荆山亭、篆云廊、扈冶堂诸景。阮大铖游寤园作《宴汪中翰士衡园亭》四首,其三云:"神工开绝岛,哲匠理清音。"④"神工"、"哲匠"云云,就是对计成的赞美。计成对自己的创作也颇得意,尤赏"篆云廊":"今予所构曲廊,之字曲者,随形而弯,依势而曲。或盘山腰,或穷水际,通花渡壑,蜿蜒无尽,斯寤园之'篆云'也。"⑤东第园与寤园两座园林杰作的竣工,使计成名声大噪,二园也成为当地名胜。寤园一名荣园,康熙《仪真县志·园林》:"构置天然,为江北绝胜,往来巨公大僚,多讌会于此。"崇祯年间,阮大铖也曾到此一游,"偶问一艇于寤园柳淀间,寓信宿,夷然乐之"⑥,且与计成相识于园中。

崇祯七年(1634年),计成应郑元勋聘请至扬州构影园。郑元勋(1598—1644年),字超宗,号惠东,安徽歙县人,占籍扬州仪征,家江都。天启四年(1624年)领应天乡试第六名,崇祯十六年(1643年),中会试第三名。性孝友,博学能文,善书画,

① 《自序》,见《园冶注释》第42页。
② 郑元勋《园冶题词》,见《园冶注释》第37页。
③ 《自序》,见《园冶注释》第42页。
④ 《咏怀堂诗外集》乙部《宴汪中翰士衡园亭》。
⑤ 《园冶》卷一《屋宇·廊》,陈植《园冶注释》,第91页。
⑥ 《冶序》,见《园冶注释》,第32页。

倜傥抱大略,名重海内,甲申国变,破家资守扬州,竟为乱兵所害,年仅四十二,时人惜之。辑《影园瑶华集》《媚幽阁文娱》。崇祯五年(1632年),元勋得城南废圃,拟构新园,董其昌过之,以地在柳影、水影、山影之间,因书"影园"二字相赠。主人做了初步规划,"胸有成竹",又备足材料,待计成来扬,乃全面开工,崇祯八年竣事。主人对工程非常满意,作《影园自记》曰:"大抵地方不过数亩,而无易尽之患。山径不上下穿,而可坦步,然皆自然幽折,不见人工。一花、一竹、一石,皆适其宜;审度再三,不宜,虽美必弃。""是役八月粗具,经年而竣,庶几有朴野之致。"此园规模小而多幽折,合自然,存朴野,而不见人工做作痕迹,又花木竹石、楼堂亭阁皆得体合宜,体现了大匠的巧构妙思。主人也把影园创构艺术归美于计成:"又以吴友计无否善解人意,意之所向,指挥匠石,百不一失,故无毁画之恨。"[1]又谓:"即予卜筑城南,芦汀柳岸之间,仅广十笏,经无否略为区画,别现灵幽。予自负少解结构,质之无否,愧如拙鸠。"[2]这位通晓诗文、绘画、构园的名士对计成非常佩服。

计成既于天启间为常州吴玄建成东第园,复于崇祯四年(1631年)为仪征汪机构建寤园,至此已经积累了十余年造园特别是为缙绅之家营构大型园林的经验,自己的名气也与日俱增,经常有人包括海内名流向他请教造园的门道、法式,因而有了著书立说的想法,以应造园界的需要。"宇内不少名流韵士,小筑卧游,何可不问途无否? 但恐未能分身四应,庶几以《园冶》一编代之。"[3]他利用工程余暇,草构文稿,成于崇祯四年,书名《园牧》。"牧"者,法度也,法则也,法式也,范式也。作者构园甚重范式,《园冶自序》云,"草式所制","遂出其式","牧"之意又可与建筑经典著述《营造法式》接近,而文字不同。一说,"牧"字本意有划田界之意(《周礼》),与"园"字连用,可当园林规划解[4]。意亦通。是年在寤园,作者向曹元甫先生出示书稿,元甫读后,给予高度评价,并建议改《园牧》为《园冶》:"斯千古未闻见者,何以云'牧'? 斯乃君之开辟,改之曰'冶'可矣。"[5]一字之易,凸显了此书的开创性、首创性,如大匠熔炼百金而铸成重器。曹先生慧眼识大匠,大力荐奇书,当亦高士。曹元甫,名履吉,字元甫,号根遂,当涂(今属安徽)人。受知于县令王思任,曰:"东南之帜在子矣。"万历四十四年(1616年)进士,著有《博望山人稿》《辰文阁》《青在堂》《携谢阁》诸集,见康熙《当涂县志》[6]。《园冶》梓行于崇祯七年,作者时年五十三岁。自叹"时事纷纷",优处草野,生不逢时,"涉身丘壑,眼著斯《冶》,欲示二儿长生、长吉"[7]。他虽栖身山师诸匠间,以构园为业,但终究是个才智俊秀的失志文士,并不满足于

① 《影园自记》,见陈植、张公驰《中国历代名园记选注》。
② 《园冶题词》,见陈植《园冶注释》,第37～38页。
③ 同上。
④ 张薇《〈园冶〉文化论》,人民出版社,2006,第38～39页。
⑤ 《园冶自序》,见陈植《园冶注释》第43页。
⑥ 转引自陈植《园冶注释》第35页。
⑦ 《园冶自识》,见《园冶注释》第248页。

扬名林园,欲藉著述以寄志传世,这也是计成不全同于其他山师的地方。

第二节 《园冶》:园林美学之伟构

一、志尚论:企慕鲁班

明代园林理论、美学思想经过明初以迄嘉、隆之际二百年演进,不断向纵深发展,成果累积越来越繁富、丰厚。一方面,大量单篇著述涉及园论的诸多方面,为明代以前未曾触及,且有一定理论深度;另一方面出现了带有园林专书性质的著作。这种发展态势在万历以迄崇祯的晚明时代尤其明显。纷繁零碎的园论琐见片言需要综理整合,使之系统化;与园林相关的著作如《遵生八笺》、《长物志》等,可称体大篇宏,但内容较庞杂,与造园不尽吻合,需要汰繁摄要,突出园林本体,强化造园艺术的专门性。计成汲取历代主要是明代中后期的园林思想,总结江南地区丰富的造园实践经验,创造性地结撰了《园冶》这部园林美学集大成著作。

《园冶》较之《长物志》诸书,内容集中,篇幅缩小,删除"花木"、"蔬果"、"禽鱼"、"书画"、"几榻"、"器具"、"衣饰"、"舟车"、"香茗"诸部细琐条目,直探园林本质、本体,造景构境艺术核心、重点,而营造景境首要在"体宜因借"。故卷一第一篇《兴造论》开宗明义即论说此理,第二篇讲述造景的种种艺术效果,美景纷披,画境迭出,引人入胜,揭示"虽由人作,宛自天开"乃是景境营构的美学极致。此二篇为全书总论,作者三致意焉。"因借"须依地形、地貌、地势、地物,地有高低、方圆种种形态和山林、城市诸般地区差别,于是有《相地》。地形、地势及位置既明,然后才能确定各类建筑的类型、式样以及细部装饰等,于是有《立基》、《屋宇》、《装折》、《栏杆》、《门窗》、《墙垣》、《铺地》等。最后讲构园造景的另一重点,即堆叠假山的艺术,兼谈凿池理水,于是有《掇山》、《选石》二篇。末了以《借景》煞尾,情思殷殷,余意未了,仍落在借景构境中心上,再次描绘园林绚丽多姿、荣发日新的景色,"花殊不谢,景摘偏新",令人神往。综观《园冶》一书,其理论构架共分三大块:一、造景构境原理;二、建筑营构法式;三、叠山理水技艺。三者互相沟通、渗透,其一是理论基础,二、三是具体运用,而一切皆交结于景境这一重心、本体。花木也是造景必具要素,须与山水泉石、屋宇建筑相互配置,篇中论述花木处甚多,只是没有单独立目,更没有分门别类一一介绍杂木繁花,也没有专项谈论书画、器具、禽鱼、香茗等。这就凸现了园林艺术的本质和重点,又补充了与此密切相关而他人语焉不详的内容,如《相地》中细分"山林地"、"城市地"、"村庄地"、"郊野地"、"傍宅地"、"江湖地",远比其他著述精详。又如附属建筑及装缀部分,所述"栏杆"、"门窗"、"墙垣"、"铺地"内容,精细适用,亦他人鲜及,或虽及而简略,更不成系列。《掇山》、《选石》两篇专讲叠山之法,是与屋宇建购并重的部分,探究"堆土之奥妙","理石之精微",发前人时辈所未发,分别论"园山"、"厅山"、"楼山"、"阁山"等假山特点和制作要领,擘肌析理,自成一小系统。计成造园推崇"制式新番,裁除旧套"①,"探奇合志,常套俱裁"②。他创构园论著作,也重视创新,书中创见迭出,脱尽明季剿袭习气,人之未言者我独言之,人之已言且成泛论者我不言之;人之详言者我简言之,人之简言者我详言之。对于自己不知或未见未用过的东西,尽量不谈不录。自唐宋以来,关于奇石的著述屡见不鲜,专著如宋人杜绾之《云林石谱》,明万历间林有麟之《素园石谱》。《园冶·选石》篇列举名石仅十余种,与叠山构园有关,又皆过手试用者,未见未用者一概不录。他很少引经据典,旁征博引,而是会合融裁诸说,根据造园实践和自己心得,发诸篇章。他尊重科学,强调叠山"须知平衡法"③,"须知等分平衡法"④,指出造园建宅不可听信风水迷信之说,"选向非拘宅相"⑤,是说构筑屋宇,选择方向,不可迷信风水先生的胡说,而要根据总体布局、景观设置、宜居适体的需要,确定朝向、体式。理论的精深切实,体系的完整严谨,将《园冶》推到了园论著述的时代顶端。

计成著书立说,志存高远。他目击当时造园界平庸粗劣的制作和低俗陈旧的格套流行,批评有些假山制作丑陋,不堪入目,毫无美感可言:"排如炉烛花瓶,列似刀山剑树;峰虚五老,池凿四方;下洞上台,东亭西榭;罅堪窥管中之豹,路类张孩戏之猫;小藉金鱼之缸,大若酆都之境。"⑥又批评以鹅卵石铺地,嵌成"鹤、鹿、狮球,犹类狗者可笑"⑦。他感叹造园正道、雅式渐渐失传,造园人才特别是精通构园妙道又善临场指挥施工的建筑师难觅,再三呼吁"须求得人"⑧,"妙在得乎一人"⑨。因此,他有志于创构一部园林专著,揭示造园艺术的妙道奥理,指示造园营造法式,公之于同行、同业、同志、同道,使造园者有理论可据,有规矩可依,有式样可仿,避免误入歧途。为了便于工匠们使用,还把不少园林建筑构件绘制成图样,如屋宇、栏杆、门窗、铺地等图式。其著述根本目的在于,继承自鲁班以来中华优秀建筑文化不致失传,并发扬光大之,"予亦恐浸失其源,聊绘式于后,为好事者公焉"⑩。

园林是立体的图画,凝固的音乐,要求处处景致悦目,时时景色宜人,大观小致,无不妍媚,所谓"片山多致,寸石生情"⑪,"两三间曲尽春藏,一二处堪为暑避"⑫,

① 《园冶·立基》。载陈植《园冶注释》,中国建筑工业出版社,1988。
② 《园冶·屋宇》。载陈植《园冶注释》,中国建筑工业出版社,1988。
③ 《园冶·掇山·峰》。载陈植《园冶注释》,中国建筑工业出版社,1988。
④ 《园冶·掇山·山石池》。载陈植《园冶注释》,中国建筑工业出版社,1988。
⑤ 《园冶·立基》。载陈植《园冶注释》,中国建筑工业出版社,1988。
⑥ 《园冶·掇山》。载陈植《园冶注释》,中国建筑工业出版社,1988。
⑦ 《园冶·铺地·鹅子地》。载陈植《园冶注释》,中国建筑工业出版社,1988。
⑧ 《园冶·兴造论》。载陈植《园冶注释》,中国建筑工业出版社,1988。
⑨ 《园冶·掇山》。载陈植《园冶注释》,中国建筑工业出版社,1988。
⑩ 《园冶·兴造论》。载陈植《园冶注释》,中国建筑工业出版社,1988。
⑪ 《园冶·相地·城市地》。载陈植《园冶注释》,中国建筑工业出版社,1988。
⑫ 《园冶·相地·郊野地》。载陈植《园冶注释》,中国建筑工业出版社,1988。

"动'江流天地外'之情,合'山色有无中'之句"①。记叙、题咏、评赏、议论园林也须诉诸美文,书写方式应与对象相匹配,这是中国园林的一个传统,明代中后期尤其特出,妙文妙诗层出迭见。单篇园记如文征明《拙政园记》、《玉女潭记》,钟惺《梅花墅记》,李日华《横山草堂记》,施绍莘《西佘山居记》等,不胜枚举。组合园记如王世贞《寓山园记》,祁承业《密园前记》,邹迪光《愚公谷乘》等,美不胜收。园林专著如高濂《遵生八笺》,其中不乏抒情写景的美文,而文震亨《长物志》文字简练典雅,又有情趣,可欣赏取法。与计成同时代的刘侗、张岱、祁彪佳、王思任、徐霞客等人也都深谙园林,并为记园高手、小品文绝妙写家。计成受园林建筑文化传统影响和晚明文坛风气熏陶,述作《园冶》,甚重文采,摛藻铺词,每取骈俪,总论提要性质的篇章如《兴造论》、《园说》、《相地》、《立基》、《屋宇》、《装折》、《掇山》、《选石》《借景》诸篇,皆以骈文,一则以明典重,一则以显才情。园论中之有《园冶》,犹文论中之有《文心》。本书旨在阐述园理,说明法式,而清词丽句,如诗如画,又画中有人,画中含情。随摘数句,以见一般,如云:"紫气清夏,鹤声送来枕上;白萍红蓼,鸥盟同结矶边。""凉亭浮白,冰调竹树风生;暖阁偎红,雪煮炉铛涛沸。"②"红衣新浴,碧玉轻敲,看竹溪湾,观鱼濠上。""但觉篱残菊晚,应探岭暖梅先。""高远极望,遥岫环屏;堂开淑气侵人,门引春流到泽。"③"曲曲一湾柳月,濯魄清波;遥遥十里荷风,递香幽室。"④此类佳句,俯拾即是,构图妍鲜,玩味不尽。篇间散体小文,寥寥数十字,也含佳致清韵。就辞章而言,《园冶》也斐然可观,未必逊色当时小品名家之作。作者好友影园主人郑元勋就是一位小品文作手。小品巨擘陈继儒称其"磊落侠丈夫,文章高迈,名流见之辟易",又赏其所选《文娱》具"精鉴",如"吴道子东都之画壁","文选之壮观"。⑤《文娱》刊行于崇祯三年(1630年),而《园冶》镌于七年,至八年五月,元勋始见其书并为之序。倘于此时选编《文娱》,计成或将列名袁中道、钟惺、陈继儒、王思任、虞淳熙、陈仁锡、朱国桢、张明弼、姚希孟诸名家之中了。但还是以卓著的造园成就和精美的著作表现了自身的独创精神和茂美才情。

计成在《园冶》中再三标举古代名工艺匠的代表人物,上古之鲁班,中古之陆云。他们所以为后世崇奉,不仅身怀绝技,非止于"雕镂是巧,排架是精"⑥,更在心知其中奥理妙道,技进于道。他隐然有志于此,欲为造园领域之"般、云",却不对外

---

① 《园冶·立基》。载陈植《园冶注释》,中国建筑工业出版社,1988。

② 《园冶·园说》。载陈植《园冶注释》,中国建筑工业出版社,1988。

③ 《园冶·借景》。载陈植《园冶注释》,中国建筑工业出版社,1988。

④ 《园冶·立基》。载陈植《园冶注释》,中国建筑工业出版社,1988。

⑤ 《文娱序》,载《媚幽阁文娱》,《中国文学珍本丛书》本,民国二十五年版,又见《白石樵真稿》卷一《文娱序》。

⑥ 《园冶·兴造论》。载陈植《园冶注释》,中国建筑工业出版社,1988。

张扬,谦虚地表示:"非及云艺之台楼,且操般门之斤斧。"①其实他已实现了自己的追求和理想,其所创园林实绩和理论建树在园林界广为传扬。其所构常州吴氏东第园、仪征汪氏寤园、江都郑氏影园,是苏州园林的代表作,并将它推广到长江以北,驰名大江南北,被诗人曲家阮大铖奉为"神工"、"哲匠"。其所著《园冶》揭示的妙理和法式,被名士郑元勋尊为造园家必须遵循的"规矩",将与百工经典《考工记》流传人世,"并为脍炙"②。

二、园地论:因借体宜

园以地为基,园与地密不可分。构园必先相地,根据地形、地貌、地势、地物、面积确定建筑的位置、方向、式样、布局、景观设计,故《园冶》开篇《兴造论》即论相地立基:"故凡造作,必先相地立基,然后定其间进,量其广狭,随曲合方。"具体做法须要遵循四字诀:因、借、体、宜。

> 因者,随基势之高下,体形之端正;碍木删桠,泉流石注,互相借资;宜亭斯亭,宜榭斯榭,不妨偏径,顿置婉转。斯为精而合宜者也。借者,园虽别内外,得景则无拘远近,晴岚耸秀,绀宇凌空,极目所至,俗则屏之,嘉则收之,不分町疃,尽为烟景。斯所谓巧而得体也。

"因"主要讲因地制宜,依据地形地势对地基进行改造,存其佳者,如流泉注石(注,聚积也),剪其芜者,如杂木乱枝,然后选择合适的地点构建合适的建筑类型、样式,布置要参差变化,曲折宛转,不可整齐划一,直来直去。这就叫做"精而合宜";宜者,恰到好处。"借"主要讲景物利用,不拘内外远近,以巧妙设计,收其嘉者,屏其俗者。这就叫做"巧而得体"。因地要恰到好处,借景要形成佳境,"合宜得体"是因借的基本要求、审美标准。《相地》篇再次点出这一构园要则:"相地合宜,构园得体。"

地形方圆阔狭复杂多样,地势高低起伏变化不同,都须仔细辨别,地貌如河流山丘,地物如草木土石,也须识其性状,然后采取适当处理,方能用之得宜。《相地》云:"如方如圆,似偏似曲,如长弯而环璧,似偏阔以铺云。高方欲就亭台,低凹可开池沼。"略举地形方圆差别,地势高低利用。又云:"卜筑贵从水面,立基先究源头;疏源之去由,察水之来历。"临水构建屋宇固佳,更须探究水流的源头和脉络,再进行疏导,非细勘精察不可。地物中碍木植被尤其宝贵,应尽量保护,如影响建筑发生争让的矛盾,亭阁之类应"让一步":"多年树木,碍筑檐垣,让一步可以立根,斫数桠不妨封顶。斯谓雕栋飞檐构易,荫槐挺玉成难。"保护古树名木,必须腾出地盘,使其根安妥、生舒,护树先护根。若枝叶有碍檐垣,需要删剪,也只能除其枝桠,万

---

① 《园冶·屋宇》。载陈植《园冶注释》,中国建筑工业出版社,1988。
② 《园冶·题词》。载陈植《园冶注释》,中国建筑工业出版社,1988。

万不可胡乱砍斫,抑制其生长发育,树冠是不可人为"封顶"的。"飞檐构易,挺玉成难",千古金鉴。

关于借景,《园冶》各篇穿插论之,又列专章集中详议,可见作者的重视。全书结尾再次提示:"夫借景,园林之最要者也。如远借,邻借,仰借,俯借,应时而借。然物情所逗,目寄心期,似意在笔先,庶几描写之尽哉。"借景之法,多种多样。"远借"如:"高原极望,远岫环屏。""湖平无际之浮光,山媚可餐之秀色。""林阴初出莺歌,山曲忽闻樵唱。"①"邻借"又称"近借",如:"倘嵌他人之胜,有一线相通,非为间绝,借景偏宜;若对邻氏之花,才几分消息,可以招呼,收春无尽。"②"俯借"如:"临溪越地,虚阁堪支。""仰借"如:"夹巷借天,浮廊可度。"③地面狭隘可考虑借空中构景,如在狭巷上面建"浮廊",化局限而见奇妙。计成之前,祁承㸁已有类似的建筑思想,提出"地不足则借足于虚空"的补救之法④。"应时而借"是说园林景境要能适应四时、朝暮、晴雨的变化,不受时间、气候的影响,时时呈现美丽景观,"切要四时",不仅注意营构空间之美。如:"一派涵秋,重阴结夏。"⑤"池荷香绾","虫草鸣幽";"风鸦几树夕阳,寒雁数声残月。"⑥因借之理,可以分疏而有侧重,实际上关系密切,彼此交叉,因中有借,借中含因。"碍木删桠,泉流石注",是借,也是因。

因与借均随地变化决定方案,并无一定格式,须要灵活运用。《借景》云:"构园无格,借景有因。""因借无由,触景俱是。""然物情所逗,目寄心期,似意在笔先,庶几描写之尽哉。"因借的前提是相地,察见地景,识得物情,方能随机应变,巧用因借。而精于相地又在人之"目"与人之"心",在于设计师的审美眼光,精熟造园妙理,心得其意,乃能目收地胜。所以计成十分强调造园必须得人,寻觅高明匠师,这关系到园林品质的高下,以至造园的成败。《兴造论》发端即指出:"世之兴造,专主鸠匠,独不闻'三分匠七分主人'之谚乎? 非主人也,能主之人也。""匠"指一般土木瓦石诸作工匠,"主人"指主持工程的山师哲匠。又云:"体宜因借,匪得其人,兼之惜费,则前工并弃。"《掇山》亦云:"多方胜景,咫尺山林,妙在得乎一人。"因借之说体现了尊自然、重节用的造园思想。因借是对自然的尊重和依顺,因地制宜,得地之胜,所构园林乃有天然之趣。如果单凭主观意志,不顾自然特性、规律,就会损毁、破坏自然生态、天然美景,如此园林,虽精雕华饰,百般做作,终丧天趣,还造成严重浪费。因地造境,就地取材,凭高筑台,挖低为池,"节用"、"惜费",事半功倍。因借之说非始于计成,明初宋濂、中叶王鏊等皆曾提及,其后论者更多,但都比较简单、零

① 《园冶·借景》。载陈植《园冶注释》,中国建筑工业出版社,1988。
② 《园冶·相地》。载陈植《园冶注释》,中国建筑工业出版社,1988。
③ 《园冶·相地》。载陈植《园冶注释》,中国建筑工业出版社,1988。
④ 《淡生堂文集》卷一一《密园前记》。国家图书馆出版社,2012。
⑤ 《园冶·立基》。载陈植《园冶注释》,中国建筑工业出版社,1988。
⑥ 《园冶·借景》。载陈植《园冶注释》,中国建筑工业出版社,1988。

散,能形成体系,上升为理论,定为造园基本准则,计成乃是第一人。

计成论造园艺术与地理环境关系,并不局限于一座园林的狭小范围,还放眼园林四周的广阔空间,地域环境,又根据地貌与聚落特征,分为六大类型,即"山林地"、"城市地"、"村庄地"、"郊野地"、"傍宅地"、"江湖地",进而探讨在此六类地域内如何运用因借法则营建园林,务期达到园与地、人居与环境的和谐统一,而且园林的存在还有助于环境的改善,优化和美化。这是《园冶》相地说的理论基础,也是计成造园论的核心思想。计成是一位非常注重实践的现实主义者,又是怀有美好憧憬的理想主义者,一位真正的园林建筑大师。前人谈论园林卜地,常比较城市都会与郊野山林的短长,有远近喧寂之别,以不近不远、不喧不寂的适中区位为最佳选择,他们考虑的是生活便利,隐显出处皆宜。王世贞、陈继儒等名人都谈过,但是没有细分多种区位的地貌特征和构园因借艺理的实施,实践性与理论性还未达到《园冶》的高度。

计成对六类园地的自然地理和人文地理的特征,对在六类园地上运用因借艺术法则的情形,作了具体简要的分述,都贯穿着园林建筑风格与特定地域环境特征相融合谐调的思想主线。山林地构园要借取茂盛的"杂树""繁花",营建楼阁亭台,溪流绕过门前,翠竹青松间筑馆室,远见"千峦环翠,万壑流青",近观"好鸟要朋,群麋偕侣",可闻涛声,能赏鹤舞。村庄地园林要有田园风光,乡土风味,"团团篱落,处处桑麻","门楼知稼,廊庑连芸(菜圃)"。郊野地园林,既有城郊风景,还要带野味,"隔林鸠唤雨,断岸马嘶风","开荒欲引长流,摘景全留杂树"。江湖地造园,选择"江干湖畔、深柳疏芦之际",无须大兴土木,"略成小筑",可揽"大观":"悠悠烟水,淡淡云山,泛泛渔舟,闲闲鸥鸟。漏层阴而藏阁,迎先月以登台,拍起云流,舣飞霞伫。"其乐融融,有如登仙。城市地构园,难以做大,尤宜小筑,要选僻静处,要做得精致,景景皆美,"片山多致,寸石生情"。近可借城墙雉堞,护城河池,"开径逶迤,竹木遥飞叠雉;临濠蜿蜒,柴荆横引长虹"。远可借城外青山飞瀑,"素入镜中飞练,青来郭外环屏"。拥挤喧闹的城市本不易构园,但选择得当,因借得法,也能托起一片幽美天地,对改善城市环境作用很大,"能为闹处寻幽","洗出千家烟雨"。计成反复提及"野致"一词。如论叠山,"片山块石,似有野致"[1];论筑墙,"夫编篱斯胜花屏,似多野致,深得山林趣味"[2]。园林诚为人工巧构美景,但仍须有野趣、野味,存田野、荒野景色。野致贴近自然美,是园林美之基质,不可或缺。

三、景境论:天然图画

园林以景境为本体,造园以营构景境为基本任务,以打造美如图画的艺术境界

---

① 《园冶·掇山》。载陈植《园冶注释》,中国建筑工业出版社,1988。

② 《园冶·墙垣》。载陈植《园冶注释》,中国建筑工业出版社,1988。

为美学追求。"境仿瀛壶,天然图画"①,"多方景胜,咫尺山林","深意画图,余情丘壑"②。为此必须善用因借法则,巧妙处理各种空间美学关系,诸如内外、远近、偏全、主从、奇正、阔狭、避就、断续、聚散、隐显、旷奥、虚实等。明代有关论述颇多,或举一端,或举数端,识见精切,多有可取之处。对以上诸多美学关系,《园冶》各章在描述园景时,随文披露作者意见,并无特别阐述。关于园林构景美学范畴较受计成注重并屡有论述者有三:错综、虚邻和幽曲。

计成论屋宇附属建构门窗、窗棂、栏杆、户槅等,有云:"凡造作难于装修,惟园屋异乎家宅。曲折有条,端方非额,如端方中须寻曲折,到曲折处还定端方。相间得宜,错综为妙。"③又论一般住宅与园林建筑的不同:"凡家宅住房,五间三间,循次第而造;惟园林书屋,一室半室,按时景为精。方向随宜,鸠工合见。家居必论,野筑惟因。"④由于住宅的主要功能在实用,又受礼制宗族文化诸因素的制约,在方位、间架、形制、装饰等方面,都有一定法式规制,建构形制更注重中正、端方、对称、均衡。园林野筑主要功能在于审美,以营构画境诗情空间为目标,尤其讲究曲折变化,奇巧奥妙,以"错综为妙",创作因地成景,随意构图。二者同属建筑艺术,兼含实用与审美功能,故又有共性,相通之处,区别不是绝对的。"如端方中须寻曲折,到曲折处还定端方",端方中含曲折,曲折中寓端方,此为园林与住宅的建构共通点,也是园林艺术之错综审美观念、审美向度的妙用。明代园林家们多好谈论整散、分合、断续、亏蔽诸种对比照映空间美学关系,似均可纳入错综范畴之内。"绝处犹开,低方忽上"⑤,是讲亭台楼阁之间通绝高低的错综;"房廊蜿蜒,楼阁崔巍","适兴平芜眺远,壮观乔岳瞻遥"⑥,是讲房廊楼阁建筑、平原山岳气象之曲折与宏伟、平旷与高耸的错综。"奇亭巧榭,构分红紫之丛;层阁重楼,迥出云霄之上。"⑦是讲建筑高低参差、花木色彩交辉的错综。"蹊径盘且长,峰峦秀而古",主石"独立端严",劈峰"次相辅弼"⑧,是讲叠石垒山的错综。就连园林建筑中的许多附件细节,如栏杆、门窗、墙垣的制式,路径的铺设,石材的选用,也都讲到错综。《铺地》云:"花环窄路偏宜石,堂迥空庭须用砖。"窄路铺石,空庭砌砖,错综有致,合乎体宜。《选石》云:"取巧不但玲珑,只宜单点;求坚还从古拙,堪用层堆。"石之玲珑与古拙,用之单点与层堆,也含错综之致。错综是造园美学的一个普遍范畴,是构园实践中经常运用的基本艺术方法,几乎随处可见,妙用错综可使园林呈现丰富多彩魅力无穷

① 《园冶·屋宇》。载陈植《园冶注释》,中国建筑工业出版社,1988。
② 《园冶·屋宇》。载陈植《园冶注释》,中国建筑工业出版社,1988。
③ 《园冶·装折》。载陈植《园冶注释》,中国建筑工业出版社,1988。
④ 《园冶·屋宇》。载陈植《园冶注释》,中国建筑工业出版社,1988。
⑤ 《园冶·装折》。载陈植《园冶注释》,中国建筑工业出版社,1988。
⑥ 《园冶·立基》。载陈植《园冶注释》,中国建筑工业出版社,1988。
⑦ 《园冶·屋宇》。载陈植《园冶注释》,中国建筑工业出版社,1988。
⑧ 《园冶·掇山》。载陈植《园冶注释》,中国建筑工业出版社,1988。

的景致,"隐现无穷之态,招摇不尽之春"①。

幽曲,或曰曲折、逶迤、蜿蜒、幽深、幽折、曲深、婉转、委曲、弯曲,合而观之,这些同类概念的内涵是曲折和幽深,简括之便称"幽曲"。园林占地大都较小,城市园林更加突出,受空间条件限制,不能不在螺蛳壳里做文章,营构咫尺山水,姿态万千变化多端的园景,曲折蜿蜒弯环回旋正是妙法。园林造景,楼台亭阁,山水泉石,种种布置皆讲一个曲字。《园冶》第一篇《兴造论》即指出:"宜亭斯亭,宜榭斯榭,不妨偏径,顿置婉转。"第二篇《园说》亦云:"架屋蜿蜒于木末。"开径铺路亦然,《相地》云:"开径逶迤","曲径绕篱";《掇山》云:"蹊路盘且长"。蜿蜒曲折的长廊是佳园中不可缺少的景观:"蹑山腰,落水面,任高低曲折,自然断续蜿蜒,园林中不可少斯一断(通段)境界。"②仪征汪氏寐园中"篆云"廊是计成得意之笔:"今予所构曲廊,之字曲者,随形而弯,依势而曲。或蟠山腰,或穷水际,通花渡壑,蜿蜒无尽。斯寐园之篆云也。"他甚至将篆云廊拿来同传说中鲁班所造镇江甘露寺长廊并提:"予见润之甘露寺数间高下廊,传说鲁班所造。"③隐然以神工祖师鲁班自期自许,也可见其相度地宜,"随形依势",运用曲折的艺术方法,构建长廊等建筑,以臻如火纯青地步。园地狭小,又必求深,境深然后有奇致幽趣,耐人游赏不尽,"信(伸举)足疑无别境,举头自有深情","深意画图,余情丘壑"④。计成论园林境界、意境,每每属目幽深,如上所云"深意"、"深情",正指意境美,类似的表述还有"似多幽趣,更入深情"⑤。有深意方美,无深意则不佳。如《掇山》论筑涧壑,"理涧壑无少,似少深意"。又论楼山:"楼面掇山,宜最高,才入妙;高者恐逼于前,不若远之,更有深意。"景点的高低远近关乎园境的深浅,将景点移置远处,能造成园境视觉的深意,也是妙法。也可用分隔、隐藏之法以营深境。如"藏房藏阁","花间隐榭","围墙隐约于萝间,架屋蜿蜒于木末",楼阁亭台掩映于杂树繁花丛中,"松寮隐僻","刹宇隐环窗",隐隐约约,含而不露,都能增加意境的深度。至于"移竹当窗","分梨为院","出幕若分别院,连墙拟越深斋",都是用分隔增加层次。"砖墙留夹,可通不断之房廊;板壁常空,隐出别壶之天地。"⑥分隔、隐藏并用,既隔可通,既隐还见,意境幽深而奇妙。欲求园境幽深,仍以曲折为主,所谓"曲径通幽",非仅指径路曲折,也涵盖所有景境营构均须求曲折。曲折蜿蜒不仅延长了游路,也增添了景点,丰富了景观,加强了园境的深度和魅力,因此受到计成的高度关注。

虚邻或曰邻虚,也是《园冶》景境论的一个重点。中国书法、绘画、篆刻位置布局甚重用虚,所谓透气,留白,计白以当黑,皆是也。园林艺术亦然。明人题咏园林

① 《园冶·屋宇》。载陈植《园冶注释》,中国建筑工业出版社,1988。

② 《园冶·立基·廊房基》。载陈植《园冶注释》,中国建筑工业出版社,1988。

③ 《园冶·屋宇·廊》。载陈植《园冶注释》,中国建筑工业出版社,1988。

④ 《园冶·掇山》。载陈植《园冶注释》,中国建筑工业出版社,1988。

⑤ 《园冶·相地·郊野地》。载陈植《园冶注释》,中国建筑工业出版社,1988。

⑥ 《园冶·装折》。载陈植《园冶注释》,中国建筑工业出版社,1988。

尚虚白者,书画宗匠文征明是突出的一个。园林建筑大师计成也常论虚说空,他对园林与绘画的亲缘关系有深切的体验,并对园林的艺术特征和空间局限有深刻的认识。如云"虚阁荫桐"、"窗虚蕉影"、"堂虚绿野"、"北牖虚阴"等,都是讲各种建筑类型堂、阁、窗、牖之虚,尚为泛论,而曰"窗户虚邻"①,"楼阁虚邻"②,"处处邻虚,方方侧景"③,将"虚"与"邻"结合成新词,作为园林美学的一个范畴,实属计成首创。其意为园林景物各单元之间,必须留有一定余地,虽一隙一缝也有作用,决不可壅杜填塞,此乃园林大忌,常见病症。《立基》云:"筑垣须广,空地多存,任意为持,听从排布。"在规划、整治园林地基时,就要在拟建的各种建筑和景物之外,在被围墙分隔的各建筑单元之间,预留较为广阔的空地。"筑垣须广"不是说墙垣筑得宽厚,而是说墙垣内外多留余地。有余地乃能从容布置,随意安排,充分发挥建筑师的智巧,构建佳园美景。留有余地,腾出空间,既是造景构境的前提,也是园林景境重要构成元素。有无相生,虚实兼融,黑白绚素互用,这是哲学,也是美学,在《园冶》中可以找出许多实例,例如《园说》:"窗户虚邻,纳千顷之汪洋。"《相地》:"夹巷借天,浮廊可度。""嵌他人之胜,有一线可通。""堂虚绿野犹开,花隐重门若掩。"《立基》:"深奥曲折,通前达后,全在斯半间中,生出幻境也。"《屋宇》:"槛外行云,镜中流水。"《装折》:"砖墙留夹,可通不断之房廊;板壁常空,隐出别壶之天地。"《借景》:"眺远高台,搔首青天","凭虚敞阁,举杯明月"。凡此种种,都是妙用虚空、虚实的结果。计成云:"处处邻虚,方方侧景。"④造园者处处时时都要留心着意于"邻虚",善于运用此艺术方法,就能营构出种种奇妙的景致。

计成十分重视"园式",园林的制式、格式、样式、法式,颇具卓识。制式论也是其园林理论的重要组成部分。法式、制式是千百年宝贵建筑经验的积累,是建筑规律和审美观念的反映,是一切建筑的规矩绳墨,必须遵守,否则便要走样失范,既不适用,又不美观,甚至造成严重事故。计成不仅通晓一般建筑的"营造法式",还精熟园林建筑的特殊法式、制式。他指出,园林有式,造园必须遵式,"凡立园林,必当如式"⑤,说到具体建筑式样,"门扇岂异寻常,窗棂遵时格式"⑥,"凡兴造,必先式斯"⑦。造园遵式,这是法则,不能动摇。他从民间采集了各类建筑的百千式样,仅栏杆一类式样就在百种以上,并制图说明,以便众工匠采用。"予历数年,式存百状,有工而精,有减而文,依次序变幻,式之于左,便为摘用"⑧,用心良苦,用力甚勤。

①《园冶·园说》。载陈植《园冶注释》,中国建筑工业出版社,1988。
②《园冶·装折》。载陈植《园冶注释》,中国建筑工业出版社,1988。
③《园冶·门窗》。载陈植《园冶注释》,中国建筑工业出版社,1988。
④《园冶·门窗》。载陈植《园冶注释》,中国建筑工业出版社,1988。
⑤《园冶·立基·厅堂基》。载陈植《园冶注释》,中国建筑工业出版社,1988。
⑥《园冶·装折》。载陈植《园冶注释》,中国建筑工业出版社,1988。
⑦《园冶·屋宇·地图》。载陈植《园冶注释》,中国建筑工业出版社,1988。
⑧《园冶·栏杆》。载陈植《园冶注释》,中国建筑工业出版社,1988。

同时他又反复强调不可如式照搬,须要因地随势,根据建筑的特点和审美需要灵活采摘运用。《借景》云:"构园无格,借景有因。"《立基》云:"格式随宜,栽培得致。"《装折》云:"依式变幻,随便摘用。"《铺地》云:"意随人活,砌法似无拘格。"住宅注重格式,园林讲究别致,"妙于变幻","家居必论,野筑惟因"①。既讲有格,又讲无格,既讲遵式,又讲变式,思维辩证,园论邃密。式有古今、新旧、雅俗的分别,计成不以时代古今为取舍,只要因地合时、适用切要,古今皆可取,比如窗格,"古以菱花为巧,今之柳叶生奇"②,"门窗磨空,制式时裁,不惟屋宇翻新,斯谓林园遵雅"③。他不排斥时尚,不唯古是尊,承认大众的审美趣味,比如堆叠假山,"必欲求好,要人说好"④,古式也有不雅不合时尚者,则予"一概屏去"⑤。这一观点较之文震亨偏于尊古的思想进了一步。对于园林雅俗之辨,文、计二家观点接近。雅指高雅、精美,俗指低俗、庸滥。俗者或制作苟且马虎,或一味雕琢粉饰,皆为二家不取。《铺地》云:"坚固而有雅致","不坚易俗";《装折》云:"兹式从雅","亦遵雅致";《墙垣》云:"凭匠作雕琢花鸟仙兽,以为巧制,不第林园之不佳,而宅堂前之何可也?""市俗村愚之所为也,高明而慎之"。计成的园林雅俗观吸收了前期和当代诸家的思想,而能与时俱进。此外,《园冶》关于美感、情景、意境、生态等等论述,都有独到精辟的见解,丰富了中国园林美学思想。

晚明是思想文化创新又是集成的时代,文学艺术、科学技术莫不皆然,园林美学与之相当。历史选择了计成这位经历与个性独特的造园家,担起园林美学创新与集成的大任。他不仅有丰富的造园实践经验,精深的艺术思想,兼具山师艺匠与文人雅士双重身份,而且怀有崇高的社会文化理想和远大的追求自我不朽的价值观念,并将二者聚合于建造佳园与创构造园理论上面。他有一个难以实现的宏图,梦想罗致天下名山大川、古木奇花、珍禽异兽于一区,构建特大园林。又在三百年前提出"花园住宅"的概念和构想⑥,这是他每天脚踏实地从事的事业,也是可以逐步实现的美好理想。"罗十岳为一区"⑦,为人家造"花园住宅",都是为美化神州,"使大地焕然改观"⑧,他以此引为"快事"、乐事。《园冶》能成为集大成之作盖缘于此。

① 《园冶·屋宇》。载陈植《园冶注释》,中国建筑工业出版社,1988。
② 《园冶·装折》。载陈植《园冶注释》,中国建筑工业出版社,1988。
③ 《园冶·门窗》。载陈植《园冶注释》,中国建筑工业出版社,1988。
④ 《园冶·掇山·瀑布》。载陈植《园冶注释》,中国建筑工业出版社,1988。
⑤ 《园冶·栏杆》。载陈植《园冶注释》,中国建筑工业出版社,1988。
⑥ 《园冶·铺地》。载陈植《园冶注释》,中国建筑工业出版社,1988。
⑦ 《园冶》郑元勋《题辞》。载陈植《园冶注释》,中国建筑工业出版社,1988。
⑧ 《园冶》郑元勋《题辞》。载陈植《园冶注释》,中国建筑工业出版社,1988。

参 考 文 献

一、明清别集

[1] 朱元璋.明太祖文集[M].景印文渊阁《四库全书》本.

[2] 宋濂.宋文宪公全集[M].《四库备要》本.

[3] 王祎.王忠文公集[M].《丛书集成》初编本.

[4] 高启.高青丘集[M].上海:上海古籍出版社,1985.

[5] 贝琼.清江文集[M].景印文渊阁《四库全书》本.

[6] 王行.半轩集[M].景印文渊阁《四库全书》本.

[7] 苏伯衡.苏平仲集[M].景印文渊阁《四库全书》本.

[8] 杨士奇.东里集[M].景印文渊阁《四库全书》本.

[9] 杨荣.文敏集[M].景印文渊阁《四库全书》本.

[10] 金幼孜.金文靖集[M].景印文渊阁《四库全书》本.

[11] 王直.抑庵文集[M].景印文渊阁《四库全书》本.

[12] 李时敏.古廉文集[M].景印文渊阁《四库全书》本.

[13] 李贤.古穰集[M].景印文渊阁《四库全书》本.

[14] 李东阳.怀麓堂集[M].景印文渊阁《四库全书》本.

[15] 吴宽.家藏集[M].景印文渊阁《四库全书》本.

[16] 王鏊.震泽集[M].景印文渊阁《四库全书》本.

[17] 丘濬.重编琼台稿[M].景印文渊阁《四库全书》本.

[18] 何乔新.椒邱文集[M].景印文渊阁《四库全书》本.

[19] 顾璘.顾华玉集[M].景印文渊阁《四库全书》本.

[20] 康海.对山集[M].景印文渊阁《四库全书》本.

[21] 康海.康海散曲集校注[M].陈薲沅编校,孙崇涛审订.杭州:浙江古籍出版
社,2011.

[22] 陆深.俨山集[M].景印文渊阁《四库全书》本.

[23] 许毂.许太常归田稿[M].《四库全书存目丛书》本.

[24] 陈鹤.海樵先生文集[M].《四库全书存目丛书》本.

[25] 杨循吉.松筹堂集[M].《四库全书存目丛书》本.

[26] 文征明. 文征明集[M]. 周道振辑校. 上海：上海古籍出版社，1987.

[27] 夏言. 桂洲文集[M].《四库全书存目丛书》本.

[29] 王世贞. 弇州四部稿[M]. 景印文渊阁《四库全书》本.

[29] 王世贞. 弇州续稿[M]. 景印文渊阁《四库全书》本.

[30] 汪道昆. 太函集[M].《四库全书存目丛书》本.

[31] 王世懋. 王奉堂集[M].《四库全书存目丛书》本.

[32] 邹迪光. 石语斋集[M].《四库全书存目丛书》本.

[33] 朱察卿. 朱邦宪集[M].《四库全书存目丛书》本.

[34] 陆树声. 陆文定公集[M]. 明万历刻本.

[35] 陈所蕴. 竹素堂集[M]. 清抄本.

[36] 陈继儒. 陈眉公全集[M]. 明崇祯刻本.

[37] 陈继儒. 晚春堂小品[M]. 民国二十五年《中国文学珍本丛书》本.

[38] 陈继儒. 白石樵真稿[M]. 民国二十五年《中国文学珍本丛书》本.

[39] 沈懋孝. 长水先生文钞[M].《四库禁毁书丛刊》本.

[40] 袁宗道. 白苏斋类集[M]. 上海：上海古籍出版社，1989.

[41] 袁宏道. 袁宏道集笺校[M]. 钱伯城笺校. 上海：上海古籍出版社，1981.

[42] 袁中道. 柯雪斋集[M]. 上海：上海古籍出版社，1989.

[43] 冯惟敏. 海浮山堂词稿[M]. 上海：上海古籍出版社，1981.

[44] 唐时升. 三易集[M].《四库禁毁书丛刊》本.

[45] 程嘉燧. 松圆浪淘集[M].《续修四库全书》本.

[46] 程嘉燧. 耦耕堂集[M].《续修四库全书》本.

[47] 李流芳. 檀园集[M]. 景印文渊阁《四库全书》本.

[48] 钟惺. 隐秀轩集[M]. 上海：上海古籍出版社，1992.

[49] 祁承㸁. 淡生堂集[M]. 北京：国家图书馆出版社，2012.

[50] 祁彪佳. 祁彪佳集[M]. 北京：中华书局，1960.

[51] 祁彪佳. 祁彪佳文稿[M]. 北京：书目文献出版社，1991.

[52] 阮大铖. 咏怀堂诗集[M].《续修四库全书》本.

[53] 阮大铖. 咏怀堂诗集[M].《冬饮丛书》本. 扬州：广陵书社，2003.

[54] 余怀. 余怀全集[M]. 李金堂编校. 上海：上海古籍出版社，2011.

[55] 钱谦益. 牧斋初学集[M]. 上海：上海古籍出版社，1985.

[56] 吴伟业. 吴梅村全集[M]. 李学颖集评标校. 上海：上海古籍出版社，1990.

[57] 黄宗羲. 黄宗羲全集[M]. 沈善洪主编. 杭州：浙江古籍出版社，1993.

[58] 张岱. 张岱诗文集[M]. 夏咸淳辑校. 上海：上海古籍出版社，2014.

二、历史舆地

[1] 司马迁. 史记[M]. 北京：中华书局，1982.

［2］班固. 汉书[M]. 北京:中华书局,1995.

［3］魏征. 隋书[M]. 北京:中华书局,1974.

［4］司马光. 资治通鉴[M]. 北京:中华书局,1956.

［5］张廷玉等. 明史[M]. 北京:中华书局,1974.

［6］陈邦瞻. 宋史纪事本末[M]. 北京:中华书局,1977.

［7］陈邦瞻. 元史纪事本末[M]. 北京:中华书局,1979.

［8］李有棠. 金史纪事本末[M]. 北京:中华书局,1980.

［9］谷应泰. 明史纪事本末[M]. 北京:中华书局,1977.

［10］焦竑. 献征录[M]. 上海:上海书城,1986.

［11］晁公武. 三辅黄图[M]. 陈直校注. 西安:陕西人民出版社,1980.

［12］程大昌. 雍录[M]. 北京:中华书局,2002.

［13］徐松辑. 河南志[M]. 北京:中华书局,1994.

［14］顾炎武. 历代宅京记[M]. 北京:中华书局,1994.

［15］顾祖禹. 读史方舆纪要[M]. 清光绪二十五年《图书集成》本.

［16］李贤. 大明一统志[M]. 西安:三秦出版社,1990.

［17］徐弘祖;徐霞客游记[M]. 上海:上海古籍出版社,1980.

［18］祁彪佳编. 寓山志[M]. 明崇祯刻本.

［19］徐崧、张大纯. 百城烟水[M]. 南京:江苏古籍出版社,1999.

［20］高奣映. 鸡足山志[M]. 昆明:云南人民出版社,2003.

［21］于敏中等编. 日下旧闻考[M]. 北京:北京古籍出版社,1983.

［22］孙承泽. 天府广记[M]. 北京:北京古籍出版社,1982.

［23］吴长元. 宸垣识略[M]. 北京:北京古籍出版社,1982.

［24］刘侗、于奕正. 帝京景物略[M]. 北京:北京古籍出版社,1982.

［25］蒋一葵. 长安客话[M]. 北京:北京古籍出版社,1982.

［26］潘荣陛. 帝京岁时纪胜[M]. 北京:北京古籍出版社,1981.

［27］沈榜. 宛署杂记[M]. 北京:北京古籍出版社,1982.

［29］陈沂. 金陵世纪[M]. 《四库全书存目丛书》本.

［29］陈沂. 金陵古今图考[M]. 《四库全书存目丛书》.

［30］清雍正《武功县志》[M]. 《中国地方志集成》本.

［31］清乾隆《鄠县新志》[M]. 《中国地方志集成》本.

［32］清嘉庆《松江府志》[M]. 《中国地方志集成》本.

［33］清乾隆《上海县志》[M]. 《中国地方志集成》本.

［34］清光绪《嘉定县志》[M]. 《中国地方志集成》本.

［35］清光绪《江阴县志》[M]. 《中国地方志集成》本.

［36］清光绪《临朐县志》[M]. 《中国地方志集成》本.

［37］民国《镇洋县志》[M]. 《中国地方志集成》本.

参考文献

［38］清嘉庆《新修江宁府志》[M].《中国地方志集成》本.

［39］清乾隆《绍兴府志》[M].《中国方志丛书》本.

［40］张叔通.佘山小志[M].《上海乡镇志丛书》.上海：上海社会科学院出版
社，2005.

三、笔记杂著

［1］周密.癸辛杂识[M].北京：中华书局，1988.

［2］陶宗仪.南村辍耕录[M].北京：中华书局，1959.

［3］王锜.寓圃杂记[M].北京：中华书局，1984.

［4］沈德符.万历野获编[M].北京：中华书局，1959.

［5］周晖.金陵琐事[M].民国二十四年《国学珍本文库》本.

［6］王士性.广志绎[M].北京：中华书局，1981.

［7］李绍文.云间杂记[M].《四库全书存目丛书》本.

［8］黄省曾.吴风录[M].上海涵芬楼景印《百陵学山》本.

［9］谢肇淛.五杂组[M].上海：上海书店，2001.

［10］叶梦珠.阅世编[M].北京：中华书局，2007.

［11］顾起元.客座赘语[M].北京：中华书局，1987.

［12］余宾硕.金陵览古[M].上海：上海古籍出版社，1983.

［13］许承尧.歙事闲谭[M].合肥：黄山书社，2001.

［14］张岱.陶庵梦忆·西湖梦寻[M].北京：中华书局，2007.

［15］钟惺，谭元春.诗归[M].武汉：湖北人民出版社，1985.

［16］钱谦益.历朝诗集小传[M].上海：上海古籍出版社，1959.

［17］许学夷.诗源辩体[M].北京：人民文学出版社，1987.

［18］顾季慈，谢鼎镕.江上诗钞[M].上海：上海古籍出版社，2003.

［19］黄宗羲.明儒学案[M].北京：中华书局，1986.

［20］高濂.遵生八笺[M].景印万历刻本.北京：书目文献出版社.

［21］屠隆.考槃余事[M].《四库全书存目丛书》本.

［22］文震亨.长物志校注[M].陈植校注.南京：江苏科学技术出版社，1984.

［23］计成.园冶注释[M].陈植注释.北京：中国建筑工业出版社，1988.

四、今人著作

［1］陈寅恪.柳如是别传[M].北京：生活·读书·新知三联书店，2001.

［2］陈垣.明季滇黔佛教考[M].石家庄：河北教育出版社，2000.

［3］梁思成.中国建筑史[M].天津：百花文艺出版社，1998.

［4］刘敦桢.中国古代建筑史[M].北京：中国建筑工业出版社，1980.

［5］陈植，张公弛选注.中国历代名园论选注[M].合肥：安徽科学技术出版
社，1983.

［6］陈从周.园林谈丛[M].上海：上海人民出版社,2008.

［7］周维权.中国古典园林史[M].北京：清华大学出版社,1993.

［8］杨鸿勋.江南园林论[M].上海：上海人民出版社,1994.

［9］刘庆西.中国园林[M].北京：五洲传播出版社,2003.

［10］雷从云等.中国宫殿史[M].天津：百花文艺出版社,2008.

［11］曹林娣.东方园林审美论[M].北京：中国建筑工业出版社,2012.

［12］周云庵.陕西园林史[M].西安：三秦出版社,1997.

［13］李浩.唐代园林别业考录[M].上海：上海古籍出版社,2005.

［14］王毅.中国园林文化史[M].上海：上海人民出版社,2004.

［15］张薇.《园冶》文化论[M].北京：人民出版社,2006.

［16］任继愈主编.中国道教史[M].上海：上海人民出版社,1990.

［17］俞剑华.中国古代画论类编[M].上海：人民美术出版社,1998.

［18］于安澜.画论丛书[M].上海：上海人民美术出版社,1982.

［19］朱偰.金陵古迹图录[M].北京：中华书局,2006.

［20］唐锡仁,杨文衡主编.中国科学技术史(地理卷)[M].北京：科学出版社,2000.

［21］杜石然主编.中国古代科学家传记[M].北京：科学出版社,1992.

［22］陈伯海.生命体验与审美超越[M].北京：生活・读书・新知三联书店,2012.

［23］刘纲纪.文征明[M].长春：吉林美术出版社,1996.

［24］谢伯阳编.全明散曲[M].济南：齐鲁出版社,1994.

［25］赵义山.明清散曲史[M].北京：人民出版社,2007.

［26］夏咸淳.明代山水审美[M].北京：人民出版社,2009.

［27］郑利华.王世贞年谱[M].上海：复旦大学出版社,1990.

［29］曹淑娟.流变中的书写——祁彪佳与寓山园林论述[M].台北：台湾里仁书局,2006.

［29］毛文芳.晚明闲赏美学[M].台北：台湾学生书局,2000.

参考文献

后　记

　　语云：故纸堆里讨生活。玩其语意，似含讥讽。然而从事古代文史研究又不得不尔，舍此别无捷径可寻。此次承担中国园林美学思想史明代卷撰述之事，仍沿老方法，数度春秋，沉潜旧籍故书间，重温明代开国宋濂诸臣以至晚季文震亨、计成数十家著述，检阅有关记园、咏园、品园、论园材料，逐篇研读，探其源而讨其流，绎其理而条其绪。工作有苦亦有乐。乐在与昔贤神交，有如面谈；乐在从园林载籍中忽见一片嘉树林，园景之鲜美，园理之奥妙，俱在其间。

　　本卷得以完稿，深铭陈伯海、邱明正、荣耀明、林其锬、陶继明、沈习康诸先生及李柯、袁家刚两博士之关心、鼓励和支持，殷继山、汪政二先生提供明人所绘园林图，刘海琴博士协助编校稿件。值此隆冬祁寒雪飞冰冻之际，倍感人间真情温暖。惟迫于时日，未及精校细改，本已列入写作计划者也只能放弃，期待再版时弥补。尚乞读者方家有以教之。

夏咸淳

2015 年 10 月